# ランジュバン方程式

# ランジュバン方程式

堀　淳一著

〔応用数学叢書〕

岩波書店

# まえがき

確率過程として記述される自然現象の典型的な例としてよくひきあいに出されるのは，1828年にR. Brownが発見したといわれるBrown運動である．これは，植物の花粉の中から出てくる微粒子が液体の中で行なう不規則な運動で，熱運動を行なっている液体の分子が絶えず微粒子に衝突してくるために起るものであることが，1905年にA. Einsteinによって明らかにされた．つまり，微粒子がそれ自身のみで孤立しているのではなく，その周囲で熱運動をしている液体分子と相互作用しているために，**ゆらぎ**をともなった不規則な運動が起るのである．

Einsteinは，Brown運動をしている粒子に働く摩擦力の摩擦係数$\zeta$と，粒子の位置の拡散係数の間に，簡単な一般的関係があることを見出した．一方P. Langevinは，粒子に働く不規則な力を考慮に入れた確率的な運動方程式によってBrown運動を記述することを試みた．これが**Langevin方程式**である．Langevin方程式に現われる不規則な力，すなわち**揺動力**の強さ$2D$と粒子の位置の拡散係数との間には簡単な関係があり，これと前述の関係とを組み合わせると，揺動力の強さと摩擦係数との間の一般的な関係

$$\frac{D}{kT} = \frac{\zeta}{m^2} \tag{0.1}$$

が得られる．ただし$k, T, m$はそれぞれBoltzmann定数，絶対温度および粒子の質量である．これが**Einsteinの関係**である．

もし揺動力がなければ，粒子は摩擦係数$\zeta$を持つ摩擦力のもとでの力学的な運動を行なう．(0.1)の右辺には粒子の力学的運動を特徴づける量のみが現われている．これに対して左辺には熱運動の大きさを表わす量$kT$および揺動力の強さが現われているが，これらはいずれも粒子の運動に不規則性をもたらしてそれをBrown運動に変える要因を特徴づける量，いいかえればゆらぎを特徴づける量である．Einsteinの関係は系の力学的性質を特徴づける量とそのゆらぎを特徴づける量とを結びつける関係なのである．

一般に時間不変な線形系，すなわちその運動方程式が時間が経っても変わらないような線形系では，系の力学的性質はアドミッタンス，インピーダンス，周波数応答関数などのいわゆる**系関数**によって特徴づけられる．一方ゆらぎの性質はゆらぎの**スペクトル密度**によって特徴づけることができる．したがってEinsteinの関係はスペクトル密度と系関数との間の関係という形に書きかえることができるはずである．この書きかえによって得られる表式は**揺動散逸定理**とよばれる．

さて，花粉の中に含まれる微粒子に限らず，熱運動をしている媒質の中に埋めこまれた粒子，あるいはもっと一般に熱運動を行なっている微視的な力学量と相互作用している巨視的な物理量は，花粉中の微粒子の場合と同じ理由によって，やはりBrown運動に似た不規則な運動をするはずである．同じ原因によって起る運動であるから，これらをやはりBrown運動とよんでよいであろう．われわれが通常観測する巨視的な物理量は，つねに有限な温度をもつ熱槽にひたっている．熱槽の中ではすべての微視的な力学量がその温度に応じた熱運動を行なっている．観測している巨視量はこれらの自由度と相互作用しているのであるから，それは必ずBrown運動をしているはずである．

Langevin方程式，Einsteinの関係および揺動散逸定理はいずれも，系が線形である限り，これらの一般の巨視量の場合に対して拡張することができる．

最近，平衡状態または定常状態の間の相転移の問題などに関連して，Brown運動の理論はふたたび物性物理学の1つの中心テーマとなり，Langevin方程式や揺動散逸定理の応用あるいは非線形な場合への拡張などについて，活発な研究が行なわれている．しかし，本書の目的は，これらの新しい発展を叙述することにあるのではなく，物理の理論としては一応でき上がったと考えられているLangevin方程式，Einsteinの関係および揺動散逸定理の基礎を今一度振り返って整備することにある．

Langevin方程式は揺動力という確率過程を非斉次項として持つ確率的な方程式であるが，物理屋は通常，この揺動力をあたかも普通の関数であるかのように取り扱う．これはDiracのデルタ関数を通常の関数であるかのように取り扱うのとよく似たことで，こうしても妥当な結果が得られる場合が多いことはたしかである．しかし実は，揺動力が確率過程であるために，Langevin方程式を解くときに現われる積分は，必ずしも一意に定まった意味を持たない．いいかえれば，いろいろな異なる積分を定義することができて，これらの積分のうちのどれを採用するかによって，解が全く異なってくる場合があるのである．このために生じるあいまいさないし混乱を避けて，道具としてLangevin方程式を適切に使いこなすためには，やはり数学的にきちんとした議論を心得ておくことが必要である．

Langevin方程式の数学的基礎については，すでに多数の数学書があるが，物理屋にとってとっつき易いものはそう多くはない．厳密さをなるべく保ち，しかし物理屋にとって過度な繁雑さをできるだけ避けながら，Langevin方程式の数学的基礎を簡明に述べるのが，本書の第1の目的である．

揺動散逸定理はもともと物理的な観点からNyquist, Takahasi, CallenおよびGreene, Kuboらによって導きだされたものであるが，出発点として考える物理系や物理量によって若干異なる形の定理が得られることがある．これらを統一的に論じることは従来行なわれていなかった．一方，物理の理論の特徴的構造のために，あるいくつかの特定の形の揺動散逸定理が自動的に導き出されてしまう結果，揺動散逸定理というものをもっと一般的な立場から眺めて，それが含む内容を論じることも，今までほとんど行なわれてこなかった．本書では，いったん物理の立場を離れ，形式的にではあるが非常に一般に揺動散逸定理を論じることによって，定理の含蓄を明らかにし，その物理的な内容に対する理解を深めることを試みた．これが本書の第2の目的である．

上に述べたように，Brown運動の理論は近年大幅に拡張されて，統計物理学における有力な手法の1つとなったのであるが，実在の物理系に対してLangevin方程式あるいは揺動散逸定理を具体的に求めるのは依然として容易ではなく，実際的な結論を得るためには，何らかの近似を導入する必要にせまられるのが普通である．とくに，適当な近似を用いると，いわゆるMarkov型のLangevin方程式が得られる場合が多い．微粒子のBrown運動に対するLangevin方程式はその典型である．この**Markov近似**というのがどういう性格のものであるかを明らかにすることは，Brown運動の理論における基本的な問題の1つである．

Markov近似の性格を明らかにしようとする試みは多数あるが，議論それ自身に近似が含まれてしまうと，その結論は再びあいまいにならざるを得ない．明確な結論を得るためには，厳密に解くことができるモデルを用いて，近似なしに議論を進めなくてはならない．そのような議論を行なうことが本書の第3の目的である．

以上述べた3つの点に関する本書の論述が，より堅実な基礎の上に立ってBrown運動の理論を実際に使うために役立てば幸いである．筆者の浅学に由来する未熟さが多々あることをおそれつつ，この本が統計物理学のささやかな土台石となることを願うものである．

執筆にあたってはできるだけ自己完結的なものにするように心掛けたが，Gauss分布の定義や性質，中心極限定理などの初歩の統計学の知識は仮定せざるを得なかった．また数学的証明の2,3のものは，本書の程度を超えるかあるいは本書の趣旨からやや逸脱すると思われるので省略したが，この本の内容を理解するには差支えないはずである．

出版にさいして種々お世話になった早稲田大学の並木美喜雄教授および名古屋大学の谷内俊弥教授に厚くお礼申しあげるとともに，原稿の清書その他に終始手を煩わした千葉純子さんに謝意を表したい．

1977年初夏

堀　淳一

# 目　　次

# 第1章　Brown運動のモデルと その発見的取扱い

この章では，Brown運動の典型である自由粒子および調和振動子のBrown運動に対するモデルを議論する．ただし数学的に厳密な議論は第2章以下にまかせ，ここではのちに出てくるLangevin方程式，白色雑音，Einsteinの関係，揺動散逸定理などの概念を，発見的な議論によってひと通り導きだすことに主眼をおく．

## §1.1　酔歩の離散モデルと連続モデル

無限に続く一直線の上を動く粒子を考え，時刻$t$におけるその位置を，直線上にとった座標$x$で表わす．粒子は$t=0$で$x=x_0$という場所にあり，$t_i=i\Delta t$ $(i=1,2,\cdots)$というとびとびの時刻に$\Delta x$という距離だけ右または左に突然移る(1歩歩く)ものとする．その移り方は規則的でなく，右へ移る確率$p_i$と左へ移る確率$q_i\,(=1-p_i)$だけが与えられているとすると，粒子の歩き方は酔っぱらいの歩き方に似たものとなる．これがいわゆる**酔歩**の最も簡単なモデルである．

$i$番目の変位を$\Delta X_i$と書くと，これは確率$p_i$で$\Delta x$，確率$q_i$で$-\Delta x$という値をとる確率変数である．とくに$p_i, q_i$が歩いた歩数$i$にも，また$i-1$歩目までに粒子がどういう経路をたどってきたか，とくに$i-1$歩目に粒子がどこにいたかにもよらず一定で，それぞれ$p, q$に等しい場合には，おのおのの変位$\Delta X_i$は互いに独立な確率変数であり，変位$\Delta X_i$の列$\{\Delta X_i\}$は独立な確率変数の列を作る．以下当分この場合を考えよう．

$n$歩歩いたあとの粒子の全変位(正味の変位)

$$X_n = \sum_{i=1}^{n} \Delta X_i \qquad (1.1.1)$$

は，$n$個の独立な確率変数の和で与えられる確率変数で，やはり1つの確率変数列$\{X_i\}$を作る．$\{\Delta X_i\}$や$\{X_i\}$のような確率変数の列を**離散的な確率過程**という．

粒子が $n$ 歩動いたときに $x$ という場所へくる確率，すなわち $X_n=x$ である確率 $W(x,n)$ を求めよう．$n$ 歩のうち，$r$ 歩は右へ，$n-r$ 歩は左へ動いたとすると，$x=(2r-n)\Delta x$ である．右へ $r$ 歩，左へ $n-r$ 歩動く動き方は $\binom{n}{r}$ 通りあるから，明らかに，

$$W(x,n)=\binom{n}{(n+x/\Delta x)/2}p^{(n+x/\Delta x)/2}q^{(n-x/\Delta x)/2} \tag{1.1.2}$$

である．当然のことだが，ここで $(n+x/\Delta x)/2$ が区間 $[0,n]$ の中の整数でないときには，2項係数は0であると考えなければならない．また明らかに，

$$W(0,0)=1, \qquad W(x,0)=0 \qquad (x\neq 0) \tag{1.1.3}$$

である．

$n$ 歩動いたときに粒子が $x$ へくるためには，$n-1$ 歩目に $x-\Delta x$ へきて $n$ 歩目に右へ移るか，または $n-1$ 歩目に $x+\Delta x$ へきて $n$ 歩目に左へ移るか，そのどちらかでなければならず，そのほかの可能性はあり得ない．左から $x$ へ移ってくる確率は $p$，右から $x$ へ移ってくる確率は $q$ だから，$W(x,n)$ に対して

$$W(x,n)=pW(x-\Delta x,n-1)+qW(x+\Delta x,n-1) \tag{1.1.4}$$

という差分方程式が成り立つはずである．(1.1.3)はこの差分方程式に対する境界条件の役割を演じる．実際，容易に確かめられるように，(1.1.2)は方程式(1.1.4)と境界条件(1.1.3)とを同時に満たすのである．

さてそこで，$\Delta x$ と $\Delta t$ とがともに0に近づいた極限を考えてみよう．上のモデルは離散モデル，すなわち粒子が $t=i\Delta t$ というとびとびの時刻に，$x=m\Delta x$ ($m$ は整数) というとびとびの場所へしかくることができないようなモデルであったが，この極限では粒子は時間的にも場所的にも連続的に動くようになる．つまりこの極限移行によって，離散モデルは連続モデルへ移り，$t$ という時刻における粒子の正味の移動距離 $X(t)$ は**連続的な確率過程**となるのである．

ただし，$\Delta x$ と $\Delta t$ を0に近づける近づけ方には，ある制限がある．なぜなら，時間 $t$ の間に粒子が移動する正味の距離は $t\Delta x/\Delta t$ を超えることはできないが，たとえば $\Delta x/\Delta t\to 0$ とすると，これは0になってしまうからである．どういう極限移行をすればよいかを見るには，粒子の正味の移動距離 $X(t)$ の期待値と分散とを計算してみるとよい．

今の場合，$X(t)$ は $t/\Delta t$ 個の互いに独立な確率変数 $\Delta X_i$ の和であるから，その期待値と分散は，それぞれおのおのの確率変数の期待値および分散の和に等しい．$\Delta X_i$ の期待値 $\langle\Delta X_i\rangle$ と 2 乗平均 $\langle\Delta X_i{}^2\rangle$ は，それぞれ

$$\langle\Delta X_i\rangle = p(\Delta x)-q(\Delta x) = (p-q)\Delta x \tag{1.1.5 a}$$

$$\langle\Delta X_i{}^2\rangle = p(\Delta x)^2+q(\Delta x)^2 = (\Delta x)^2 \tag{1.1.5 b}$$

であり，したがって $\Delta X_i$ の分散は

$$\begin{aligned}\langle(\Delta X_i-\langle\Delta X_i\rangle)^2\rangle &= \langle\Delta X_i{}^2\rangle-\langle\Delta X_i\rangle^2\\ &= (\Delta x)^2[1-(p-q)^2]\\ &= 4pq(\Delta x)^2\end{aligned} \tag{1.1.6}$$

であるから，$X(t)$ の期待値と分散はそれぞれ

$$\langle X(t)\rangle = t(p-q)\frac{\Delta x}{\Delta t} \tag{1.1.7 a}$$

$$\sigma(t) \equiv \langle\{X(t)-\langle X(t)\rangle\}^2\rangle = 4pqt\frac{(\Delta x)^2}{\Delta t} \tag{1.1.7 b}$$

で与えられる．

連続モデルへ移った場合に $X(t)$ が確率過程として意味をもつためには，これの期待値と分散とが $t=0$ をのぞくすべての時刻で有限の値をもつことが必要である．（ただし期待値の方は $p=q$ の場合は終始 0 であって差支ない．）(1.1.7)から，このためには $(\Delta x)^2/\Delta t$ が有限で，同時に $p-q$ が $\Delta x$ の程度の大きさをもたなければならないことがわかる．すなわち，$D$ を有限な定数，$c$ を 0 または有限な定数として，

$$\frac{(\Delta x)^2}{\Delta t} = 2D, \qquad p = \frac{1}{2}+\frac{c}{2D}\Delta x, \qquad q = \frac{1}{2}-\frac{c}{2D}\Delta x \tag{1.1.8}$$

と置くことができなければならない．

$\langle X(t)\rangle$ と $\sigma(t)$ を $D$ と $c$ で表わすと，それぞれ

$$\langle X(t)\rangle = 2ct \tag{1.1.9 a}$$

$$\sigma(t) = 2Dt \tag{1.1.9 b}$$

となる．これから，粒子が動いてゆく平均の速さが $2c$ で，粒子の分布が拡がってゆく速さが $2D$ で与えられることがわかる．このことから，$c$ は**漂速**(drift velocity)，$D$ は**拡散係数**とよばれる．

ところで，$\Delta x\to0$，$\Delta t\to0$ の極限では，粒子は有限時間の間に無限回移動する

ことになるから，中心極限定理によって，$X(t)=x$ である確率密度 $W(x,t)$ はGauss分布になるはずである．Gauss分布は期待値と分散が与えられればきまってしまう．すなわち分散 $\sigma$，期待値 $m$ をもつGauss分布は

$$\frac{1}{\sqrt{2\pi\sigma}}e^{-(x-m)^2/2\sigma} \tag{1.1.10}$$

である．したがって $W(x,t)$ は

$$W(x,t)=\frac{1}{\sqrt{4\pi Dt}}e^{-(x-2ct)^2/4Dt} \tag{1.1.11}$$

で与えられることになる．

差分方程式(1.1.4)は今の場合

$$W(x,t+\varDelta t)=pW(x-\varDelta x,t)+qW(x+\varDelta x,t) \tag{1.1.12}$$

と書かれる．左辺の $W$ を $t$ について，右辺の $W$ を $x$ について Taylor 展開してから $\varDelta t$ で両辺を割ると，

$$\frac{\partial W(x,t)}{\partial t}=(q-p)\frac{\varDelta x}{\varDelta t}\frac{\partial W(x,t)}{\partial x}+\frac{(\varDelta x)^2}{2\varDelta t}\frac{\partial^2 W(x,t)}{\partial x^2} \tag{1.1.13}$$

という偏微分方程式が得られる．右辺の第3項から先には $(\varDelta x)^n/\varDelta t\ (n\geqq 3)$ を係数としてもつ項が現われるが，$(\varDelta x)^2/\varDelta t$ が有限に止まるように連続モデルへの極限移行を行なったから，これらは無限小になる．

(1.1.8)を使うと，(1.1.13)は

$$\frac{\partial W(x,t)}{\partial t}=-2c\frac{\partial W(x,t)}{\partial x}+D\frac{\partial^2 W(x,t)}{\partial x^2} \tag{1.1.14}$$

となる．この形の方程式は普通 **Fokker–Planck 方程式**とよばれている．$c=0$ のときは，これはよく知られた**拡散方程式**となり，$D$ がまさに拡散係数であることがわかる．

## §1.2　Markov鎖

前節で考えた酔歩の離散モデルでは，各歩ごとに粒子が右および左へ進む確率 $p$ および $q$ は一定であり，したがって確率変数 $\varDelta X_i$ の確率分布は，$j<i$ に対する $\varDelta X_j$ がとった値，すなわち確率過程 $\{\varDelta X_j\}$ の過去の履歴に全くよらず，つねに一定である．しかし，確率変数 $X_n$ の確率分布は，$X_{n-1}$ がどういう値をとったかによってちがってくる．なぜなら，$X_{n-1}$ のとる値 $x$ は $n-1$ 歩目に粒子

がきている場所であり，$n$ 歩目に粒子がどこへどういう確率で移るかは，この場所が違えば違うから．ただし $n-2$ 歩目までに粒子がどういう経路をたどって $x$ へこようと，$X_n$ の分布は変わらない．

一般に，ある離散的な確率過程 $\{Y_n\}$ があって，$Y_n$ の確率分布が $n$ の値と $Y_{n-1}$ がとった値だけからきまり，$n-2$ 歩目までのその過程の履歴にはよらないとき，$\{Y_n\}$ は **Markov 的**である，あるいは **Markov 過程**であるという．連続過程 $Y(t)$ の場合も同じで，$t>t_0$ に対する $Y(t)$ の確率分布 $W(y,t)$ が，$t$ の値と $Y(t_0)$ がとった値のみによってきまり，$t<t_0$ で $Y(t)$ がどういう値をとってきたかによらないとき，$Y(t)$ を Markov 的である，または Markov 過程であるという．

Markov 的な離散過程は，とくに **Markov 鎖**ともよばれる．上の酔歩のモデルでは，$\{X_n\}$ が Markov 鎖を作るのである．離散過程 $\{\varDelta X_i\}$ においては，$\varDelta X_i$ の分布は $\varDelta X_{i-2}$ より以前の履歴によらないばかりでなく，$\varDelta X_{i-1}$ のとった値にすらよらないが，やはり Markov 鎖の特別な場合だと考えることができる．

$\boldsymbol{e}\equiv\{e_j\}$ をあるきまった値の組とし，Markov 鎖 $\{Y_i\}$ において，おのおのの変数 $Y_i$ が，この組に属する値のみをとりうるとする．上に考えた酔歩のモデルでは，$\{X_i\}$ に対しては $\boldsymbol{e}=\{m\varDelta x\}$ ($m$ は整数)，$\{\varDelta X_i\}$ に対しては $\boldsymbol{e}=\{e_1, e_2\}$，$e_1=+\varDelta x$，$e_2=-\varDelta x$ だったのである．

$Y_i$ が $e_j$ という値をとる確率を $W(e_j,i)$, $n$ 個の相続く変数 $Y_i, Y_{i+1}, Y_{i+2}, \cdots, Y_{i+n-1}$ がそれぞれ $e_j, e_k, \cdots, e_s, e_t$ という値をとる同時確率を $P(e_j, e_k, \cdots, e_s, e_t)$，また $Y_i$ が $e_j$ という値をとったという条件の下で $Y_{i+1}$ が $e_k$ という値をとる条件付確率を $p_{jk}(i)$ と書くと，

$$\left.\begin{aligned} &P(e_j, e_k) = W(e_j,i)p_{jk}(i) \\ &P(e_j, e_k, e_r) = p(e_j, e_k)p_{kr}(i+1) = W(e_j,i)p_{jk}(i)p_{kr}(i+1) \\ &\cdots\cdots\cdots\cdots\cdots \end{aligned}\right\} \quad (1.2.1)$$

である．

また，$p_{jr}{}^{(m)}(i)$ を，$Y_i$ が $e_j$ という値をとったという条件の下で，$Y_{i+m}$ が $e_r$ という値をとる確率とすると，

$$p_{jr}{}^{(m)}(i) = \sum_{k,l,\cdots,n} p_{jk}(i)p_{kl}(i+1)\cdots p_{nr}(i+m-1) \qquad (1.2.2)$$

である．さらに，すべての $i,j,k$ に対して

$$\sum_k p_{jk}(i) = 1 \qquad p_{jk}(i) \geqq 0 \tag{1.2.3}$$

であることは明らかである．

以下，$\boldsymbol{e}$ の中の $j$ 番目の値 $e_j$ を，$j$ 番目の状態または状態 $j$ とよび，$Y_i$ が $e_j$ という値をとるということを，$Y_i$ が $j$ 番目の状態にある，または状態 $j$ にあるといい表わし，条件付確率 $p_{jk}{}^{(m)}(i)\,(m=1,2,\cdots)$ を，状態 $j$ から状態 $k$ への $m$ 次の**遷移確率**とよぶことにしよう．$p_{jk}(i)$ は1次の遷移確率 $p_{jk}{}^{(1)}(i)$ にほかならない．一定次数の遷移確率 $p_{ij}{}^{(m)}(i)$ は1つの行列 $\boldsymbol{P}^{(m)}(i)$ を作るが，これを $m$ 次の**遷移行列**とよぼう．

酔歩の離散モデルを考えると，Markov 鎖 $\{\varDelta X_i\}$ に対しては，

$$\left.\begin{array}{lll} e_1 = \varDelta x, & e_2 = -\varDelta x & \\ W(e_1, i) = p, & W(e_2, i) = q & (\text{すべての } i) \\ p_{11}(i) = p_{21}(i) = p, & p_{12}(i) = p_{22}(i) = q & (\text{すべての } i) \end{array}\right\} \tag{1.2.4}$$

また Markov 鎖 $\{X_n\}$ に対しては，

$$\left.\begin{array}{ll} e_i = i\varDelta x & (i = 0, \pm 1, \pm 2, \cdots) \\ p_{jk}(i) = p & (k = j+1,\ \text{すべての } i,j) \\ p_{jk}(i) = q & (k = j-1,\ \text{すべての } i,j) \\ p_{jk}(i) = 0 & (k \neq j\pm 1,\ \text{すべての } i) \end{array}\right\} \tag{1.2.5}$$

である．

状態の数が有限のときには，遷移行列は有限次元の行列となるから，実際に書き下ろすことができる．状態の数を $N$ とし，横ベクトル

$$\boldsymbol{W}(i) \equiv \{W(e_1, i), W(e_2, i), \cdots, W(e_N, i)\} \tag{1.2.6}$$

を導入すると，(1.2.1) および (1.2.2) によって

$$\boldsymbol{W}(i+m) = \boldsymbol{W}(i)\boldsymbol{P}^{(m)}(i) \tag{1.2.7}$$

$$\boldsymbol{P}^{(m)}(i) = \boldsymbol{P}^{(1)}(i)\boldsymbol{P}^{(1)}(i+1)\cdots\boldsymbol{P}^{(1)}(i+m-1) \tag{1.2.8}$$

である．もし $\boldsymbol{P}^{(1)}(i)$ が $i$ によらないならば $\boldsymbol{P}^{(m)}$ も $i$ によらず，

$$\boldsymbol{P}^{(m)}(i) = \boldsymbol{P}^{(m)} = \{\boldsymbol{P}^{(1)}(i)\}^m = (\boldsymbol{P}^{(1)})^m \qquad (\boldsymbol{P}^{(1)}(i) = \text{一定}) \tag{1.2.9}$$

である．いずれにしても，$\boldsymbol{W}(0)$ が初期条件として与えられれば，それに遷移行列を次々に掛けてゆきさえすれば，勝手な $i$ に対する $\boldsymbol{W}(i)$ が求まるのである．

## §1.3 吸引力のある酔歩. Ornstein–Uhlenbeck 過程

酔歩のモデルでは，Markov 鎖 $\{\varDelta X_i\}$ を考えれば状態の数は2であって，遷移行列は

$$\boldsymbol{P}^{(1)}=\begin{pmatrix} p & q \\ p & q \end{pmatrix}, \qquad \boldsymbol{P}^{(m)}=(\boldsymbol{P}^{(1)})^m=\begin{pmatrix} p & q \\ p & q \end{pmatrix} \tag{1.3.1}$$

である．Markov 鎖 $\{X_i\}$ に対しては状態の数は無限大であるが，$x=0$ と $x=a\varDelta x$，すなわち状態 $e_0$ と $e_a$ のところに，粒子がいったんそこへ到着したら最後，永久にそこから動けなくなるような"吸収壁"を設ければ，$p_{00}=p_{aa}=1$ となる．粒子はこの2つの壁の内側から出発するものとすれば，壁の外のすべての状態 $e_j, e_k$ に対して $p_{0j}=p_{0k}=p_{j0}=p_{k0}=p_{aj}=p_{ak}=p_{ja}=p_{ka}=p_{jk}=0$ となるから，遷移行列は

$$\boldsymbol{P}^{(1)}=\begin{pmatrix} 1 & 0 & 0 & 0 & 0 & \cdots\cdots & 0 \\ q & 0 & p & 0 & 0 & \cdots\cdots & 0 \\ 0 & q & 0 & p & 0 & \cdots\cdots & 0 \\ & \cdots & \cdots & \cdots & \cdots & \cdots & \\ 0 & & \cdots\cdots & 0 & q & 0 & p \\ 0 & & \cdots\cdots & 0 & 0 & 0 & 1 \end{pmatrix} \tag{1.3.2}$$

という有限次元の行列となる．またもし，$e_0$ と $e_a$ のところに，粒子が内側からそこに到達すると，内側に戻ることはできるが，外側に出ようとしても出られず，壁のところに足ぶみしてしまうような"反射壁"を設ければ，$p_{00}=q$，$p_{aa}=p$ である．壁の外のすべての状態 $e_j, e_k$ に対して $p_{0j}=p_{0k}=p_{j0}=p_{k0}=p_{aj}=p_{ak}=p_{ja}=p_{ka}=p_{jk}=0$ であるから，遷移行列は

$$\boldsymbol{P}^{(1)}=\begin{pmatrix} q & p & 0 & 0 & 0 & \cdots\cdots & 0 \\ q & 0 & p & 0 & 0 & \cdots\cdots & 0 \\ 0 & q & 0 & p & 0 & \cdots\cdots & 0 \\ & \cdots & \cdots & \cdots & \cdots & \cdots & \\ 0 & 0 & \cdots\cdots & 0 & q & 0 & p \\ 0 & 0 & \cdots\cdots & 0 & 0 & q & p \end{pmatrix} \tag{1.3.3}$$

となる．

上の例では遷移確率 $p_{jk}=p_{jk}{}^{(1)}$ は壁のところを除いては $j$ によらなかったが，

これが $j$ によるような酔歩のモデルを考えることももちろんできる．たとえば状態の数を $a+1$ とし，$p_{j,j+1}=1-j/a$，$p_{j,j-1}=j/a$ としてみよう．このとき遷移行列は

$$
\boldsymbol{P}^{(1)} = \begin{pmatrix} 0 & 1 & 0 & 0 & 0 & \cdots\cdots & 0 \\ 1/a & 0 & 1-1/a & 0 & 0 & \cdots\cdots & 0 \\ 0 & 2/a & 0 & 1-2/a & 0 & \cdots\cdots & 0 \\ \multicolumn{7}{c}{\cdots\cdots\cdots\cdots\cdots\cdots\cdots\cdots\cdots\cdots\cdots\cdots} \\ 0 & \multicolumn{3}{c}{\cdots\cdots\cdots\cdots\cdots\cdots\cdots\cdots} & 0 & 0 & 1/a \\ 0 & \multicolumn{3}{c}{\cdots\cdots\cdots\cdots\cdots\cdots\cdots\cdots} & 0 & 1 & 0 \end{pmatrix} \tag{1.3.4}
$$

である．この場合，$e_j=j\Delta x$ にある粒子は，$j<a/2$ のときは右へ，$j>a/2$ のときは左へ，より大きな確率で移るのである．いいかえれば，$e_j=a/2$ という場所へ向かって粒子を引っぱる吸引力が働いているのである．

吸引力がある場合にも，確率分布 $W(e_j,i)$ に対して(1.1.4)と同様な差分方程式が成り立つ．$p_{j,j+1}=p_j$，$p_{j,j-1}=q_j$ と書けば，それは

$$
W(e_j,i+1) = p_{j-1}W(e_{j-1},i)+q_{j+1}W(e_{j+1},i) \tag{1.3.5}
$$

である．

ここで連続モデルへ移ろう．(1.3.5)を

$$
W(x,t+\Delta t) = p(x-\Delta x)W(x-\Delta x,t)+q(x+\Delta x)W(x+\Delta x,t) \tag{1.3.6}
$$

と書き，§1.1で行なったのと全く同様にして $\Delta x\to 0$，$\Delta t\to 0$ の極限をとると，

$$
\frac{\partial W(x,t)}{\partial t} = \frac{\Delta x}{\Delta t}\frac{\partial}{\partial x}[\{q(x)-p(x)\}W(x,t)]+\frac{(\Delta x)^2}{2\Delta t}\frac{\partial^2}{\partial x^2}W(x,t) \tag{1.3.7}
$$

という方程式が得られる．ただし $p(x)=\dfrac{1}{2}+\left(\dfrac{1}{2}-\dfrac{x}{a}\right)\Delta x$，$q(x)=\dfrac{1}{2}-\left(\dfrac{1}{2}-\dfrac{x}{a}\right)\Delta x$ である．座標原点を $j=a/2$ へ移すと，

$$
p_{j'} = \frac{1}{2}-\frac{j'}{a}, \qquad q_{j'} = \frac{1}{2}+\frac{j'}{a} \tag{1.3.8}
$$

となるが，$q_{j'}-p_{j'}=2j'/a$ を $\Delta x$ の程度の大きさにするためには $a=a'/\Delta x$ とすればよい．$j'$ を $x$ と書き，$a'$ を改めて $a$ と書くと，(1.3.8)は

$$p(x)=\frac{1}{2}-\frac{\Delta x}{a}x, \qquad q(x)=\frac{1}{2}+\frac{\Delta x}{a}x \tag{1.3.9}$$

となる．したがって

$$q(x)-p(x)=\frac{2\Delta x}{a}x \tag{1.3.10}$$

である．そこで $2D=(\Delta x)^2/\Delta t$, $4D/a=\beta$ と置くと，(1.3.7)は

$$\frac{\partial W(x,t)}{\partial t}=\beta\frac{\partial}{\partial x}\{xW(x,t)\}+D\frac{\partial^2}{\partial x^2}W(x,t) \tag{1.3.11}$$

となる．

この極限では，状態の数 $a+1$ は無限大となり，粒子は全空間のどの場所へも行けることになる．新しいパラメーター $a$ は，単に吸引力の強さを表わすだけで，状態の数とは関係のない量である．

方程式(1.3.11)も Fokker–Planck 方程式の1例である．この方程式によって記述される確率過程を **Ornstein–Uhlenbeck 過程**という．

## §1.4　白色雑音と Langevin 方程式

方程式(1.1.4), (1.1.14), (1.3.5), (1.3.11)は，いずれも確率分布 $W(e_j,i)$ または $W(x,t)$ に対する方程式であったが，この節では離散確率過程をつくる確率変数 $Y_i$ または連続確率過程を作る確率変数 $Y(t)$ 自身に対する方程式を求めてみよう．

まずはじめに，漂速0で吸引力のない場合の酔歩のモデルを考える．このとき，

$$X_{i+1}-X_i=\Delta X_i \tag{1.4.1}$$

であるが，$\Delta X_i$ は互いに独立な確率変数で，その確率分布は(1.2.4)で完全に与えられているから，(1.4.1)の右辺は確率的に既知と考えてよく，したがってこの方程式は，$X_i$ に対する与えられた非斉次項をもつ差分方程式であると考えてよい．

そこで連続モデルへ移ろう．(1.4.1)を $\Delta t$ で割ると，

$$\frac{X_{i+1}-X_i}{\Delta t}=\frac{\Delta X_i}{\Delta t} \tag{1.4.2}$$

となる．この左辺は $\Delta t\to 0$ の極限で，粒子の速度となる．右辺は無限小時間へ

だたった2つの時刻における速度が，互いに独立な確率変数でなければならないことを示している．$\Delta X_i$ の取りうる値は $\pm\Delta x$ であるが，$(\Delta x)^2/\Delta t$ の極限が有限になるように極限をとらなければならないのだから，$\Delta X_i/\Delta t$ の取り得る値は無限大になってしまう．しかし，それを積分したものは粒子の変位を与えるはずで，したがって有限でなければならない．それ自身は無限大だが積分すると有限になる関数としてよく知られているのは Dirac のデルタ関数であるが，今の場合 $\Delta X_i/\Delta t$ は時々刻々全くでたらめにプラスの値をとったりマイナスの値をとったりするから，これは，$\Delta t\to 0$ の極限で，その振幅が極度にはげしく全くでたらめに変化するデルタ関数のギッシリつまった列のような関数になると考えなければならない．

この非常にクシャクシャした特異な関数を $P(t)$ と書くと，(1.4.2) は $\Delta t\to 0$ の極限で，

$$\frac{dX}{dt}=P(t) \tag{1.4.3}$$

となる．これが吸引力と漂速がともに0であるような酔歩の連続モデルにおいて，粒子の変位 $X(t)$ 自身を支配する微分方程式である．関数 $P(t)$ は**白色雑音**とよばれる．

方程式(1.4.3)の両辺は，もちろん共に確率過程であるが，すでに述べたように，右辺の $P(t)$ はその統計的性質がわかっているので，その意味で与えられた時間の関数であると考えることができ，(1.4.3)は既知の関数を非斉次項としてもつ線形微分方程式であって，これを解けば $X(t)$ を求めることができる，と考えてよい．

もし $P(t)$ が確率過程でなくて，普通の関数 $f(t)$ ならば，$X(t)$ も当然確率過程にはならず，初期条件を与えさえすれば一義的にきまる普通の関数 $x(t)$ となる．このときの方程式(1.4.3)すなわち

$$\frac{dx}{dt}=f(t) \tag{1.4.4}$$

は，確率的な要素を含まない現象を記述する非斉次方程式であると考えられる．物理で現われる線形非斉次方程式の非斉次項は，通常，その方程式で記述される系に外から加えられる“外力”(力のディメンションをもつとは限らない)の

意味をもっている．(1.4.4)を解いて $x(t)$ を求めることは，与えられた外力 $f(t)$ に対する系の“応答”を求めることである，と考えられる．(1.4.3)は，それと**同じ**物理系に，確率的に変化する外力 $P(t)$ が加わったときの，それに対する系の確率的な応答 $X(t)$ をきめる方程式である，と解釈することができる．

この種の，確率的に変化する外力，すなわち確率過程で表わされる外力を非斉次項にもつ方程式を，一般に **Langevin 方程式**といい，その外力を**揺動力**とよぶ．

いま漂速0の場合を考えているのであるから，$p=q$ で，揺動力 $P(t)$ の期待値は0である．したがって，(1.4.3)の両辺の期待値をとると，

$$\frac{d\langle X\rangle}{dt}=0 \tag{1.4.5}$$

となる．つまり(1.4.3)から非斉次項をとり除いてできる方程式が，粒子の平均の運動を記述する方程式にちょうどなっているのである．

揺動力の2乗平均 $\langle P^2(t)\rangle$ を求めてみよう．(1.4.3)を短い時間 $\varDelta t$ にわたって積分すると，この時間の間の粒子の変位 $\varDelta X$ が，

$$\varDelta X=\int_0^{\varDelta t}P(t')dt' \tag{1.4.6}$$

と得られる．$\varDelta t$ は非常に短くて，その間に $P(t)$ はほとんど変化しないとすると，これは

$$\varDelta X=P(0)\varDelta t \tag{1.4.7}$$

と書いてよいであろう．$P(t)$ は極度にはげしく変化する関数だから，$\varDelta t$ をどんなに小さくとっても(1.4.6)を(1.4.7)のように書くことはできないように思われるが，$\varDelta t$ として(1.4.2)の $\varDelta t$ と同じものをとり，(1.4.2)の両辺にそれを掛けると，左辺は $\varDelta X$ であり，右辺は $P(0)\varDelta t$ であるから，(1.4.7)が成り立つことがわかる．

(1.4.7)の左辺の2乗平均を作ると，(1.1.6)と(1.1.8)によって

$$\langle(\varDelta X)^2\rangle=2D\varDelta t \tag{1.4.8}$$

となる．(1.4.7)の右辺の2乗平均もこれに等しいはずだから，

$$\langle P^2(t)\rangle\varDelta t=\langle P^2(0)\rangle\varDelta t=2D \tag{1.4.9}$$

でなければならない．ただしここで，$P(t)$ の統計的な性質が時間的に変化しな

い，すなわち $P(t)$ が**定常**な確率過程であることを使った．$P(t)$ の**自己相関関数** $R^P(t_1, t_2)$ を

$$R^P(t_1, t_2) \equiv \langle P(t_1)P(t_2)\rangle \tag{1.4.10}$$

によって定義する．今の場合 $P(t)$ は定常であるから，$R^P(t_1, t_2)$ は2つの変数の差 $t_2-t_1=\tau$ だけの関数であるはずである．そこでこれを $R^P(\tau)$ と書くと，

$$R^P(\tau) \equiv \langle P(t)P(t+\tau)\rangle \tag{1.4.11}$$

である．ところが，$\varDelta t\to 0$ の極限では，少しでも離れた2つの時刻における $P(t)$ は独立だから，$\tau\neq 0$ では $R(\tau)=0$ でなければならない．(1.4.9) から分かるように，$R^P(0)$ は $2D/\varDelta t$ という無限大の値をもつが，これを積分すると定数 $2D$ になる．したがって $R^P(\tau)$ は Dirac のデルタ関数 $\delta(\tau)$ によって，

$$R^P(\tau) = 2D\delta(\tau) \tag{1.4.12}$$

と表わされなければならない．すなわち，白色雑音の自己相関関数はデルタ関数に比例するのである．$D$ を**白色雑音の強さ**とよぶ．

(1.4.3) を積分すると

$$X(t) = \int_0^t P(t)dt \tag{1.4.13}$$

となるから，$X(t)$ の自己相関関数を作ると，

$$\langle X(t_1)X(t_2)\rangle = \int_0^{t_1} dt \int_0^{t_2} d\tau \langle P(t)P(\tau)\rangle \tag{1.4.14}$$

(1.4.12) を用いると，これは

$$\langle X(t_1)X(t_2)\rangle = 2D\min(t_1, t_2) \tag{1.4.15}$$

となる．$X(t)$ の期待値は (1.4.13) から明らかに0である．ところが，前にも述べたように，$X(t)$ は無限個の独立な確率変数の和であるから，その確率分布は Gauss 分布にならなければならない．上の結果から，それは

$$W(x, t) = \frac{1}{(4\pi Dt)^{1/2}} e^{-x^2/4Dt} \tag{1.4.16}$$

で与えられる．これは当然のことながら，(1.1.11) で $c=0$ と置いたものと一致している．

期待値0で，(1.4.15) の形の相関関数をもち，かつ Gauss 分布にしたがう確率過程を **Wiener 過程**とよぶ．上述のことから，Wiener 過程は漂速0で吸引

力もない場合の酔歩の極限であって，白色雑音を積分したものに他ならないことがわかる．

漂速が0でない場合には，(1.1.9a)より

$$\frac{d\langle X\rangle}{dt}=2c \tag{1.4.17}$$

である．(1.1.9b)からわかるように，揺動力がない場合には $\sigma(t)\equiv 0$，すなわち粒子の確率分布の広がりはつねに0であって，粒子は単に速さ $2c$ で移動してゆくだけとなるから，揺動力のない場合の粒子の運動方程式は

$$\frac{dX}{dt}=2c \tag{1.4.18}$$

となるはずである．したがって揺動力があるときの方程式は

$$\frac{dX}{dt}=2c+P(t) \tag{1.4.19}$$

でなければならない．これの両辺の期待値をとると，ちょうど(1.4.17)が出て，つじつまが合う．

次に吸引力がある場合，すなわち Ornstein–Uhlenbeck 過程を考えよう．このときには(1.3.9)によって，時間 $\varDelta t$ の間の平均の変位は

$$[p(x)-q(x)]\varDelta x=-\frac{2x(\varDelta x)^2}{a} \tag{1.4.20}$$

であるから，平均の速度は

$$\lim\frac{-2(\varDelta x)^2x}{a\varDelta t}=-\beta x \tag{1.4.21}$$

である．したがって，Ornstein–Uhlenbeck 過程に対する Langevin 方程式は

$$\frac{dX}{dt}+\beta X=P(t) \tag{1.4.22}$$

である．

(1.4.22)の解を求めてみよう．$P(t)=0$ のときには解は明らかに

$$X(t)=x_0e^{-\beta t} \tag{1.4.23}$$

である．ただし $x_0$ は $X(t)$ の初期値 $X(0)$ である．定数変化法によって，$P(t)\neq 0$ のときの解は

$$X(t)=x_0e^{-\beta t}+\int_0^t e^{-\beta(t-t_1)}P(t_1)dt_1 \tag{1.4.24}$$

で与えられる．

(1.4.24)の両辺の期待値をとると，$\langle X(t)\rangle$ に対する方程式が $P(t)=0$ の場合の方程式と同じものになることがわかるから

$$\langle X(t)\rangle = x_0 e^{-\beta t} \tag{1.4.25}$$

である．これと(1.4.12)と(1.4.24)とを用いて，$X(t)$ の分散が

$$\begin{aligned}\sigma^2(t) &\equiv \langle\{X(t)-\langle X(t)\rangle\}^2\rangle \\ &= \int_0^t e^{-2\beta t} e^{\beta(t_1+t_2)} \langle P(t_1)P(t_2)\rangle dt_1 dt_2 \\ &= 2De^{-2\beta t}\int_0^t e^{2\beta t_1} dt_1 \\ &= \frac{D}{\beta}(1-e^{-2\beta t})\end{aligned} \tag{1.4.26}$$

と計算される．

吸引力があっても，粒子の1歩1歩の進み方，すなわち確率変数 $\Delta X_i$ の確率分布が，それより以前に粒子がどういう経路をたどってきたかということにはよらない，という事情に変りはない．したがって，Ornstein–Uhlenbeck 過程においても，$X(t)$ は無限個の独立な確率変数の和であると考えてよく，その分布は Gauss 分布になるはずである．$X(t)$ の期待値と分散に対する上の結果から直ちに，それは

$$W(x,t) = \frac{1}{\sqrt{2\pi\sigma^2(t)}} \exp\left[-\frac{\{x-\langle X\rangle\}^2}{2\sigma^2(t)}\right] \tag{1.4.27}$$

と書き下ろせる．(1.4.27)が Fokker–Planck 方程式(1.3.11)を満たすことをたしかめるのは容易である．

$t\to\infty$ の極限では，$\sigma^2(t)\to D/\beta$，$\langle X(t)\rangle\to 0$ であるから，$X(t)$ の分布は

$$\lim_{t\to\infty} W(x,t) = \sqrt{\frac{\beta}{2\pi D}}\, e^{-\beta x^2/2D} \tag{1.4.28}$$

という，時間にも，また初期値 $x_0$ にもよらない一定の分布となる．$X(t)$ の分布は初期値によらない**定常分布**に近づくのである．(1.1.11)および(1.4.16)から分かるように，吸引力がない場合には，$t\to\infty$ では $W(x,t)$ がいたるところで0になってしまう．これは，吸引力がないために，粒子が無限に遠くまで拡散して行ってしまうためである．しかし吸引力がある今の場合には，粒子は原点

のまわりの有限な場所を，いつまでもふらついているのである．

## §1.5 Brown 運動と Ornstein-Uhlenbeck 過程

ひき続き，Ornstein-Uhlenbeck 過程を考える．ただし，今までは変数 $X(t)$ が粒子の位置を表わすと考えてきたが，ここでは考え方を変えて，$X(t)$ を粒子の速度と考え，これを $U(t)$ と書く．さらに $\beta=\zeta/m$, $P(t)=F(t)/m$ と置くと，Langevin 方程式(1.4.22)は

$$m\frac{dU}{dt}+\zeta U = F(t) \tag{1.5.1}$$

となる．

$m$ を粒子の質量と解釈すると，(1.5.1)の左辺第1項は粒子の加速度である．また $\zeta$ を粒子に働く摩擦力の摩擦係数と解釈すると，左辺第2項はちょうどこの摩擦力を表わす項となる．右辺の $F(t)$ は力のディメンションをもつ確率過程であるから，これを粒子に外から働いてくる揺動力と解釈することができる．こう考えると，(1.5.1)はまわりの媒質から摩擦力と揺動力とを同時に受けながら運動する粒子に対する運動方程式となる．

そのような粒子は自然界に実際に存在する．液体の中に浮んだ微小な粒子が Brown 運動とよばれる不規則な運動をしていることはよく知られているが，これは粒子のまわりの液体分子が粒子にぶつかって，粒子に不規則な力を及ぼすためと考えられるから，その運動方程式は(1.5.1)のようなものになるはずである．ただし，揺動力 $F(t)$ としてどのような統計的性質をもったものを使えば実際の Brown 運動が正しく記述できるかは，むずかしい問題である．しかし，粒子の質量が分子のそれに比べて十分大きければ，粒子を動かすためには，分子は非常に多数回まわりからそれに衝突しなければならないであろうから，粒子を動かす力は多数のでたらめな力の和と考えてよさそうである．もしそうならば，$F(t)$ としては白色雑音をとればよいことになるだろう．

実際，P. Langevin は，$F(t)$ として白色雑音を使えば，Brown 運動が非常によく記述できることを見出したのである．

粒子が半径 $a$ の球であるとし，液体の粘性係数を $\eta$ とすると，粒子に働く摩擦力は

$$-6\pi a\eta U \tag{1.5.2}$$

で与えられることは，Stokes の法則としてよく知られている．したがって$\zeta$は

$$\zeta = 6\pi a\eta \tag{1.5.3}$$

で与えられることになる．揺動力については，これが白色雑音であることは仮定するとしても，なおその強さをきめなければならない．粒子を含めた液体全体が熱平衡状態にあるときには，粒子の速度の分布は時間的に変化しないはずであるから，それは(1.4.28)で与えられなければならない．すなわち粒子の速度 $U$ が $u$ という値をとる確率密度は

$$W(u) = \sqrt{\frac{\beta}{2\pi D}}e^{-\beta u^2/2D} \tag{1.5.4}$$

でなければならない．ところが一方で，熱平衡状態における粒子の速度分布は Maxwell 分布

$$W(u) \propto e^{-mu^2/2kT} \tag{1.5.5}$$

で与えられることが，統計力学でよく知られている．ここで $k$ は Boltzmann 定数，$T$ は絶対温度である．(1.5.4)と(1.5.5)とが一致するためには，

$$D = \frac{\beta kT}{m} \tag{1.5.6}$$

という関係が成り立たなければならない．$D$ は白色雑音 $P(t)$ の強さであるが，揺動力 $F(t)$ の強さを $D'$ と書けば，$D'=Dm^2$ である．これと$\zeta$とを用いると，(1.5.6)は

$$D' = \zeta kT \tag{1.5.7}$$

と書ける．

(1.5.7)は揺動力の統計的性質(今の場合はその強さ)と摩擦係数との間の関係を与える式である．摩擦は粒子の運動エネルギーが液体分子の熱エネルギーに変って散逸してゆくために起るものである．このエネルギーの伝達は粒子と分子との衝突によって行なわれるのであるが，揺動力もまた粒子と分子との衝突に起因するのであるから，摩擦係数と揺動力の間に何らかの関係がなければならないことは，物理的には明らかなことである．(1.5.7)はまさにそれを与えているのである．(1.5.7)またはそれと同等な(1.5.6)は，Brown 運動の理論において基本的な役割を演じる関係で，**Einstein の関係**とよばれる．

上では1次元の Langevin 方程式を考えたが，実際の Brown 運動はいうまでもなく3次元的な運動であるから，Langevin 方程式も本当は3次元のものを使わなければならない．すなわち

$$\frac{d\boldsymbol{U}}{dt}+\beta\boldsymbol{U}=\boldsymbol{P}(t) \tag{1.5.8}$$

ここで $\boldsymbol{U}$ は3次元の速度ベクトル，$\boldsymbol{P}(t)$ は3次元の揺動力ベクトルである．物理的には，1次元の場合と同じく，$\beta=\zeta/m$，$\boldsymbol{P}(t)=\boldsymbol{F}(t)/m$ と置いて得られる方程式

$$m\frac{d\boldsymbol{U}}{dt}+\zeta\boldsymbol{U}=\boldsymbol{F}(t) \tag{1.5.9}$$

を考えた方がわかりやすいが，数学的には(1.5.8)の形の方が取り扱いやすいから，以下ではもっぱら(1.5.8)について考察する．

揺動力 $\boldsymbol{P}(t)$ は3次元の白色雑音であると仮定する．すなわち $\boldsymbol{P}(t)$ は3次元の Gauss 分布にしたがい，その期待値と分散行列はそれぞれ

$$\begin{aligned}\langle\boldsymbol{P}(t)\rangle&=0\\ \langle\boldsymbol{P}(t_1)\boldsymbol{P}^{\mathrm{T}}(t_2)\rangle&=2D\delta(t_2-t_1)\boldsymbol{I}\end{aligned} \tag{1.5.10}$$

で与えられるとする．ただしここで，添字 T のつかない太字は縦ベクトルを表わし，それに添字 T がついたものは，それをそのまま横にねかして作った横ベクトルを表わすものと約束する．ベクトル同士の掛け算は，縦ベクトルを3行1列，横ベクトルを1行3列の行列と考えたときの行列の掛け算によって定義する．たとえば(1.5.10)の左辺に出てくる積 $\boldsymbol{P}(t_1)\boldsymbol{P}^{\mathrm{T}}(t_2)$ は

$$\begin{pmatrix}P_1(t_1)\\P_2(t_1)\\P_3(t_1)\end{pmatrix}(P_1(t_2),P_2(t_2),P_3(t_2))=\begin{pmatrix}P_1(t_1)P_1(t_2) & P_1(t_1)P_2(t_2) & P_1(t_1)P_3(t_2)\\ P_2(t_1)P_1(t_2) & P_2(t_1)P_2(t_2) & P_2(t_1)P_3(t_2)\\ P_3(t_1)P_1(t_2) & P_3(t_1)P_2(t_2) & P_3(t_1)P_3(t_2)\end{pmatrix} \tag{1.5.11}$$

という行列である．$\boldsymbol{I}$ は単位行列である．

3次元の Wiener 過程を，1次元の場合にならって

$$\boldsymbol{X}(t)=\int_0^t\boldsymbol{P}(t_1)dt_1 \tag{1.5.12}$$

で定義すると，(1.5.10)を用いて，

$$\begin{aligned}\langle \boldsymbol{X}(t_1)\boldsymbol{X}^{\mathrm{T}}(t_2)\rangle &= \int_0^{t_1} dt \int_0^{t_2} d\tau \langle \boldsymbol{P}(t)\boldsymbol{P}^{\mathrm{T}}(\tau)\rangle \\ &= 2D\int_0^{t_1} dt \int_0^{t_2} d\tau\delta(\tau-t)\boldsymbol{I} \\ &= 2D\min(t_1, t_2)\boldsymbol{I} \end{aligned} \tag{1.5.13}$$

となる．(1.5.10)と(1.5.11)とを比べればわかるように，$\boldsymbol{P}(t)$ のおのおのの成分は1次元の白色雑音である．$\boldsymbol{X}$ の各成分は定義によって対応する $\boldsymbol{P}(t)$ の成分を積分したものであるから，それぞれ1次元の Wiener 過程である．また(1.5.13)によって，これらの Wiener 過程は互いに独立である．したがって，$\boldsymbol{X}(t)$ が $\boldsymbol{x}(t)$ という値をとる確率密度は，3つの1次元の Gauss 分布の単なる積になる:

$$W(\boldsymbol{x}, t) = \frac{1}{(4\pi Dt)^{3/2}} e^{-|\boldsymbol{x}|^2/4Dt} \tag{1.5.14}$$

ただしここで

$$\begin{aligned}|\boldsymbol{x}| &\equiv \{\boldsymbol{x}^{\mathrm{T}}\boldsymbol{x}\}^{1/2} \\ &= \{(x^1)^2+(x^2)^2+(x^3)^2\}^{1/2}\end{aligned} \tag{1.5.15}$$

はベクトル $\boldsymbol{x}$ の長さである．

さて，(1.5.8)を積分すると，$\boldsymbol{U}$ の初期値を $\boldsymbol{u}_0$ として，

$$\boldsymbol{U}-\boldsymbol{u}_0 e^{-\beta t} = e^{-\beta t}\int_0^t e^{\beta\xi}\boldsymbol{P}(\xi)d\xi \tag{1.5.16}$$

となる．今一般に

$$\boldsymbol{\varPsi} = \int_0^t \psi(\xi)\boldsymbol{P}(\xi)d\xi \tag{1.5.17}$$

という量を考えると，その分布密度は

$$W(\boldsymbol{\psi}) = \frac{1}{\left(4\pi D\displaystyle\int_0^t \psi^2(\xi)d\xi\right)^{3/2}} \exp\left(-\frac{|\boldsymbol{\psi}|^2}{4D\displaystyle\int_0^t \psi^2(\xi)d\xi}\right) \tag{1.5.18}$$

で与えられる．なぜなら，$\boldsymbol{\varPsi}$ は Gauss 分布に従う変数 $\boldsymbol{P}$ の線形結合だから，やはり Gauss 分布に従い，

$$\langle \boldsymbol{\varPsi}\boldsymbol{\varPsi}^{\mathrm{T}}\rangle = \int_0^t dt_1 \int_0^t dt_2 \psi(t_1)\psi(t_2)\langle \boldsymbol{P}(t_1)\boldsymbol{P}^{\mathrm{T}}(t_2)\rangle$$

$$= 2D\boldsymbol{I}\int_0^t dt_1 \int_0^t dt_2 \psi(t_1)\psi(t_2)\delta(t_1-t_2)$$

$$= 2D\boldsymbol{I}\int_0^t d\xi \psi^2(\xi) d\xi \tag{1.5.19 a}$$

$$\langle \boldsymbol{\Psi} \rangle = 0 \tag{1.5.19 b}$$

であるから．ところが，(1.5.16)の右辺はちょうど(1.5.17)と同じ形をしている．この場合

$$\int_0^t \psi^2(\xi)d\xi = \int_0^t e^{2\beta(\xi-t)}d\xi = \frac{1}{2\beta}(1-e^{-2\beta t}) \tag{1.5.20}$$

であるから，$\boldsymbol{U}$ の分布密度は，

$$W(\boldsymbol{u}, t) = \left[\frac{\beta}{2\pi D(1-e^{-2\beta t})}\right]^{3/2} \exp\left(-\frac{\beta|\boldsymbol{u}-\boldsymbol{u}_0 e^{-\beta t}|^2}{2D(1-e^{-2\beta t})}\right) \tag{1.5.21}$$

と求まる．

(1.5.21)は，$t\to\infty$ で

$$\lim_{t\to\infty} W(\boldsymbol{u}, t) = \left(\frac{\beta}{2\pi D}\right)^{3/2} e^{-\beta|\boldsymbol{u}|^2/2D} \tag{1.5.22}$$

となる．一方，熱平衡状態における $\boldsymbol{U}$ の分布は Maxwell 分布

$$W(\boldsymbol{u}) \propto e^{-m|\boldsymbol{u}|^2/2kT} \tag{1.5.23}$$

になるはずである．(1.5.22)と(1.5.23)とが一致するためには

$$D = \frac{\beta kT}{m} \tag{1.5.24}$$

でなければならない．これは(1.5.6)と全く同じ Einstein の関係である．

## §1.6 粒子の拡散

前節で，Brown 運動をしている粒子の速度に対する分布密度を求めたが，ここでは粒子の位置 $\boldsymbol{R}$ の分布密度を求めよう．

(1.5.16)を積分すると，$\boldsymbol{R}$ の初期値を $\boldsymbol{r}_0$ として，

$$\boldsymbol{R}-\boldsymbol{r}_0 = \int_0^t \boldsymbol{U}(t)dt = \int_0^t d\eta\left\{\boldsymbol{u}_0 e^{-\beta\eta} + e^{-\beta\eta}\int_0^\eta d\xi e^{\beta\xi}\boldsymbol{P}(\xi)\right\} \tag{1.6.1}$$

すなわち

$$\boldsymbol{R}-\boldsymbol{r}_0-\beta^{-1}\boldsymbol{u}_0(1-e^{-\beta t}) = \int_0^t d\eta e^{-\beta\eta}\int_0^\eta d\xi e^{\beta\xi}\boldsymbol{P}(\xi) \tag{1.6.2}$$

が得られる．右辺を部分積分すると，これは

$$\boldsymbol{R}-\boldsymbol{r}_0-\beta^{-1}\boldsymbol{u}_0(1-e^{-\beta t}) = -\beta^{-1}e^{-\beta t}\int_0^t e^{\beta\xi}\boldsymbol{P}(\xi)d\xi+\beta^{-1}\int_0^t \boldsymbol{P}(\xi)d\xi \tag{1.6.3}$$

となる．この右辺の積分はふたたび(1.5.17)の形をもっているから，$\int_0^t \psi^2(\xi)d\xi$ を計算することによって，$\boldsymbol{R}-\boldsymbol{r}_0-\beta^{-1}\boldsymbol{u}_0(1-e^{-\beta t})$ の分布密度，したがって $\boldsymbol{R}$ の分布密度 $W(\boldsymbol{r},t)$ を求めることができる．すなわち，今の場合，

$$\int_0^t \psi^2(\xi)d\xi = \frac{1}{\beta^2}\int_0^t (1-e^{\beta(\xi-t)})^2 d\xi = \frac{1}{2\beta^3}(2\beta t-3+4e^{-\beta t}-e^{-2\beta t}) \tag{1.6.4}$$

だから，

$$W(\boldsymbol{r},t) = \left[\frac{\beta^3}{2\pi D(2\beta t-3+4e^{-\beta t}-e^{-2\beta t})}\right]^{3/2}\exp\left(-\frac{\beta^3|\boldsymbol{r}-\boldsymbol{r}_0-\boldsymbol{u}_0(1-e^{-\beta t})/\beta|^2}{2D(2\beta t-3+4e^{-\beta t}-e^{-2\beta t})}\right) \tag{1.6.5}$$

という結果が得られる．

$\beta^{-1}$ に比べて十分長い時間間隔に対しては，上の結果において，指数関数と定数項とを $2\beta t$ に対して無視してよい．さらに，下に得られる結果(1.6.7)からわかるように，$\langle|\boldsymbol{R}-\boldsymbol{r}_0|^2\rangle$ は $t$ の程度の大きさであるから，$\boldsymbol{u}_0(1-e^{-\beta t})\beta^{-1}$ を $\boldsymbol{r}-\boldsymbol{r}_0$ に比べて無視してよい．したがって

$$D'' = D/\beta^2 \tag{1.6.6}$$

と置くと，

$$W(\boldsymbol{r},t) \simeq \frac{1}{(4\pi D''t)^{3/2}}\exp\left(-\frac{|\boldsymbol{r}-\boldsymbol{r}_0|^2}{4D''t}\right) \tag{1.6.7}$$

となる．

(1.6.7)と(1.5.14)とを比べると，$D''$ が Brown 運動をしている粒子の位置に対する拡散係数を与えることがわかる．Einstein の関係(1.5.24)によって，この拡散係数は

$$D'' = \frac{kT}{m\beta} \tag{1.6.8}$$

によって与えられる．

(1.6.8)を全く別の物理的な考察によって導き出してみよう．温度 $T$ の液体

中に単位体積当り $N$ 個の粒子が浮遊して，$x$ 方向に $F$ という力を受けているとしよう．系が熱平衡状態にあるならば，粒子の集まりの勝手な仮想変位 $\delta x$ に対する自由エネルギーの変化 $\delta F$ は 0 でなければならない．すなわち内部エネルギーを $E$，エントロピーを $S$ とすると，

$$\delta F = \delta E - T\delta S = 0 \tag{1.6.9}$$

でなければならない．

液体は $x$ 軸に垂直に単位面積の断面をもち，$x=0$ から $x=l$ まで拡がっているものとすると，

$$\delta E = -\int_0^l FN\delta x dx \tag{1.6.10}$$

である．また，粒子の集まりが正則溶液と考えられること，すなわちこれが理想気体の状態方程式

$$P = kTN \tag{1.6.11}$$

を満たすことを仮定すると，エントロピーのうちの体積 $V$ による部分が $kN\cdot\log V$ であることと，粒子が $\delta x$ だけ変位したときの，単位体積当りの体積変化が $\partial\delta x/\partial x$ で与えられることから，$\delta S$ に対して

$$\delta S = \int_0^l kN\frac{\partial\delta x}{\partial x}dx = -k\int_0^l \frac{\partial N}{\partial x}\delta x dx \tag{1.6.12}$$

という表式が導かれる．

(1.6.9), (1.6.10) および (1.6.12) から，平衡条件として，

$$-FN + kT\frac{\partial N}{\partial x} = 0 \tag{1.6.13}$$

すなわち

$$FN = \frac{\partial P}{\partial x} \tag{1.6.14}$$

が得られる．これは，力 $F$ が浸透圧と平衡にある，ということに他ならない．

半径 $a$ の粒子は力 $F$ によって速度

$$F/6\pi\eta a \tag{1.6.15}$$

を得るから，

$$NF/\zeta \tag{1.6.16}$$

個の粒子が単位時間に断面を通過するはずである．一方，$D''$ を粒子の拡散係

数とすると，拡散によって

$$-D''\frac{\partial N}{\partial x} \tag{1.6.17}$$

個の粒子が単位時間内に断面を通過しなければならない．したがって平衡状態では

$$\frac{NF}{\zeta}=D''\frac{\partial N}{\partial x} \tag{1.6.18}$$

が成り立つはずである．これと(1.6.13)とから，

$$D''=\frac{kT}{\zeta}=\frac{kT}{m\beta} \tag{1.6.19}$$

という関係が得られる．これはまさに(1.6.8)である．

## §1.7　調和振動子の Brown 運動

Langevin 方程式(1.5.1)を粒子の位置 $X(t)$ を使って書くと，

$$m\frac{d^2X}{dt^2}+\zeta\frac{dX}{dt}=F(t) \tag{1.7.1}$$

または

$$\frac{d^2X}{dt^2}+\beta\frac{dX}{dt}=P(t) \tag{1.7.2}$$

となる．

(1.7.1)および(1.7.2)は，液体の中に自由に浮遊していて，まわりの液体分子と相互作用しているほかはどこからも力を受けていない，いわゆる“自由粒子”に対する Langevin 方程式であった．この節では，自由粒子の代りに，バネ定数 $K$ のバネで原点に結びつけられて調和振動子を作っている粒子の Brown 運動を考える．これに対する Langevin 方程式は，粒子がバネから受ける力の項を(1.7.1)または(1.7.2)につけ加えれば得られる．すなわち

$$m\frac{d^2X}{dt^2}+\zeta\frac{dX}{dt}+KX=F(t) \tag{1.7.3}$$

または

$$\frac{d^2X}{dt^2}+\beta\frac{dX}{dt}+\omega_0{}^2X=P(t) \tag{1.7.4}$$

である．ただし $\omega_0{}^2=K/m$ である．(1.7.4)から直ちにわかるように，$\omega_0$ はい

ま考えている調和振動子の固有振動数である．

方程式(1.7.4)に対応する斉次方程式の一般解は

$$X(t) = a_1 e^{\mu_1 t} + a_2 e^{\mu_2 t} \tag{1.7.5}$$

で与えられる．ただし

$$\mu_1 = -\frac{\beta}{2} + \left(\frac{\beta^2}{4} - {\omega_0}^2\right)^{1/2}, \qquad \mu_2 = -\frac{\beta}{2} - \left(\frac{\beta^2}{4} - {\omega_0}^2\right)^{1/2} \tag{1.7.6}$$

である．定数変化法を用いて(1.7.4)を解いてみよう．今の場合変化させるべき定数が $a_1$ と $a_2$ の2個あるので，その間に関係を設定しておかないと，これらはきまらない．そこで，時間の関数と考えた $a_1$ と $a_2$ の間に

$$e^{\mu_1 t}\frac{da_1}{dt} + e^{\mu_2 t}\frac{da_2}{dt} = 0 \tag{1.7.7}$$

という関係を設定しておく．(1.7.7)を時間 $t$ で微分して得られる式と(1.7.4)とを使うと

$$\mu_1 e^{\mu_1 t}\frac{da_1}{dt} + \mu_2 e^{\mu_2 t}\frac{da_2}{dt} = P(t) \tag{1.7.8}$$

というもう1つの関係が得られる．(1.7.7)と(1.7.8)を連立させて解くと，解

$$a_1 = \frac{1}{\mu_1 - \mu_2}\int_0^t e^{-\mu_1 \xi} P(\xi) d\xi + a_{10}$$

$$a_2 = -\frac{1}{\mu_1 - \mu_2}\int_0^t e^{-\mu_2 \xi} P(\xi) d\xi + a_{20} \tag{1.7.9}$$

が得られる．ただし $a_{10}, a_{20}$ は定数である．

したがって，(1.7.4)の解は

$$X(t) = \frac{1}{\mu_1 - \mu_2}\left\{e^{\mu_1 t}\int_0^t e^{-\mu_1 \xi} P(\xi) d\xi - e^{\mu_2 t}\int_0^t e^{-\mu_2 \xi} P(\xi) d\xi\right\} + a_{10} e^{\mu_1 t} + a_{20} e^{\mu_2 t} \tag{1.7.10}$$

となる．

(1.7.10)を微分すると，粒子の速度が

$$U(t) = \frac{1}{\mu_1 - \mu_2}\left\{\mu_1 e^{\mu_1 t}\int_0^t e^{-\mu_1 \xi} P(\xi) d\xi - \mu_2 e^{\mu_2 t}\int_0^t e^{-\mu_2 \xi} P(\xi) d\xi\right\} + \mu_1 a_{10} e^{\mu_1 t} + \mu_2 a_{20} e^{\mu_2 t} \tag{1.7.11}$$

と求まる．(1.7.10)と(1.7.11)を用いて，定数 $a_{10}, a_{20}$ を初期条件 $X(0) = x_0$, $U(0) = u_0$ からきめると

$$a_{10} = -\frac{x_0\mu_2 - u_0}{\mu_1 - \mu_2}, \qquad a_{20} = \frac{x_0\mu_1 - u_0}{\mu_1 - \mu_2} \tag{1.7.12}$$

こうして結局，(1.7.4)の解に対して，

$$X(t) + \frac{1}{\mu_1 - \mu_2}\{(x_0\mu_2 - u_0)e^{\mu_1 t} - (x_0\mu_1 - u_0)e^{\mu_2 t}\} = \int_0^t \psi(\xi)P(\xi)d\xi \tag{1.7.13 a}$$

$$U(t) + \frac{1}{\mu_1 - \mu_2}\{\mu_1(x_0\mu_2 - u_0)e^{\mu_1 t} - \mu_2(x_0\mu_1 - u_0)e^{\mu_2 t}\} = \int_0^t \phi(\xi)P(\xi)d\xi \tag{1.7.13 b}$$

という表式が得られる．ただし

$$\psi(\xi) \equiv \frac{1}{\mu_1 - \mu_2}\{e^{\mu_1(t-\xi)} - e^{\mu_2(t-\xi)}\} \tag{1.7.14 a}$$

$$\phi(\xi) \equiv \frac{1}{\mu_1 - \mu_2}\{\mu_1 e^{\mu_1(t-\xi)} - \mu_2 e^{\mu_2(t-\xi)}\} \tag{1.7.14 b}$$

である．さて，一般に

$$R = \int_0^t \psi(\xi)P(\xi)d\xi, \qquad S = \int_0^t \phi(\xi)P(\xi)d\xi \tag{1.7.15}$$

という2つの確率変数があるとき，これらの同時分布密度が

$$W(r, s) = \frac{1}{2\pi(FG - H^2)^{1/2}}\exp\left(-\frac{Gr^2 + 2Hrs + Fs^2}{2(FG - H^2)}\right) \tag{1.7.16}$$

ただし

$$F \equiv 2D\int_0^t \psi^2(\xi)d\xi, \qquad G \equiv 2D\int_0^t \phi^2(\xi)d\xi, \qquad H = 2D\int_0^t \phi(\xi)\psi(\xi)d\xi \tag{1.7.17}$$

で与えられることは，ほとんど明らかであろう．$P(t)$ が Gauss 分布に従うから，それの線形結合である $R$ と $S$ の分布はともに Gauss 分布であり，これは $R$ と $S$ のそれぞれの分散 $F, G$ と，それらの間の共分散 $H$ で(1.7.16)のようにきまるのである．

(1.7.13 a)と(1.7.13 b)の右辺は，ちょうど(1.7.15)の形をもっているから，左辺の分布は $F, G, H$ を計算すれば直ちに求まる．(1.7.6)を用い，

$$\beta_1 \equiv (\beta^2 - 4\omega_0^2)^{1/2} \tag{1.7.18}$$

と置くと，これらは

$$F = 2D\left\{\frac{1}{2\omega_0{}^2\beta} - \frac{e^{-\beta t}}{2\omega_0{}^2\beta_1{}^2\beta}\left(2\beta^2\sinh^2\frac{\beta_1 t}{2} + \beta\beta_1\sinh\beta_1 t + \beta_1{}^2\right)\right\} \tag{1.7.19 a}$$

$$G = 2D\left\{\frac{1}{2\beta} - \frac{e^{-\beta t}}{2\beta_1{}^2\beta}\left(2\beta^2\sinh^2\frac{\beta_1 t}{2} - \beta\beta_1\sinh\beta_1 t + \beta_1{}^2\right)\right\} \tag{1.7.19 b}$$

$$H = 4D\beta_1{}^{-2}e^{-\beta t}\sinh^2\frac{\beta_1 t}{2} \tag{1.7.19 c}$$

と計算される．ただし，$\beta_1$ が純虚数のときは，

$$\omega_1 \equiv \left(\omega_0{}^2 - \frac{1}{4}\beta^2\right)^{1/2} \tag{1.7.20}$$

として，$\cosh(\beta_1 t/2)$ を $\cos\omega_1 t$ で，$\beta_1{}^{-1}\sinh(\beta_1 t/2)$ を $(1/2\omega_1)\sin\omega_1 t$ で，$\beta_1{}^{-1}\cdot\sinh\beta_1 t$ を $(1/2\omega_1)\sin 2\omega_1 t$ で置きかえなければならない．また $\beta_1 - 0$ のときは，これらをそれぞれ 1, $t/2$ および $t$ で置きかえなければならない．

この了解の下で，たとえば $X(t)$ の分布密度は

$$W(x,t) = \left[\frac{1}{4\pi D\int_0^t \psi^2(\xi)d\xi}\right]^{1/2}$$
$$\times\exp\left\{-\frac{\left(x - x_0 e^{-\beta t/2}\left[\cosh\frac{\beta_1 t}{2} + \frac{\beta}{\beta_1}\sinh\frac{\beta_1 t}{2}\right] - \frac{2u_0}{\beta_1}e^{-\beta t/2}\sinh\frac{\beta_1 t}{2}\right)^2}{\frac{2D}{\omega_0{}^2\beta}\left\{1 - e^{-\beta t}\left(\frac{2\beta^2}{\beta_1{}^2}\sinh^2\frac{\beta_1 t}{2} + \frac{\beta}{\beta_1}\sinh\beta_1 t + 1\right)\right\}}\right\} \tag{1.7.21}$$

と求まる．またこれらから直ちに $X(t)$ と $U(t)$ の期待値，分散および共分散が，

$$\left.\begin{aligned}
\langle X(t)\rangle &= x_0 e^{-\beta t/2}\left(\cosh\frac{\beta_1 t}{2} + \frac{\beta}{\beta_1}\sinh\frac{\beta_1 t}{2}\right) + \frac{2u_0}{\beta_1}e^{-\beta t/2}\sinh\frac{\beta_1 t}{2}\\
\langle U(t)\rangle &= u_0 e^{-\beta t/2}\left(\cosh\frac{\beta_1 t}{2} - \frac{\beta}{\beta_1}\sinh\frac{\beta_1 t}{2}\right) - \frac{2x_0\omega_0{}^2}{\beta_1}e^{-\beta t/2}\sinh\frac{\beta_1 t}{2}\\
\langle X(t)^2\rangle &= \langle X(t)\rangle^2 + \frac{D}{\beta\omega_0{}^2}\left\{1 - e^{-\beta t}\left(\frac{2\beta^2}{\beta_1{}^2}\sinh^2\frac{\beta_1 t}{2} + \frac{\beta}{\beta_1}\sinh\beta_1 t + 1\right)\right\}\\
\langle U(t)^2\rangle &= \langle U(t)\rangle^2 + \frac{D}{\beta}\left\{1 - e^{-\beta t}\left(\frac{2\beta^2}{\beta_1{}^2}\sinh^2\frac{\beta_1 t}{2} - \frac{\beta}{\beta_1}\sinh\beta_1 t + 1\right)\right\}\\
\langle X(t)U(t)\rangle &= \langle X(t)\rangle\langle U(t)\rangle + \frac{4D}{\beta_1{}^2}e^{-\beta t}\sinh^2\frac{\beta_1 t}{2}
\end{aligned}\right\} \tag{1.7.22}$$

で与えられることがわかる．

(1.7.22)から，$t\to\infty$ でのこれらの期待値の極限値を求めると，

$$\langle X(t)\rangle\to 0, \qquad \langle U(t)\rangle\to 0, \qquad \langle X(t)U(t)\rangle\to 0 \tag{1.7.23 a}$$

$$\langle X^2(t)\rangle\to\frac{D}{\beta{\omega_0}^2}, \qquad \langle U^2(t)\rangle\to\frac{D}{\beta} \tag{1.7.23 b}$$

となる．ところが一方で，エネルギー等配分則によって，熱平衡状態では

$$\langle X^2(t)\rangle = kT/K, \qquad \langle U^2(t)\rangle = kT/m \tag{1.7.24}$$

でなければならないことが知られている．$t\to\infty$ では粒子はまわりの液体との間に熱平衡が成立しているはずだから，(1.7.23 b)と(1.7.24)とは一致しなければならない．したがって

$$D = \beta kT/m \tag{1.7.25}$$

という関係が成り立たなければならない．これは(1.5.6)と一致している．すなわち，ここでもふたたび Einstein の関係が導かれたのである．

(1.7.23)から，$t\to\infty$ では $X(t)$ と $U(t)$ の同時分布密度は

$$W^{(e)}(x,u)=\frac{\beta\omega_0}{2\pi D}e^{-(\beta{\omega_0}^2x^2+\beta u^2)/2D} \tag{1.7.26}$$

となり，$X(t)$ のみの分布密度

$$W^{(e)}(x)=\sqrt{\frac{\beta{\omega_0}^2}{2\pi D}}e^{-\beta{\omega_0}^2x^2/2D} \tag{1.7.27}$$

と，$U(t)$ のみの分布密度

$$W^{(e)}(u)=\sqrt{\frac{\beta}{2\pi D}}e^{-\beta u^2/2D} \tag{1.7.28}$$

との積になることがわかる．

## §1.8　揺動散逸定理

ここでも調和振動子の Brown 運動を考える．速度の初期値が $u_0=0$ のときの $X(t)$ の平均の変化 $\langle X(t)\rangle_{x_0}$ と，平衡状態における $X(t)$ の自己相関関数 $R(\tau)\equiv\langle X(t)X(t+\tau)\rangle$ とを計算してみよう．

平均の変化は，(1.7.22)の第1式から直ちに，

$$\langle X(t)\rangle_{x_0}=x_0e^{-\beta t/2}\left(\cosh\frac{\beta_1 t}{2}+\frac{\beta}{\beta_1}\sinh\frac{\beta_1 t}{2}\right) \tag{1.8.1}$$

と求まる．相関関数は，$W^{(e)}(x,u)$ を $X(t)$, $U(t)$ の平衡状態における同時分布密度とすると，定義によって

$$R(\tau)=\int_{-\infty}^{\infty}dx_0du_0W^{(e)}(x_0,u_0)x_0\langle X(\tau)\rangle$$
$$=\int_{-\infty}^{\infty}dx_0du_0W^{(e)}(x_0,u_0)x_0[\langle X(\tau)\rangle_{x_0}+\langle X(\tau)\rangle_{u_0}] \qquad (1.8.2)$$

と書ける．ただしここで，$\langle X(t)\rangle$ が(1.7.22)の第1行のような形をもっていて，$\langle X(t)\rangle_{x_0}$ と $x_0=0$ のときの平均の変化 $\langle X(t)\rangle_{u_0}$ との和の形に書けることを使った．(1.7.26)～(1.7.28)を用いると，(1.8.2)はさらに

$$R(\tau)=\int_{-\infty}^{\infty}dx_0W^{(e)}(x_0)x_0\langle X(\tau)\rangle_{x_0}+\int_{-\infty}^{\infty}du_0W^{(e)}(u_0)x_0\langle X(\tau)\rangle_{u_0} \qquad (1.8.3)$$

と書きかえることができるが，右辺の第2の積分は $\langle X(t)\rangle_{u_0}$ が $u_0$ に比例するため0になるから，$\langle X(t)\rangle_{x_0}$ に対して(1.8.1)を用いると，これはさらに，

$$R(\tau)=\int_{-\infty}^{\infty}dx_0W^{(e)}(x_0)x_0{}^2e^{-\beta\tau/2}\left(\cosh\frac{\beta_1\tau}{2}+\frac{\beta}{\beta_1}\sinh\frac{\beta_1\tau}{2}\right)$$
$$=\frac{D}{\beta\omega_0{}^2}e^{-\beta\tau/2}\left(\cosh\frac{\beta_1\tau}{2}+\frac{\beta}{\beta_1}\sinh\frac{\beta_1\tau}{2}\right) \qquad (1.8.4)$$

と計算される．

一方，(1.7.4)において，$P(t)$ の代りに

$$f(t)=\begin{cases}f_0 & (t<0)\\ 0 & (t>0)\end{cases} \qquad (1.8.5)$$

という関数 $f(t)$ を入れた方程式の，$t=-\infty$ で初期値 $x_{-\infty}, u_{-\infty}$ を与えたときの解 $\phi(t)$ を求めると，(1.7.13 a)と(1.7.14 a)を用いて

$$\phi(t)=\frac{f_0}{\omega_0{}^2}e^{-\beta t/2}\left(\cosh\frac{\beta_1 t}{2}+\frac{\beta}{\beta_1}\sinh\frac{\beta_1 t}{2}\right) \qquad (1.8.6)$$

と得られる．$f_0=1/m$ と置くと，これは(1.7.3)において $F(t)$ を

$$g(t)=\begin{cases}1 & (t<0)\\ 0 & (t>0)\end{cases} \qquad (1.8.7)$$

で置きかえたときの解になる．それは

$$u(t)=\frac{1}{K}e^{-\beta t/2}\left(\cosh\frac{\beta_1 t}{2}+\frac{\beta}{\beta_1}\sinh\frac{\beta_1 t}{2}\right) \qquad (1.8.8)$$

である．

(1.8.4), (1.8.8) および Einstein の関係 (1.7.25) から

$$R(\tau) = kTu(\tau) \tag{1.8.9}$$

という関係が求まる．$\tau=0$ のときはこれはふたたび Einstein の関係そのものであるから，(1.8.9) は Einstein の関係を一般化した関係になっている．ここに現われる係数 $kT$ は個々の系に無関係な普遍定数であるから，この関係は調和振動子に限らず，もっと一般な系に対しても成り立ち得るものであることが予想される．これについては第5章でくわしく議論するが，その準備として，(1.8.9) をちょっと別の言葉で書き表わしておこう．

線形微分方程式 (1.7.3) で記述される系の周波数応答関数を $S(\omega)$ とし，(1.8.7) で与えられる外力 $g(t)$ の Fourier 変換が $\lim_{\varepsilon\to 0}\frac{1}{\sqrt{2\pi}}\frac{i}{\omega+i\varepsilon}$ で与えられることを用いると，

$$u(t) = \frac{1}{2\pi}\int_{-\infty}^{\infty} S(\omega)\frac{i}{\omega+i\varepsilon}e^{i\omega t}d\omega \tag{1.8.10}$$

と書くことができる*．公式

$$\frac{1}{\omega+i\varepsilon} = \mathcal{P}\frac{1}{\omega} - i\pi\delta(\omega) \tag{1.8.11}$$

($\mathcal{P}$ は Cauchy の主値を表わす) を使うと，これは

$$u(t) = \frac{i}{2\pi}\mathcal{P}\int_{-\infty}^{\infty}\frac{S(\omega)e^{i\omega t}}{\omega}d\omega + \frac{S(0)}{2} \tag{1.8.12}$$

また周波数応答関数の代りにアドミッタンス $Y(\omega)=i\omega S(\omega)$ を用いると，

$$u(t) = \frac{S(0)}{2} + \frac{1}{2\pi}\mathcal{P}\int_{-\infty}^{\infty}\frac{Y(\omega)}{\omega^2}e^{i\omega t}d\omega \tag{1.8.13}$$

したがって (1.8.9) によって，$\tau>0$ で

$$R(\tau) = \frac{kT}{2}S(0) + \frac{kT}{2\pi}\mathcal{P}\int_{-\infty}^{\infty}\frac{Y(\omega)}{\omega^2}e^{i\omega\tau}d\omega \tag{1.8.14}$$

である．

平衡状態ではすべての物理量の統計的性質は時間の原点をずらしても変らないことを用いると，

---

* 周波数応答関数その他の系関数による線形な系の記述については，付録に述べてあるので参照されたい．

$$R(\tau) = \langle X(t)X(t+\tau)\rangle = \langle X(t+\tau)X(t)\rangle$$
$$= \langle X(t)X(t-\tau)\rangle = R(-\tau) \tag{1.8.15}$$

である．$t<0$ では一定の外力が系にかかっているから，それに対する系の応答 $u(t)$ は一定で，$S(0)$ に等しくなければならない．したがって図1.1によって

$$R(\tau) = kT[u(\tau)+u(-\tau)-S(0)] = \frac{ikT}{2\pi}\mathcal{P}\int_{-\infty}^{\infty}\frac{S(\omega)[e^{i\omega\tau}+e^{-i\omega\tau}]}{\omega}d\omega$$
$$= \frac{kT}{2\pi}\mathcal{P}\int\frac{i[S(\omega)-S^*(\omega)]}{\omega}e^{i\omega\tau}d\omega = \frac{kT}{2\pi}\int_{-\infty}^{\infty}\frac{Y(\omega)(e^{i\omega\tau}+e^{-i\omega\tau})}{\omega^2}d\omega$$
$$= \frac{kT}{2\pi}\int_{-\infty}^{\infty}\frac{Y(\omega)+Y^*(\omega)}{\omega^2}e^{i\omega\tau}d\omega \tag{1.8.16}$$

である．ただしここで，周波数応答関数の一般的性質

$$S(\omega) = S^*(-\omega) \tag{1.8.17}$$

およびアドミッタンスの一般的性質

$$Y^*(\omega) = Y(-\omega) \tag{1.8.18}$$

を使い，さらに，上述のように $S(0)$ が一定の外力に対する応答をあらわし，したがって実数でなければならず，そのため主値の記号 $\mathcal{P}$ が不要になることを考慮した．

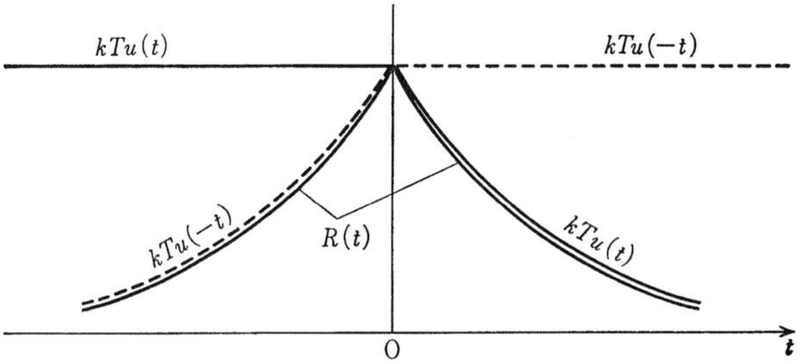


図 1.1

$R(\tau)$ の Fourier 変換，すなわち

$$R(\tau) = \int_{-\infty}^{\infty}G(\omega)e^{i\omega\tau}d\omega \tag{1.8.19}$$

で定義される関数 $G(\omega)$ を，$X(t)$ の**スペクトル密度**とよぶ．(1.8.16)と(1.8.19)を比べると，

$$\omega^2 G(\omega) = \frac{kT}{2\pi}[Y(\omega)+Y^*(\omega)] \tag{1.8.20}$$

という，スペクトル密度とアドミッタンスの間の関係が得られる．これを**第1揺動散逸定理**という．

後に示すように，スペクトル密度 $G(\omega)$ は，

$$X_T(\omega) \equiv \frac{1}{\sqrt{2\pi}}\int_{-T}^{T} X(t)e^{-i\omega t}dt \tag{1.8.21}$$

という関数，すなわち $T\to\infty$ の極限では $X(t)$ の Fourier 変換となるべき関数を用いて，

$$G(\omega) = \lim_{T\to\infty}\frac{|X_T(\omega)|^2}{2T} \tag{1.8.22}$$

と定義することもできる．(1.8.19) を，(1.8.22) で定義された $G(\omega)$ と自己相関関数 $R(\tau)$ との関係を与える式と考えたとき，それを **Wiener–Khintchine の公式**という．

揺動力 $F(t)$ のスペクトル密度 $G_F(\omega)$ も，同様に，

$$F_T(\omega) \equiv \frac{1}{\sqrt{2\pi}}\int_{-T}^{T} F(t)e^{-i\omega t}dt \tag{1.8.23}$$

を用いて

$$G_F(\omega) = \lim_{T\to\infty}\frac{|F_T(\omega)|^2}{2T} \tag{1.8.24}$$

と定義される．$\lim_{T\to\infty} F_T(\omega)\equiv F(\omega)$，$\lim_{T\to\infty} X_T(\omega)\equiv X(\omega)$ と書くと，$F(\omega)$ と $X(\omega)$ はインピーダンス $Z(\omega)$ によって

$$i\omega Z(\omega)X(\omega) = F(\omega) \tag{1.8.25}$$

と結びつけられるから，

$$\begin{aligned} G_F(\omega) &= \lim_{T\to\infty}\frac{\omega^2 Z(\omega)X_T(\omega)X_T{}^*(\omega)Z^*(\omega)}{2T} \\ &= \omega^2 Z(\omega)G(\omega)Z^*(\omega) \\ &= \omega^2 Y^{-1}(\omega)G(\omega)Y^{-1*}(\omega) \end{aligned} \tag{1.8.26}$$

である．したがって，(1.8.20) から，

$$G_F(\omega) = \frac{kT}{2\pi}[Z(\omega)+Z^*(\omega)] \tag{1.8.27}$$

という関係が導かれる．これを**第2揺動散逸定理**という．

調和振動子のインピーダンスは

$$Z(\omega) \equiv \zeta + i\left(m\omega - \frac{k}{\omega}\right) \tag{1.8.28}$$

で与えられるから，(1.8.27)は

$$G_F(\omega) = \frac{kT\zeta}{\pi} \tag{1.8.29}$$

となる．Wiener–Khintchine の公式によって，$F(t)$ の自己相関関数は

$$R_F(\tau) = \frac{kT\zeta}{\pi}\int_{-\infty}^{\infty} e^{i\omega\tau}d\omega = 2kT\zeta\delta(\tau) \tag{1.8.30}$$

となる．ところが，$P(t)$ の自己相関関数が(1.4.12)によって $2D\delta(\tau)$ であるから，$R_F(\tau)$ は $2Dm^2\delta(\tau)$ に等しいはずである．このことと(1.8.30)とからふたたび Einstein の関係(1.7.25)が出る．

(1.8.29)からわかるように，インピーダンス $Z(\omega)$ の実数部分は摩擦係数 $\zeta$ に比例し，したがってエネルギーの散逸と関係する量である．一方 $G_F(\omega)$ は揺動力の統計的性質をきめる関数である．第2揺動散逸定理は，したがって，揺動と散逸の間の関係を与えていることになる．これがこの定理の名前の由来である．(1.8.30)から $G_F(0)=Dm^2/\pi$ であるから，(1.8.29)において $\omega=0$ と置くと Einstein の関係が得られる．これは第2揺動散逸定理，したがって第1揺動散逸定理が，(1.8.9)の下で述べたことから当然なことではあるが，Einstein の関係を一般化したものであることを意味している．逆にいえば，Einstein の関係は周波数0に対する，すなわち静的な場合の揺動散逸定理なのである．

$X_T(\omega)$ は，$T\to\infty$ では $X(t)$ の Fourier 変換という意味をもつ．すなわち，$\lim X_T(\omega)$ は，$X(t)$ をいろいろな周波数を持つ単調和波に分解したときのおのおのの成分波の振幅をあらわす．$T\to\infty$ ではこの振幅は無限大になるのであるが，そのオーダーは $T^{1/2}$ であり，したがって振幅の絶対値の2乗 $|X_T(\omega)|^2$ すなわち成分波の**強さ**は $T$ のオーダーとなって，これを $2T$ で割ると有限な値になるのであることを Wiener–Khintchine の公式は示している．$G(\omega)$ は周波数 $\omega$ をもつ成分波の単位時間あたりの強さを与えるのである．

たとえば $X(t)$ が光の波であるときは，$G(\omega)$ はこの光波を分光器にかけてスペクトルに分けたときの，おのおののスペクトル成分の強さをあらわす．もし

$G(\omega)$ が一定ならば，$X(t)$ はすべての周波数の成分波すなわちすべての周波数の単色光を全く同じ強さで含んでいることになる．これが白色光である．

白色雑音 $P(t)$ は，デルタ関数のでたらめな列として表わされる極めてクシャクシャした関数であることは，前に述べた．もし $P(t)$ が音波だったならば，それを聴くと，ものすごい雑音として聞えるにちがいない．$P(t)$ の自己相関関数は $2D\delta(\tau)$ だったから，そのスペクトル密度は $G(\omega)=D/\pi$ で，一定である．したがって $P(t)$ がもし光波ならば，それはまさに白色光なのである．$P(t)$ を白色雑音と呼ぶのはこのためである．

光波の場合にも音波の場合にも，われわれが通常観測するのは $X(t)$ 自身ではなく，その強さである．$X(t)$ をスペクトルに分けて観測するときにも，観測されるのは成分波の振幅ではなく，やはりその強さ，すなわち $G(\omega)$ である．これは光波や音波の場合に限った話ではなく，一般にわれわれが観測するのは確率過程 $X(t)$ 自身ではなくてそのスペクトル密度であることが多い．たとえば液体の密度のゆらぎは直接眼に見えないが，その液体が散乱する光の強さの角度分布を観測することによって，われわれは密度のゆらぎのスペクトル密度を求めることができる．また金属の中を流れる電流のゆらぎを直接に観測することはむずかしいが，その金属の電気抵抗を観測することによって，そのスペクトル密度を求めることができる．

$X(t)$ のスペクトル密度を観測するということは，Wiener–Khintchine の公式によって，$X(t)$ の相関関数，したがって $X(t)$ の2乗平均を観測することに等しい．相関関数や2乗平均が物理的に重要な意味をもつのはこのためである．

# 第2章　確率過程の数学的基礎

前の章では，確率過程 $X(t)$ を通常の時間の関数と同じに考えて，それを微分したり積分したりする操作を自由に行ないながら議論を進めた．しかし，確率過程によって記述される現象を観測したとき，たとえば Brown 運動をしている粒子の位置の時間的変化を観測したときに $X(t)$ が実際にとった値，すなわち**見本過程** $x(t)$ は，たしかに普通の関数であるけれども，$X(t)$ 自身はそのような見本過程の，それぞれが実現される確率をともなった集合であって，普通の関数とは全く異なるものである．したがって，そういうものを微分したり積分したりするということがどういうことなのかは，実は改めて定義してかからなければならないことだったのである．

この章では，普通の物理屋にとって我慢できる程度の数学的厳密さで，改めて確率過程を見直し，それを微分したり積分したりすることの意味を正確につかまえる．さらに，それを土台にして，確率過程の Fourier 解析理論の基礎を要約する．

## §2.1　基本的概念

確率過程 $X(t)$ は，それが離散的な過程であっても連続的な過程であっても，$t=t_1, t_2, \cdots, t_n$ において，$X(t_1)\leqq x_1, X(t_2)\leqq x_2, \cdots, X(t_n)\leqq x_n$ である確率 $P\{X(t_1)\leqq x_1, X(t_2)\leqq x_2, \cdots, X(t_n)\leqq x_n\}$，すなわち同時分布関数

$$F_n(x_1, t_1; x_2, t_2; \cdots; x_n, t_n) = P\{X(t_1)\leqq x_1, X(t_2)\leqq x_2, \cdots, X(t_n)\leqq x_n\} \tag{2.1.1}$$

が，すべての $n$，およびすべての $(t_1, t_2, \cdots, t_n)$ の組に対して与えられれば完全にきまる，と考える．上で記号 $P\{\quad\}$ は，$\{\quad\}$ の中に記されている事象が起る確率を意味する．いくつかの確率過程 $X^1(t), X^2(t), \cdots, X^m(t)$ を同時に考えることが必要なときには，これらを1つのベクトル確率過程 $\boldsymbol{X}(t)$ の成分と考えると都合がよい．もちろんこの場合にも，すべての同時分布関数

$$F_{nm}(\boldsymbol{x}_1, t_1; \boldsymbol{x}_2, t_2; \cdots; \boldsymbol{x}_n, t_n) = P\{\boldsymbol{X}(t_1) \leqq \boldsymbol{x}_1, \boldsymbol{X}(t_2) \leqq \boldsymbol{x}_2, \cdots, \boldsymbol{X}(t_n) \leqq \boldsymbol{x}_n\} \tag{2.1.2}$$

が与えられれば $\boldsymbol{X}(t)$ が完全にきまると考えるのである．ここで不等式 $\boldsymbol{X}(t_i) \leqq \boldsymbol{x}_i$ は両辺のすべての成分に対して同じ不等式が成り立つことを意味する．

すべての同時分布関数，したがってすべての統計的性質が時間の原点を移動しても変らないとき，確率過程は**強定常**であるという．第1章で論じた酔歩や Brown 運動は強定常な確率過程の例である．

$X(t)$ が強定常ならば，明らかに

$$\langle X(t) \rangle = \text{定数}, \quad \langle X^2(t) \rangle = \text{定数} \tag{2.1.3}$$

である．また自己相関関数 $\langle X(t_1)X(t_2) \rangle$ は $t_2 - t_1 = \tau$ だけの関数であるから，

$$\langle X(t_1)X(t_2) \rangle = \langle X(t)X(t+\tau) \rangle = R(\tau) \tag{2.1.4}$$

と書くことができる．さらに

$$R(\tau) = R(-\tau) \tag{2.1.5}$$

である．なぜなら，強定常性によって，

$$\begin{aligned} R(\tau) &\equiv \langle X(t)X(t+\tau) \rangle = \langle X(t+\tau)X(t) \rangle \\ &= \langle X(t)X(t-\tau) \rangle = R(-\tau) \end{aligned} \tag{2.1.6}$$

だから．

すべての同時分布関数が時間の原点の移動に関して不変ではないが，

$$|\langle X(t) \rangle| = \text{有限な定数} \tag{2.1.7 a}$$

$$\langle X^2(t) \rangle = \text{有限な定数} \tag{2.1.7 b}$$

$$\begin{aligned} \langle X(t_1)X(t_2) \rangle &= \langle X(t)X(t+t_2-t_1) \rangle \\ &= \langle X(t)X(t+\tau) \rangle = R(\tau) \end{aligned} \tag{2.1.7 c}$$

であるとき，確率過程 $X(t)$ は**弱定常**であるという．強定常な過程は同時に弱定常でもあるが，弱定常な過程は必ずしも強定常ではない．しかし，**正規弱定常過程**，すなわち Gauss 分布に従う弱定常過程は同時に強定常でもある．それは，Gauss 分布が期待値と相関関数だけによってきまる分布だからである．

## §2.2　確率変数の収束

実の確率変数の組 $X_1, X_2, \cdots$ があって，これらの2乗平均 $\langle X_1{}^2 \rangle, \langle X_2{}^2 \rangle, \cdots$ はすべて有限であるとする．このような確率変数を**2次の確率変数**とよぶ．同様

に，過程 $X(t)$ が与えられたとき，すべての時刻の組 $\{t_1, t_2, \cdots, t_n\}$ に対して $X(t_1)$, $X(t_2), \cdots, X(t_n)$ がいずれも２次の確率変数ならば，$X(t)$ は**２次の確率過程**であるという．

２次の確率変数は，次のような性質をもっている：

(1)　Schwarz の不等式*

$$\langle |X_1X_2| \rangle^2 = \langle X_1X_2 \rangle^2 \leqq \langle X_1{}^2 \rangle \langle X_2{}^2 \rangle \tag{2.2.1}$$

を用いると，

$$\begin{aligned}\langle (X_1+X_2)^2 \rangle &= \langle X_1{}^2 \rangle + 2\langle X_1X_2 \rangle + \langle X_2{}^2 \rangle \\ &\leqq \langle X_1{}^2 \rangle + 2(\langle X_1{}^2 \rangle \langle X_2{}^2 \rangle)^{1/2} + \langle X_2{}^2 \rangle\end{aligned}$$

であるから，$X_1, X_2$ がともに２次の確率変数ならば，

$$\langle (X_1+X_2)^2 \rangle < \infty \tag{2.2.2}$$

である．また明らかに

$$\langle (cX_1)^2 \rangle = c^2 \langle X_1{}^2 \rangle \tag{2.2.3}$$

であるから，**２次の確率変数は線形なベクトル空間を作る**ことがわかる．

(2)　(2.2.1) から

$$|\langle X_1X_2 \rangle| < \infty \tag{2.2.4}$$

である．また容易にわかるように，

$$\langle X^2 \rangle \equiv \langle XX \rangle \geqq 0 \tag{2.2.5 a}$$

で，

$$X = 0 \text{ のときにのみ} \qquad \langle XX \rangle = 0 \tag{2.2.5 b}$$

である．$X=0$ は $X$ が確率１で０であることを意味する．さらに，

$$\langle X_1X_2 \rangle = \langle X_2X_1 \rangle \tag{2.2.6}$$

$$\langle (cX_1)X_2 \rangle = \langle (cX_2)X_1 \rangle = c\langle X_1X_2 \rangle \tag{2.2.7}$$

$$\langle (X_1+X_2)X_3 \rangle = \langle X_1X_3 \rangle + \langle X_2X_3 \rangle \tag{2.2.8}$$

---

*　Schwarz の不等式は次のようにして導かれる．$X_1$ と $X_2$ の同時分布関数を $F(x_1, x_2)$ とすると，勝手な実数 $a, b$ に対して，

$$\begin{aligned}\int [ax_1+bx_2]^2 dF(x_1, x_2) &= a^2 \int x_1{}^2 dF(x_1, x_2) + 2ab \int x_1x_2 dF(x_1, x_2) \\ &\quad + b^2 \int x_2{}^2 dF(x_1, x_2)\end{aligned}$$

は負にならない．したがって右辺の２次形式の判別式は負になり得ない．このことから直ちに (2.2.1) が出る．

が成り立つ．ただし $c$ は有限な実数である．これらは，$\langle X_1X_2\rangle$ が内積の性質をもつことを示している．

(3)　$X$ の長さを $\|X\|=\langle X^2\rangle^{1/2}\equiv\langle XX\rangle^{1/2}$ で定義すると，(2.2.5)～(2.2.8) から，$c$ を有限な実数として，

$$\|X\| \geqq 0 \tag{2.2.9 a}$$

$$X=0\text{ のときにのみ}\qquad \|X\|=0 \tag{2.2.9 b}$$

$$\|cX\| = |c|\,\|X\| \tag{2.2.10}$$

また，Schwarz の不等式から

$$\begin{aligned}\|X_1+X_2\|^2 &= \langle(X_1+X_2)(X_1+X_2)\rangle = \|X_1\|^2+2\langle X_1X_2\rangle+\|X_2\|^2\\ &\leqq \|X_1\|^2+\|X_2\|^2+2\|X_1\|\,\|X_2\| = (\|X_1\|+\|X_2\|)^2\end{aligned}$$

すなわち，

$$\|X_1+X_2\| \leqq \|X_1\|+\|X_2\| \tag{2.2.11}$$

つまり今定義した長さは，通常の長さと同じ性質をもつ．したがって，

(4)　2つの2次の確率変数の間の距離を

$$d(X_1, X_2) \equiv \|X_1-X_2\| \tag{2.2.12}$$

で定義することができる．$X_1-X_2=0$，すなわち確率1で $X_1=X_2$ のときに限って $d(X_1, X_2)=0$ である．以下，確率1ということをいちいち断らずに，確率1で $X_1=X_2$ ということを $X_1=X_2$ と表わし，さらに $X_1$ と $X_2$ は**同等**であるということにしよう．

これで，2次の確率変数が作る線形ベクトル空間の中にスカラー積，したがって長さおよび距離が定義された．すなわちこの線形ベクトル空間を $L_2$ 空間にすることができたわけである．

$L_2$ 空間は**完備**であることが知られている．完備というのは，$L_2$ 空間の中の勝手な Cauchy 列 $\{X_n\}$ が $L_2$ の中に一意の極限をもつということ，すなわち，$n$ と $m$ をどのように無限大に近づけても

$$d(X_m-X_n) = \|X_n-X_m\| \to 0 \tag{2.2.13}$$

であるとき，かつそのときに限って，$n\to\infty$ で

$$\|X_n-X\| \to 0 \tag{2.2.14}$$

となるような $L_2$ の要素 $X$ が一意に存在する，ということである．$X_n$ が2次の確率変数である場合には，このことを，確率変数の列 $\{X_n\}$ は $n\to\infty$ で確率変

数 $X$ に**2乗平均収束**するといい，

$$\underset{n\to\infty}{\mathrm{l.\,i.\,m.}}\, X_n = X \tag{2.2.15}$$

と書く．また $X$ を $X_n$ の2乗平均の意味での極限とよぶ．

2次の確率変数の列 $\{X_n\}$ において，$\langle X_n\rangle$ が必ず存在することは，片方の変数が恒等的に1に等しい場合の Schwarz の不等式を用いると $|\langle X_n\rangle|\leqq\langle|X_n|\rangle\leqq\|X_n\|<\infty$ となることから明らかである．今 $\{X_n\}$ が $X$ に2乗平均収束するとすると，$L_2$ 空間の完備性によって $X$ は2次であるから，

$$|\langle X_n\rangle-\langle X\rangle| \leqq \langle|X_n-X|\rangle \leqq \|X_n-X\| \tag{2.2.16}$$

したがって(2.2.14)によって

$$\lim \langle X_n\rangle = \langle X\rangle \tag{2.2.17}$$

すなわち，さきに2乗平均の意味での極限をとってその期待値を計算しても，さきに期待値を計算しておいてその極限をとっても，結果は同じである．いいかえれば，l. i. m. と $\langle\ \ \rangle$ とは可換な操作である．

上に述べた2乗平均収束のほかにも，幾種類かの収束を考えることができる．本書ではもっぱら2乗平均収束の概念を使って理論を組み立ててゆくが，参考のために，ここでこれ以外の収束概念について簡単に触れておく．ただし証明は省く．

確率変数列 $\{X_n\}$ は，すべての $\varepsilon>0$ に対して

$$\lim_{n\to\infty} P\{|X_n-X|>\varepsilon\} = 0 \tag{2.2.18}$$

であるとき，$n\to\infty$ で $X$ に**確率収束**するといい，

$$\underset{n\to\infty}{\mathrm{l.\,i.\,p.}}\, X_n = X \tag{2.2.19}$$

と書く．$\{X_n\}$ が確率収束するための必要十分条件は，すべての $\varepsilon>0$ に対して，$n, m$ をどのように無限大に近づけても，

$$P\{|X_m-X_n|>\varepsilon\} \to 0 \tag{2.2.20}$$

となることである．極限 $X$ は同等の意味で一意にきまる．$\{X_n\}$ が2乗平均収束すれば，それは確率収束する．

確率変数列 $\{X_n\}$ は，

$$P\{\lim_{n\to\infty} X_n = X\} = 1 \tag{2.2.21}$$

であるとき，$n\to\infty$ で $X$ に**ほとんど確実に収束**するという．$\{X_n\}$ が $X$ にほとんど確実に収束するための必要十分条件は，勝手な $\varepsilon>0$，$\delta>0$ に対してある $N>0$ が存在し，すべての $n\geqq N$ に対して

$$P\left\{\bigcup_{m\geqq n}^{\infty}|X_n-X_m|>\varepsilon\right\}<\delta \tag{2.2.22}$$

であることである．極限 $X$ は同等の意味で一意である．$\{X_n\}$ がほとんど確実に収束すれば，それは確率収束する．

$X_n$ の分布関数を $F_{X_n}(x)$ と書いたとき，確率変数列 $\{X_n\}$ に対して，$F_X(x)$ のすべての連続点において

$$\lim_{n\to\infty}F_{X_n}(x)=F_X(x) \tag{2.2.23}$$

ならば，$\{X_n\}$ は $X$ に**分布収束**するという．$\{X_n\}$ が確率収束すればそれは分布収束する．

## §2.3　2乗平均連続と2乗平均微分

ここでは2次の確率過程 $X(t)$ を考える．前節と同様にして $\langle X(t)\rangle$ が有限であることが示されるから，期待値が0である確率過程

$$X(t)-\langle X(t)\rangle \tag{2.3.1}$$

を定義することができる．これもまた2次の確率過程である．したがってはじめから $\langle X(t)\rangle=0$ を仮定して話を進めても一般性は失われない．以下つねに $\langle X(t)\rangle=0$ を仮定する．

$X(t)$ の自己相関関数 $R(t,s)=\langle X(t)X(s)\rangle$ が存在して有限ならば，

$$R(t,t)=\langle X^2(t)\rangle<\infty \tag{2.3.2}$$

だから，$X(t)$ は2次であり，逆に $X(t)$ が2次ならば Schwarz の不等式によって $R(t,s)$ は存在して有限である．したがって2次の確率過程は必ず有限な相関関数をもつ．

2つの2次の確率変数列 $\{X_n\}$ と $\{X_{n'}'\}$ があって，

$$\underset{n\to n_0}{\mathrm{l.i.m.}}\,X_n=X,\qquad \underset{n'\to n_0'}{\mathrm{l.i.m.}}\,X_{n'}'=X' \tag{2.3.3}$$

であるとする．確率変数 $\varDelta X_n=X_n-X$，$\varDelta X_{n'}'=X_{n'}'-X'$ も2次であるから，Schwarz の不等式によって，

$$|\langle X_nX_{n'}{}'-XX'\rangle| = |\langle X\Delta X_{n'}{}'\rangle+\langle X'\Delta X_n\rangle+\langle \Delta X_n\Delta X_{n'}{}'\rangle|$$
$$\leqq \|X\|\|\Delta X_{n'}{}'\|+\|X'\|\|\Delta X_n\|+\|\Delta X_n\|\|\Delta X_{n'}{}'\| \tag{2.3.4}$$

ところが(2.3.3)によって

$$\lim_{n\to n_0}\|\Delta X_n\| = 0,\qquad \lim_{n'\to n_0'}\|\Delta X_{n'}{}'\| = 0 \tag{2.3.5}$$

であるから，(2.3.4)は

$$\lim_{\substack{n\to n_0\\ n'\to n_0'}}|\langle X_nX_{n'}{}'-XX'\rangle| = 0 \tag{2.3.6}$$

となることを意味する．このことを使うと，2乗平均収束の判定に関する重要な定理が得られる：

**2乗平均収束の判定定理**　$\{X_n(t)\}$ を2次の確率過程の列とする．これが2次の確率過程 $X(t)$ に2乗平均収束するための必要十分条件は，関数 $R_{nn'}(t)\equiv\langle X_n(t)X_{n'}(t)\rangle$ が，$n$ と $n'$ を勝手な方法で $n_0$ に近づけたときに，有限な関数 $R(t,t)$ に収束することである．

［証明］　上の条件が満たされると，とくに，

$$R_{nn}(t,t)\xrightarrow[n\to n_0]{} R(t,t) \tag{2.3.7}$$

であるから，$n, n'$ を勝手な方法で $n_0$ に近づけたときに，

$$\|X_n(t)-X_{n'}(t)\|^2 = \langle X_n{}^2(t)\rangle-2\langle X_n(t)X_{n'}(t)\rangle+\langle X_{n'}{}^2(t)\rangle$$
$$\to R(t,t)-2R(t,t)+R(t,t) = 0 \tag{2.3.8}$$

したがって

$$\mathop{\mathrm{l.i.m.}}_{n\to n_0} X_n(t) = X(t) \tag{2.3.9}$$

である．

逆に，(2.3.9)が成り立つならば，(2.3.6)において $X_n, X_{n'}{}', X, X'$ をそれぞれ $X_n(t), X_{n'}(s), X(t)$ および $X(s)$ で置きかえると，$n, n'$ をどのように $n_0$ に近づけても

$$\langle X_n(t)X_{n'}(s)\rangle \to \langle X(t)X(s)\rangle = R(t,s) \tag{2.3.10}$$

とくに $t=s$ と置くと，

$$\langle X_n(t)X_{n'}(t)\rangle \to R(t,t) \tag{2.3.11}$$

であるという結論が得られる．QED.

次に**2乗平均連続**の概念を定義しよう．2次の確率過程 $X(t)$ は，

$$\operatorname*{l.i.m.}_{\tau\to 0} X(t+\tau) = X(t) \tag{2.3.12}$$

すなわち

$$\lim_{\tau\to 0} \|X(t+\tau)-X(t)\| = 0 \tag{2.3.13}$$

であるとき，2乗平均連続であるといわれる．これについては次の定理が成り立つ:

**2乗平均連続の判定定理**　2次の確率過程 $X(t)$ が2乗平均連続であるための必要十分条件は，$R(t,s)$ が $(t,t)$ で連続であることである．

［証明］　2乗平均収束の判定定理によって，

$$\operatorname*{l.i.m.}_{\tau\to 0} X(t+\tau) = X(t) \tag{2.3.14}$$

であるのは，$\tau, \tau'$ がどのように0に近づいても

$$\lim_{\substack{\tau\to 0\\ \tau'\to 0}} \langle X(t+\tau)X(t+\tau')\rangle = \langle X^2(t)\rangle \tag{2.3.15}$$

すなわち

$$R(t+\tau, t+\tau') \to R(t,t) \tag{2.3.16}$$

であるとき，かつそのときに限る．QED.

上では $R(t,s)$ の $(t,t)$ における連続性が問題になったのだが，実は $R(t,s)$ は，すべての $(t,t)$ で連続ならば，すべての $(t,s)$ でも連続なのである．なぜなら上の定理によって，このとき $X(t)$ はすべての $t$ で2乗平均連続だから，

$$\operatorname*{l.i.m.}_{\tau\to 0} X(t+\tau) = X(t), \qquad \operatorname*{l.i.m.}_{\tau'\to 0} X(s+\tau') = X(s) \tag{2.3.17}$$

したがって(2.3.6)によって，

$$\lim_{\tau,\tau'\to 0} \langle X(t+\tau)X(s+\tau')\rangle = \langle X(t)X(s)\rangle \tag{2.3.18}$$

であるから．

もし $X(t)$ が弱定常ならば

$$R(t,s) = R(s-t) = R(\tau) \tag{2.3.19}$$

であるから，$R(\tau)$ が $\tau=0$ で連続であれば，$X(t)$ はすべての $t$ で2乗平均連続である．

2乗平均連続の概念から，2乗平均微分の概念が直ちに出てくる．すなわち，

2次の確率過程 $X(t)$ は,

$$\underset{\tau\to 0}{\mathrm{l.i.m.}}\frac{X(t+\tau)-X(t)}{\tau}=\dot{X}(t) \tag{2.3.20}$$

ならば**2乗平均微係数** $\dot{X}(t)$ をもつというのである. 高次の微係数も同様にして定義することができる. 2乗平均微係数については次の定理が成り立つ:

**2乗平均微分可能性の判定定理**　2次の確率過程 $X(t)$ が $t$ で2乗平均微分可能であるための必要十分条件は, 2次の一般化された微係数

$$\lim_{\tau,\tau'\to 0}\frac{1}{\tau\tau'}\varDelta_\tau\varDelta_{\tau'}R(t,s)$$
$$=\lim_{\tau,\tau'\to 0}\frac{1}{\tau\tau'}[R(t+\tau,s+\tau')-R(t+\tau,s)-R(t,s+\tau')+R(t,s)] \tag{2.3.21}$$

が $(t,t)$ で存在して有限なことである.

証明は簡単で, 2乗平均収束の判定定理において

$$\left.\begin{aligned} X_n(t)&=\frac{X(t+n)-X(t)}{n}\\ n=\tau,\ \ n'&=\tau',\ \ n_0=0\end{aligned}\right\} \tag{2.3.22}$$

と置くだけでよい.

ここで注意しなくてはならないのは, 2次の偏微係数が存在しても, 2次の一般化された微係数が存在するとは限らないことである. たとえば $Y_j$ を期待値0, 分散1の互いに独立な確率変数としたとき,

$$\text{確率1で}\qquad X(0)=0 \tag{2.3.23 a}$$

$$X(t)=Y_j,\qquad \frac{1}{2^j}<t\leqq\frac{1}{2^{j-1}}\qquad (j=1,2,3,\cdots) \tag{2.3.23 b}$$

で定義される2次の確率過程 $X(t)$ を考える. これをグラフに描くと, たとえば図2.1のようになる. $X(t)$ の自己相関関数 $R(t,s)$ は図2.2に示した, $t$ 軸と $s$ 軸の2等分線の上の半分閉じた正方形群の上で1, その他の場所で0という値をもつ. このとき

$$\frac{1}{\tau^2}\varDelta_\tau\varDelta_\tau R(0,0)=\frac{1}{\tau^2}[R(\tau,\tau)-R(\tau,0)-R(0,\tau)+R(0,0)] \tag{2.3.24}$$

を考えると, [　]の中の4つの関数のうち, 最初のものは1, のこりのものは

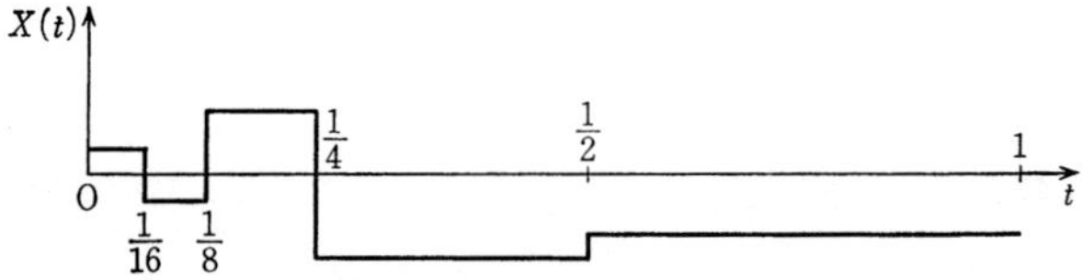


図 2.1

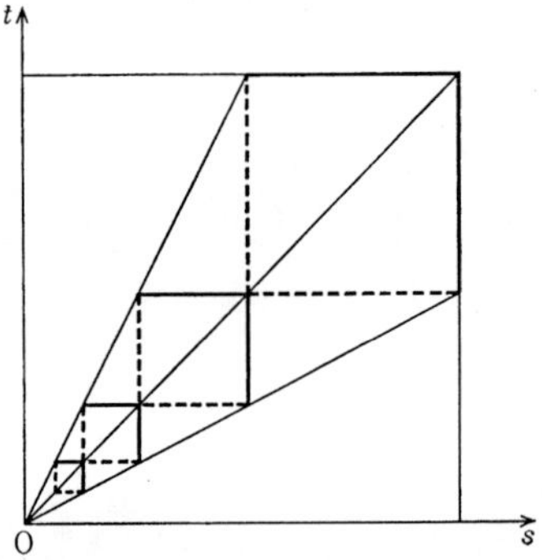


図 2.2

0 という値をもつから，$\tau\to 0$ でこの表式は無限大となり，したがって $(0,0)$ で 2 次の一般化された微係数は存在しない．しかし $R(t,s)$ の偏微係数は $(0,0)$ で存在し，ともに 0 である．

2 乗平均連続の判定定理において (2.3.22) のように置けば 2 乗平均微分可能性の判定定理が得られたのであるから，弱定常過程の場合には，(2.3.19) のところの議論をそのまま 2 乗平均微分可能性に対しても使うことができて，弱定常な 2 次の確率過程 $X(t)$ が 2 乗平均微分可能なための必要十分条件は，$R(\tau)$ の 1 次および 2 次微係数が存在して，$\tau=0$ で有限であることである，という結論が得られる．

2 次の確率過程の 2 乗平均微係数については，なお以下のことがいえる：

(1) $X(t)$ が 2 乗平均微分可能ならば，$X(t)$ は 2 乗平均連続である．なぜなら

$$\lim_{\tau\to 0}\|X(t+\tau)-X(t)\|^2=\lim_{\tau\to 0}|\tau|^2\left\|\frac{X(t+\tau)-X(t)}{\tau}\right\|^2$$
$$=0\times\lim_{\tau\to 0}\frac{1}{\tau^2}\varDelta_\tau\varDelta_\tau R(t,t) \qquad (2.3.25)$$

はこのとき 0 になるから．

(2)　2乗平均収束の極限の一意性から，$X(t)$ の2乗平均微係数は，もしそれが存在するならば一意であることがいえる．

(3)　$X(t)$ と $Y(t)$ がともに $t$ で2乗平均微分可能ならば，$a, b$ を定数とするとき，$aX(t)+bY(t)$ も $t$ で2乗平均微分可能で，

$$\frac{d}{dt}[aX(t)+bY(t)] = a\dot{X}(t)+b\dot{Y}(t) \tag{2.3.26}$$

である．なぜなら，

$$\begin{aligned}&\left\|\frac{aX(t+\tau)+bY(t+\tau)-aX(t)-bY(t)}{\tau}-a\dot{X}(t)-b\dot{Y}(t)\right\| \\ &\quad\leqq \left\|a\left[\frac{X(t+\tau)-X(t)}{\tau}-\dot{X}(t)\right]\right\|+\left\|b\left[\frac{Y(t+\tau)-Y(t)}{\tau}-\dot{Y}(t)\right]\right\|\end{aligned} \tag{2.3.27}$$

であるが，仮定によってこの右辺は $\tau\to 0$ で0になるから．

(4)　$f(t)$ が $t$ で微分可能な普通の関数で，$X(t)$ が $t$ で2乗平均微分可能ならば，$f(t)X(t)$ も $t$ で2乗平均微分可能で，

$$\frac{d}{dt}[f(t)X(t)] = \frac{df(t)}{dt}X(t)+f(t)\frac{dX(t)}{dt} \tag{2.3.28}$$

である．なぜなら，

$$\begin{aligned}&\left\|\frac{f(t+\tau)X(t+\tau)-f(t)X(t)}{\tau}-\frac{df(t)}{dt}X(t)-f(t)\frac{dX(t)}{dt}\right\| \\ &\quad\leqq \left\|\frac{f(t+\tau)X(t+\tau)-f(t)X(t+\tau)}{\tau}-\frac{df(t)}{dt}X(t)\right\| \\ &\quad\quad+\left\|\frac{f(t)X(t+\tau)-f(t)X(t)}{\tau}-f(t)\frac{dX(t)}{dt}\right\| \\ &\quad\leqq \left\|\left[\frac{f(t+\tau)-f(t)}{\tau}-\frac{df(t)}{dt}\right]X(t+\tau)\right\| \\ &\quad\quad+\left\|\frac{df(t)}{dt}[X(t+\tau)-X(t)]\right\|+\left\|f(t)\left[\frac{X(t+\tau)-X(t)}{\tau}\right]-f(t)\frac{dX(t)}{dt}\right\| \\ &\quad\leqq \left|\frac{f(t+\tau)-f(t)}{\tau}-\frac{df(t)}{dt}\right|\|X(t+\tau)\| \\ &\quad\quad+\left|\frac{df(t)}{dt}\right|\|X(t+\tau)-X(t)\|+|f(t)|\left\|\frac{X(t+\tau)-X(t)}{\tau}-\frac{dX(t)}{dt}\right\|\end{aligned} \tag{2.3.29}$$

において，最後の表式の第1項と第3項は仮定により，第2項は性質(1)によって $\tau\to 0$ で0になるから.

(5)　$X(t)$ が $n$ 回2乗平均微分可能ならば，これらの微係数の期待値が存在して，

$$\left\langle \frac{d^n X(t)}{dt^n} \right\rangle = \frac{d^n}{dt^n}\langle X(t)\rangle \tag{2.3.30}$$

で与えられる．まず $n=1$ のときには，定義によって

$$\langle \dot{X}(t)\rangle = \left\langle \underset{\tau\to 0}{\mathrm{l.\,i.\,m.}} \left[\frac{X(t+\tau)-X(t)}{\tau}\right]\right\rangle$$

l. i. m. と〈　〉の可換性からこれは

$$= \lim_{\tau\to 0}\left[\frac{\langle X(t+\tau)\rangle - \langle X(t)\rangle}{\tau}\right]$$

$$= \frac{d}{dt}\langle X(t)\rangle \tag{2.3.31}$$

一般の $n$ に対してはこれと同じことを $n$ 回くり返せばよい.

(6)　$X(t)$ の自己相関関数 $R(t,s)$ の2次の一般化された微係数がすべての $(t,t)$ で存在するならば，$X(t)$ の2乗平均微係数 $\dot{X}(t)$ はすべての $t$ で存在する．したがってSchwarzの不等式によって，$\langle \dot{X}(t)X(s)\rangle$ は存在して有限であり，

$$\begin{aligned}\langle \dot{X}(t)X(s)\rangle &= \left\langle \underset{\tau\to 0}{\mathrm{l.\,i.\,m.}} \left[\frac{X(t+\tau)-X(t)}{\tau}\right]X(s)\right\rangle \\ &= \lim_{\tau\to 0}\frac{1}{\tau}\langle X(t+\tau)X(s)-X(t)X(s)\rangle \\ &= \lim_{\tau\to 0}\frac{1}{\tau}[R(t+\tau,s)-R(t,s)] = \frac{\partial R(t,s)}{\partial t}\end{aligned} \tag{2.3.32}$$

で与えられる．同様にして

$$\langle X(t)\dot{X}(s)\rangle = \partial R(t,s)/\partial s \tag{2.3.33}$$

であることも示される．また $\langle \dot{X}(t)\dot{X}(s)\rangle$ も存在して，

$$\begin{aligned}\langle \dot{X}(t)\dot{X}(s)\rangle &= \left\langle \underset{\tau,\tau'\to 0}{\mathrm{l.\,i.\,m.}} \left[\frac{X(t+\tau)-X(t)}{\tau}\right]\left[\frac{X(s+\tau')-X(s)}{\tau'}\right]\right\rangle \\ &= \lim_{\tau,\tau'\to 0}\frac{1}{\tau}\left\langle \frac{X(t+\tau)X(s+\tau')-X(t+\tau)X(s)}{\tau'} - \frac{X(t)X(s+\tau')-X(t)X(s)}{\tau'}\right\rangle\end{aligned}$$

$$= \lim_{\tau \to 0} \frac{1}{\tau} \lim_{\tau' \to 0} \left\{ \frac{R(t+\tau, s+\tau') - R(t+\tau, s)}{\tau'} - \frac{R(t, s+\tau') - R(t, s)}{\tau'} \right\}$$

$$= \lim_{\tau \to 0} \frac{1}{\tau} \left[ \frac{\partial R(t+\tau, s)}{\partial s} - \frac{\partial R(t, s)}{\partial s} \right]$$

$$= \frac{\partial^2 R(t, s)}{\partial t \partial s} \tag{2.3.34}$$

で与えられる．

同様にして，一般に2乗平均微係数 $d^n X(t)/dt^n$ および $d^m X(t)/dt^m$ が存在するならば，これらの間の相関関数 $\langle (d^n X/dt^n)(d^m X/dt^m) \rangle \equiv R^{(nm)}(t, s)$ も存在して，

$$R^{(nm)}(t, s) = \frac{\partial^{n+m} R(t, s)}{\partial t^n \partial s^m} \tag{2.3.35}$$

で与えられることが示される．

## §2.4　2乗平均積分

区間 $[a, b]$ のすべての可能な有限の分割

$$p_n: \quad a = t_0 < t_1 < t_2 < \cdots < t_n = b \tag{2.4.1}$$

の集まりを考える．$\Delta_n$ を分割したときにできる小区間のうちの最大なものの長さ，$t_k'$ を小区間 $[t_{k-1}, t_k)$ の中の勝手な点とする．2次の確率過程 $X(t)$ と，$[a, b]$ で Riemann 可積分な通常の関数 $f(t, u)$ を使って，確率変数

$$I_n(u) = \sum_{k=1}^{n} f(t_k', u) X(t_k')(t_k - t_{k-1}) \tag{2.4.2}$$

を作る．$L_2$ 空間は線形空間だから，$I_n(u)$ もその要素である．

2乗平均の意味での極限

$$\underset{\substack{n \to \infty \\ \Delta_n \to 0}}{\text{l.i.m.}} I_n(u) = I(u) \tag{2.4.3}$$

が，分割 $p_n$ の勝手な列と $t_{k'}$ の勝手な選び方に対して存在するとき，確率過程 $I(u)$ を，$f(t, u)X(t)$ の $[a, b]$ の上での **2乗平均 Riemann 積分**とよび，

$$I(u) = \int_a^b f(t, u) X(t) dt \tag{2.4.4}$$

と書く．

2乗平均収束の判定定理において，$t=u, n_0=\infty$ とし，$X_n(u)$ の代りに

$$I_n(u) = \sum_{k=1}^{n} f(t_{k'}, u)X(t_k')(t_k - t_{k-1}) \tag{2.4.5}$$

を用いると，$I(u)$ が存在するための必要十分条件は，通常の2重 Riemann 積分

$$\iint_a^b f(t, u)f(s, u)R(t, s)dtds \tag{2.4.6}$$

が存在して有限であることだ，ということがわかる．$I(u)$ が $p_n$ の列にも $t_k'$ の選び方にもよらずに一意にきまることは明らかであろう．

2乗平均 Riemann 積分は以下のような性質をもつ:

(1)　2乗平均連続の判定定理と，その下で述べた注意によって，$X(t)$ が $[a, b]$ で2乗平均連続ならば，$R(t, s)$ は $[a, b]\times[a, b]$ で連続であるから，積分

$$\iint_a^b R(t, s)dtds \tag{2.4.7}$$

が存在する．$X(t)$ が2次であるから，これは有限である．したがって $X(t)$ は2乗平均 Riemann 積分可能である．

(2)　$X(t)$ が $[a, b]$ で2乗平均連続ならば

$$M = \operatorname*{Max}_{t\in[a,b]} \|X(t)\| \tag{2.4.8}$$

として，

$$\left\|\int_a^b X(t)dt\right\| \leqq \int_a^b \|X(t)\|dt \leqq M(b-a) \tag{2.4.9}$$

である．証明は次の通りである: 性質(1)によって，(2.4.9)の最初の積分は存在する．2番目の積分は，2乗平均連続の判定定理によって，$\|X(t)\|$ が連続な実関数であるから，やはり存在する．したがって

$$\|I_n\| = \left\|\sum_{k=1}^{n} X(t_k')(t_k - t_{k-1})\right\| \to \left\|\int_a^b X(t)dt\right\| \tag{2.4.10}$$

$$\|I_n\| \leqq \sum_{k=1}^{n} \|X(t_k')\|(t_k - t_{k-1}) \to \int_a^b \|X(t)\|dt \tag{2.4.11}$$

ところが一方で，

$$\sum_{k=1}^{n} \|X(t_k')\|(t_k - t_{k-1}) \leqq M\sum_{k=1}^{n}(t_k - t_{k-1}) = M(b-a) \tag{2.4.12}$$

であるから，(2.4.9)が成り立つ．

(3)　微分の場合と同様にして，$X(t), Y(t)$ の2乗平均積分が $[a, c]$ で存在す

るならば，

$$\int_a^c [\alpha X(t)+\beta Y(t)]dt = \alpha\int_a^c X(t)dt+\beta\int_a^c Y(t)dt \qquad (2.4.13)$$

$$\int_a^c X(t)dt = \int_a^b X(t)dt+\int_b^c X(t)dt \qquad (a \leqq b \leqq c) \quad (2.4.14)$$

であることが示される.

(4)　$X(t)$ が $[a,t]$ で2乗平均連続ならば,

$$I(t) = \int_a^t X(s)ds \qquad (2.4.15)$$

は2乗平均微分可能，したがって2乗平均連続であって，

$$\frac{dI}{dt} = X(t) \qquad (2.4.16)$$

である．このことは不等式

$$\begin{aligned}
&\left\|\frac{1}{\tau}\left[\int_a^{t+\tau} X(s)ds-\int_a^t X(s)ds\right]-X(t)\right\| \\
&= \left\|\frac{1}{\tau}\int_t^{t+\tau} [X(s)-X(t)]ds\right\| \\
&\leqq \left|\frac{1}{\tau}\right|\int_t^{t+\tau} \|X(s)-X(t)\|ds \leqq \operatorname*{Max}_{s\in[t,t+\tau]} \|X(s)-X(t)\| \qquad (2.4.17)
\end{aligned}$$

において，最後の表式が仮説によって $\tau\to 0$ で0になることから出る.

(5)　$X(t)$ が $[0,a]$ で2乗平均連続ならば，勝手な $t\in[0,a]$ で

$$\left\|\int_0^t X(s)ds\right\|^2 \leqq t\int_0^t \|X(s)\|^2 ds \leqq a\int_0^t \|X(s)\|^2 ds \qquad (2.4.18)$$

である．なぜなら，Schwarz の不等式によって，

$$\begin{aligned}
\left\|\int_0^t X(s)ds\right\|^2 &= \iint_0^t \langle X(s)X(r)\rangle dsdr \\
&\leqq \int_0^t \|X(s)\|ds\int_0^t \|X(r)\|dr = \left[\int_0^t \|X(s)\|ds\right]^2 \\
&\leqq \int_0^t dr\int_0^t \|X(s)\|^2 ds = t\int_0^t \|X(s)\|^2 ds \\
&\leqq a\int_0^t \|X(s)\|^2 ds \qquad (2.4.19)
\end{aligned}$$

であるから．(4番目と5番目の表式の間の関係は $\iint(\|X(s)\|-\|X(r)\|)^2 drds \geqq 0$

から出る.)

(6)　$X(t)$ が2乗平均連続，通常の関数 $f(t,s)$ が双方の変数について連続でかつ有限の偏微係数 $\partial f(t,s)/\partial t$ をもつならば，

$$I(t)=\int_a^t f(t,s)X(s)ds \tag{2.4.20}$$

が存在して，

$$\frac{dI}{dt}=\int_a^t \frac{\partial f(t,s)}{\partial t}X(s)ds+f(t,t)X(t) \tag{2.4.21}$$

である．このことを示すには，長さ

$$\begin{aligned}&\left\|\frac{1}{\tau}\left[\int_a^{t+\tau} f(t+\tau,s)X(s)ds-\int_a^t f(t,s)X(s)ds\right]-\int_a^t \frac{\partial f(t,s)}{\partial t}X(s)ds-f(t,t)X(t)\right\|\\ &\quad=\left\|\frac{1}{\tau}\int_t^{t+\tau} f(t+\tau,s)X(s)ds+\frac{1}{\tau}\int_a^t \{f(t+\tau,s)-f(t,s)\}X(s)ds\right.\\ &\qquad\left.-\int_a^t \frac{\partial f(t,s)}{\partial t}X(s)ds-\frac{1}{\tau}\int_t^{t+\tau} f(t,t)X(t)ds\right\|\end{aligned} \tag{2.4.22}$$

を考えて，(4)で行なったのと同じような議論をすればよい.

(7)　上と同様にして，$X(t)$ が2乗平均微分可能で，通常の関数 $f(t,s)$ が双方の変数について連続であり，また偏微係数 $\partial f(t,s)/\partial s$ が存在するならば，

$$\int_a^t f(t,s)\dot{X}(s)ds=f(t,s)X(s)\Big|_a^t-\int_a^t \frac{\partial f(t,s)}{ds}X(s)ds \tag{2.4.23}$$

であることを示すことができる．とくに $f(t,s)\equiv 1$ のときには

$$X(t)-X(a)=\int_a^b \dot{X}(s)ds \tag{2.4.24}$$

という公式が得られる.

(8)　積分

$$I(u)=\int_a^b f(t,u)X(t)dt \tag{2.4.25}$$

が存在するならば

$$\langle I(u)\rangle=\int_a^b f(t,u)\langle X(t)\rangle dt \tag{2.4.26}$$

である．なぜなら，

$$\langle I(u)\rangle=\left\langle \underset{\substack{n\to\infty\\ \Delta_n\to 0}}{\mathrm{l.i.m.}}\sum_{k=1}^{n} f(t_k{}',u)X(t_k{}')(t_k-t_{k-1})\right\rangle$$

$$= \lim_{\substack{n\to\infty \\ \Delta_n\to 0}} \sum_{k=1}^{n} f(t_k', u)\langle X(t_k')\rangle (t_k - t_{k-1})$$

$$= \int_a^b f(t, u)\langle X(t)\rangle dt \tag{2.4.27}$$

だから．またこの節のはじめに述べた，2乗平均積分(2.4.25)の存在のための必要十分条件に関する議論から容易にわかるように，$I(u)$ の自己相関関数 $R^I(u, v)$ は，$X(t)$ の自己相関関数 $R(t, s)$ によって，

$$R^I(u, v) = \iint_a^b f(t, u) f(s, v) R(t, s) dt ds \tag{2.4.28}$$

と表わされる．

2乗平均 Riemann 積分と同様にして2乗平均 Riemann–Stieltjes 積分も定義することができる．これには2種類あって，1つは確率変数

$$V_{1n} = \sum_{k=1}^{n} f(t_k')[X(t_k) - X(t_{k-1})] \tag{2.4.29}$$

の2乗平均極限 $\underset{\substack{n\to\infty \\ \Delta_n\to 0}}{\mathrm{l.i.m.}}\, V_{1n} = V_1$ で定義され，

$$V_1 = \int_a^b f(t) dX(t) \tag{2.4.30}$$

と書かれる．もう1つは確率変数

$$V_{2n} = \sum_{k=1}^{n} X(t_k')[f(t_k) - f(t_{k-1})] \tag{2.4.31}$$

の2乗平均極限 $\underset{\substack{n\to\infty \\ \Delta_n\to 0}}{\mathrm{l.i.m.}}\, V_{2n} = V_2$ で定義され，

$$V_2 = \int_a^b X(t) df(t) \tag{2.4.32}$$

と書かれる．

2乗平均 Riemann–Stieltjes 積分に対しても2乗平均積分に対するのと全く同様な定理が成り立つ．すなわち

(1) 2乗平均 Riemann–Stieltjes 積分 $V_1$ および $V_2$ が存在するための必要十分条件は，それぞれ通常の2重 Riemann–Stieltjes 積分

$$\iint_a^b f(t) f(s) ddR(t, s) \quad \text{および} \quad \iint_a^b R(t, s) df(t) df(s) \tag{2.4.33}$$

が存在して有限であることである．

(2)　$V_1$ と $V_2$ が存在すれば，次の公式が成り立つ:

$$\langle V_1 \rangle = \int_a^b f(t) d\langle X(t) \rangle \tag{2.4.34 a}$$

$$\langle V_1^2 \rangle = \iint_a^b f(t) f(s) ddR(t, s) \tag{2.4.34 b}$$

$$\langle V_2 \rangle = \int_a^b \langle X(t) \rangle df(t) \tag{2.4.34 c}$$

$$\langle V_2^2 \rangle = \iint_a^b R(t, s) df(t) df(s) \tag{2.4.34 d}$$

(3)　$V_1$ と $V_2$ のどちらか一方が存在するならば他方も存在して

$$\int_a^b X(t) df(t) = f(t) X(t) \Big|_a^b - \int_a^b f(t) dX(t) \tag{2.4.35}$$

である．

## §2.5　確率過程の Fourier 解析

$X(t)$ を2次の弱定常で2乗平均連続な確率過程として，2乗平均積分

$$X_T(\omega) = \frac{1}{\sqrt{2\pi}} \int_{-T}^{T} X(t) e^{-i\omega t} dt \tag{2.5.1}$$

を考える．$X(t)$ は実数であるから，

$$X_T(-\omega) = X_T^*(\omega) \tag{2.5.2}$$

である．$X_T(\omega)$ を用いて，

$$G_T(\omega) \equiv \frac{1}{2T} \langle X_T(\omega) X_T(-\omega) \rangle = \frac{1}{2T} \langle |X_T(\omega)|^2 \rangle \geqq 0 \tag{2.5.3}$$

を定義する．(2.5.1)を(2.5.3)に入れ，$X(t)$ が弱定常であることを使うと，$G_T(\omega)$ は

$$G_T(\omega) = \frac{1}{4\pi T} \iint_{-T}^{T} R(t-s) e^{-i\omega(t-s)} dtds \tag{2.5.4}$$

と書ける．(2.5.4)は変数変換によって，さらに

$$\begin{aligned} G_T(\omega) &= \frac{1}{4\pi T} \int_{-2T}^{0} R(\tau) e^{-i\omega\tau} \int_{-T-\tau}^{T} d\sigma d\tau + \frac{1}{2T} \int_0^{2T} R(\tau) e^{-i\omega\tau} \int_{-T}^{T-\tau} d\sigma d\tau \\ &= \frac{1}{2\pi} \int_{-2T}^{0} \left[ 1 + \frac{\tau}{2T} \right] R(\tau) e^{-i\omega\tau} d\tau + \frac{1}{2\pi} \int_0^{2T} \left[ 1 - \frac{\tau}{2T} \right] R(\tau) e^{-i\omega\tau} d\tau \end{aligned}$$

$$=\frac{1}{2\pi}\int_{-2T}^{2T}\left[1-\frac{|\tau|}{2T}\right]R(\tau)e^{-i\omega\tau}d\tau \tag{2.5.5}$$

と書きかえることができる.

§1.8 で導入した $X(t)$ のスペクトル密度 $G(\omega)$ は，$G_T(\omega)$ の $T\to\infty$ における極限にほかならない．したがって

$$G(\omega)=\frac{1}{2\pi}\int_{-\infty}^{\infty}R(\tau)e^{-i\omega\tau}d\tau \tag{2.5.6}$$

これが Wiener–Khintchine の公式である．これはスペクトル密度 $G(\omega)$ が自己相関関数 $R(\tau)$ の Fourier 変換になっていることを意味するから，$R(\tau)$ は $G(\omega)$ の Fourier 逆変換で与えられなければならない．すなわち

$$R(\tau)=\int_{-\infty}^{\infty}G(\omega)e^{i\omega\tau}d\tau \tag{2.5.7}$$

$m$ 個の弱定常で 2 乗平均連続な確率過程 $X^1(t), X^2(t), \cdots, X^m(t)$ を同時に考えるときには，これらをベクトル確率過程 $\boldsymbol{X}(t)$ の成分と考えて，§1.5 ですでに行なったように，

$$\boldsymbol{R}(\tau)\equiv\langle\boldsymbol{X}(t)\boldsymbol{X}^{\mathrm{T}}(t+\tau)\rangle \tag{2.5.8}$$

で定義される**相関関数行列**を導入するのが便利である．$\boldsymbol{R}(\tau)$ の行列要素は

$$R^{ij}(\tau)\equiv\langle X^i(t)X^j(t+\tau)\rangle \tag{2.5.9}$$

で，$i=j$ のとき，これは $X^i(t)$ の自己相関関数にほかならない．$i\neq j$ のときはこれを $X^i(t)$ と $X^j(t+\tau)$ の**相互相関関数**とよぶ.

相関関数行列に対して，**スペクトル密度行列**を

$$\boldsymbol{G}(\omega)=\lim_{T\to\infty}\boldsymbol{G}_T(\omega)=\lim_{T\to\infty}\frac{1}{2T}\langle\boldsymbol{X}_T(\omega)\boldsymbol{X}_T{}^{\dagger}(\omega)\rangle \tag{2.5.10}$$

で定義することができる．ただし

$$\boldsymbol{X}_T(\omega)\equiv\frac{1}{\sqrt{2\pi}}\int_{-T}^{T}\boldsymbol{X}(t)e^{-i\omega t}dt \tag{2.5.11}$$

で，添字 † は随伴行列を表わす:

$$\boldsymbol{X}_T{}^{\dagger}(\omega)\equiv\boldsymbol{X}_T{}^{\mathrm{T}*}(\omega) \tag{2.5.12}$$

前と同様にして，ベクトル過程に対しても Wiener–Khintchine の公式

$$\boldsymbol{G}(\omega)=\frac{1}{2\pi}\int_{-\infty}^{\infty}\boldsymbol{R}^{\mathrm{T}}(\tau)e^{-i\omega\tau}d\tau \tag{2.5.13}$$

が成り立つことが容易に示される．

定義(2.5.9)と定常性の仮定とから，

$$
\begin{aligned}
R^{ij}(\tau) &= \langle X^i(t)X^j(t+\tau)\rangle = \langle X^i(t-\tau)X^j(t)\rangle \\
&= \langle X^j(t)X^i(t-\tau)\rangle = R^{ji}(-\tau)
\end{aligned}
\tag{2.5.14}
$$

すなわち

$$
\boldsymbol{R}(\tau) = \boldsymbol{R}^{\mathrm{T}}(-\tau) \tag{2.5.15}
$$

という関係が得られる．これと(2.5.13)とから，スペクトル密度行列に対して

$$
\begin{aligned}
\boldsymbol{G}^{\dagger}(\omega) &= \frac{1}{2\pi}\int_{-\infty}^{\infty}\boldsymbol{R}(\tau)e^{i\omega\tau}d\tau = \frac{1}{2\pi}\int_{-\infty}^{\infty}\boldsymbol{R}^{\mathrm{T}}(-\tau)e^{i\omega\tau}d\tau \\
&= \frac{1}{2\pi}\int_{-\infty}^{\infty}\boldsymbol{R}^{\mathrm{T}}(\tau)e^{-i\omega\tau}d\tau = \boldsymbol{G}(\omega)
\end{aligned}
\tag{2.5.16}
$$

すなわち

$$
G^{ij}(\omega) = G^{ji*}(\omega) \tag{2.5.17}
$$

という関係が得られる．

# 第3章　Langevin 方程式の基礎

第1章で発見的に導入した Langevin 方程式は，白色雑音を揺動力として持っていた．ところが白色雑音は，その自己相関関数がデルタ関数を含んでいるから，2次の確率過程ではなく，したがって Langevin 方程式を積分するさいに，第2章で展開した確率過程の微積分の理論を使うことはできない．さらに，もっと一般の Langevin 方程式を取り扱うときには，前章で登場しなかった $\int_a^b X(s)P(s)ds$ という形の積分を考えることが必要になる．

この章では，これらの白色雑音を含む積分を，白色雑音の形式的な積分である Wiener 過程(これは2次の確率過程である)を出発点として厳密に考察する．そのために，まず§3.1で Ito 積分とよばれる積分を定義してその性質をしらべる．§3.2ではこの積分を含む Ito 方程式とよばれる方程式を考える．これは Langevin 方程式の1つの数学的に厳密な表現である．§3.3ではもう1つの表現である Stratonovich 方程式を導入し，これと Ito 方程式との関係を論じ，これの副産物として Ito の定理とよばれる重要な定理を導く．

§3.4では特別な場合として線形な係数を持つ Ito 方程式を考え，その解の性質をしらべる．

## §3.1　Wiener 過程と Ito 積分

§1.4で導入した白色雑音は2次の確率過程ではない．なぜならその自己相関関数が Dirac のデルタ関数を含んでいて，有限な量として存在しないからである．したがって白色雑音を数学的な議論の出発点とするのは適当でない．しかし白色雑音の積分として前に導入した Wiener 過程の自己相関関数は有限であり，かつ $(t,t)$ で連続だったから，これを出発点として議論することは可能であろう．そこで改めて，期待値がゼロ，すなわち

$$\langle W(t)\rangle = 0 \tag{3.1.1}$$

であり，

$$R^W(t_1, t_2) \equiv \langle W(t_1)W(t_2)\rangle = 2D\min(t_1, t_2) \tag{3.1.2}$$

という自己相関関数をもつ2次の確率過程を Wiener 過程として‘定義’し，これを議論の出発点としてみる．ただし，§1.4 で Wiener 過程の分布密度は Gauss 分布になるはずだ，と言ったが，これは直観的な議論に過ぎない．ここでは分布密度を導くかわりに，それを

$$W(w, t) = \frac{1}{(4\pi Dt)^{1/2}}e^{-w^2/4Dt} \tag{3.1.3}$$

と与え，これも Wiener 過程の定義に含めることにしよう．

自己相関関数(3.1.2)は一般化された2次の微係数をもたない．たとえば $\tau<\tau'$ とすると，

$$\lim_{\tau',\tau\to 0}\frac{1}{\tau\tau'}\varDelta_\tau\varDelta_{\tau'}R^W(t,t) = \lim_{\tau,\tau'\to 0}\frac{1}{\tau\tau'}[2Dt+2D(t+\tau)-2Dt-2Dt]$$
$$= \lim_{\tau,\tau'\to 0}\frac{2D}{\tau'}\to\infty \tag{3.1.4}$$

である．したがって，2乗平均微分可能性の判定定理によって，$W(t)$ は2乗平均微分可能でなく，$W(t)$ の微分過程として白色雑音 $P(t)$ を定義することはできないことがわかる．ただ，あえて‘形式的’に

$$\frac{dW(t)}{dt} = P(t) \tag{3.1.5}$$

を定義するならば，(2.3.34)によって，

$$\langle P(t_1)P(t_2)\rangle = \frac{\partial^2 R^W(t_1, t_2)}{\partial t_1\partial t_2}$$
$$= 2D\frac{\partial u(t_1-t_2)}{\partial t_1}$$
$$= 2D\delta(t_1-t_2) \tag{3.1.6}$$

となり，正しい白色雑音の自己相関関数が得られることは，注意しておこう．ここで $u(t_1-t_2)$ は単位階段関数

$$u(t_1-t_2) = \begin{cases} 0 & (t_1 < t_2) \\ 1 & (t_1 > t_2) \end{cases} \tag{3.1.7}$$

である．

一般の Langevin 方程式を考える準備として，2次の2乗平均連続確率過程

$X(t)$ と Wiener 過程 $W(t)$ とを含む

$$\int_a^b X(s)dW(s) \tag{3.1.8}$$

という形の積分を考える．ただし $a \leqq t \leqq t_k \leqq t_{k+1} \leqq b$ であるような $t_k, t_{k+1}$ に対して，$\{W(t_{k+1})-W(t_k)\}$ は $X(t)$ と独立であるとする．普通の関数の Riemann 積分や前章で述べた確率過程の 2 乗平均積分の例にならうとすれば，この積分は確率変数

$$I_n = \sum_{k=1}^{n} X(t_k')[W(t_k)-W(t_{k-1})], \qquad t_k' \in [t_{k-1}, t_k) \tag{3.1.9}$$

の $n \to \infty$，$\varDelta_n \to 0$ における極限として定義するのが自然であるが，実はすぐあとでわかるように，この極限は $t_k'$ の選び方によって異なる値をもち，一意に存在しないのである．したがって，和 $I_n$ の 2 乗平均極限として定義したのでは，積分(3.1.8)は存在しないことになってしまう．

しかしながら，$t_k'$ の選び方を適当に規定して，上記の和の 2 乗平均極限が一意に存在するようにすることは可能である．たとえば(3.1.9)において $t_k'=t_{k-1}$ ととって，$I_n$ のかわりに

$$J_n = \sum_{k=0}^{n-1} X(t_k)[W(t_{k+1})-W(t_k)] \tag{3.1.10}$$

という確率変数を考えれば，2 乗平均の意味での極限

$$\underset{\substack{n\to\infty \\ \varDelta_n \to 0}}{\mathrm{l.i.m.}}\, J_n = J \tag{3.1.11}$$

は存在して一意にきまることが示されるのである．この $J$ を

$$(\mathrm{I})\int_a^b X(t)dW(t) \tag{3.1.12}$$

と書き，**Ito の積分**とよぶ．

Ito の積分が存在して一意であることを証明しよう．2 乗平均収束の判定定理によって，

$$\langle J_n J_m \rangle = \sum_{ij} \langle X(s_i)X(t_j)[W(s_{i+1})-W(s_i)][W(t_{j+1})-W(t_j)] \rangle \tag{3.1.13}$$

が，領域 $[a, b]^2$ の中で，$n, m \to \infty$ としたときに有限な極限に収束することを示せばよい．

(3.1.13)の右辺の和の中のおのおのの項は，図3.1の$R_1$または$R_2$のような小矩形と対応する．これらの矩形は，$R_1$のように対角線$s=t$の切片を含むものと，$R_2$のように対角線上の点は高々1点しか含まないものとの2種類に分類できる．

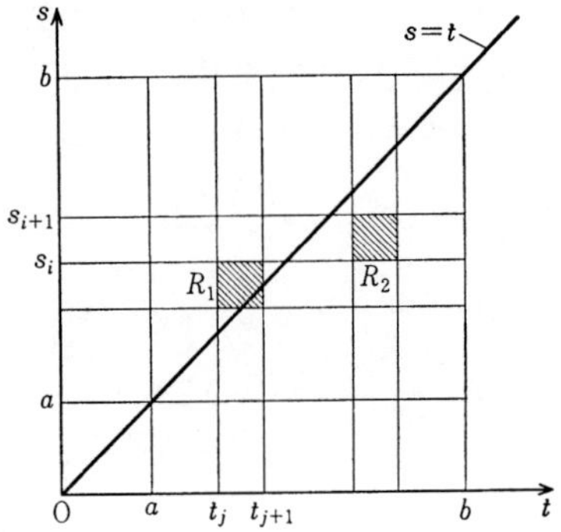


**図3.1**

第2の種類の矩形に対しては，たとえば$s_i<s_{i+1}\leqq t_j<t_{j+1}$が成り立つ．仮定によって，$W(t_{j+1})-W(t_j)$は$X(s_i)$とも$X(t_j)$とも独立である．さらに，(3.1.2)によって，

$$
\begin{aligned}
&\langle\{W(t_{j+1})-W(t_j)\}\{W(s_{i+1})-W(s_i)\}\rangle \\
&\quad=\langle W(t_{j+1})W(s_{i+1})\rangle+\langle W(t_j)W(s_i)\rangle-\langle W(t_j)W(s_{i+1})\rangle-\langle W(t_{j+1})W(s_i)\rangle \\
&\quad=2D(s_{i+1}+s_i-s_{i+1}-s_i) \\
&\quad=0 \qquad (3.1.14)
\end{aligned}
$$

であるから，$W(t_{j+1})-W(t_j)$は$W(s_{i+1})-W(s_i)$とも独立である．したがって，

$$
\begin{aligned}
&\langle X(s_i)X(t_j)[W(s_{i+1})-W(s_i)][W(t_{j+1})-W(t_j)]\rangle \\
&\quad=\langle X(s_i)X(t_j)[W(s_{i+1})-W(s_i)]\rangle\langle W(t_{j+1})-W(t_j)\rangle=0 \qquad (3.1.15)
\end{aligned}
$$

となって，第2種の矩形に対応する(3.1.13)の項はすべて0となることがわかる．

第1の種類の矩形に対しては，たとえば$s_i<t_j<s_{i+1}<t_{j+1}$である．したがって，

$$
\begin{aligned}
&\langle X(s_i)X(t_j)[W(s_{i+1})-W(s_i)][W(t_{j+1})-W(t_j)]\rangle \\
&\quad=\langle X(s_i)X(t_j)[\{W(s_{i+1})-W(t_j)\}+\{W(t_j)-W(s_i)\}] \\
&\qquad\times[\{W(t_{j+1})-W(s_{i+1})\}+\{W(s_{i+1})-W(t_j)\}]\rangle \qquad (3.1.16)
\end{aligned}
$$

の中で，0 でない項は

$$\langle X(s_i)X(t_j)[W(s_{i+1})-W(t_j)]^2\rangle = 2D\langle X(s_i)X(t_j)\rangle(s_{i+1}-t_j) \quad (3.1.17)$$

だけである．

$X(t)$ は $[a,b]$ で 2 乗平均連続だから，$\langle X(t)X(s)\rangle$ は $[a,b]^2$ で連続，したがって一様連続であり，勝手な $\varepsilon>0$ に対して，$[s_i, s_{i+1}]$ と $[t_j, t_{j+1}]$ が $n, m>N(\varepsilon)$ であるような分割 $p_m, p_n$ にそれぞれ属するとき，$[s_i, s_{i+1}]\times[t_j, t_{j+1}]$ の中での $\langle X(t)X(s)\rangle$ の変動がすべての $i$ と $j$ に対して $\varepsilon$ よりも小さいような $N(\varepsilon)$ が存在する．ゆえに，

$$\begin{aligned}|\textstyle\sum\langle X(s_i)X(t_j)\rangle(s_{i+1}-t_j)-\sum\langle X^2(t_j)\rangle(s_{i+1}-t_j)| &\leqq \varepsilon\textstyle\sum(s_{i+1}-t_j)\\ &= \varepsilon(b-a) \quad (3.1.18)\end{aligned}$$

最後の等式は，たとえば図 3.2 の 3 つの相続く小矩形 $A_{i,j}$，$A_{i+1,j}$，$A_{i+1,j+1}$ を考えたとき，(3.1.18) の中に現われる区間 $(t_j, s_{i+1})$ が，$A_{i+1,j}$ に対しては $(t_{j+1}, s_{i+1})$，$A_{i+1,j+1}$ に対しては $(t_{j+1}, s_{i+2})$ になり，区間 $(a, b)$ を次々に隙間なく埋めてゆくことから出る．

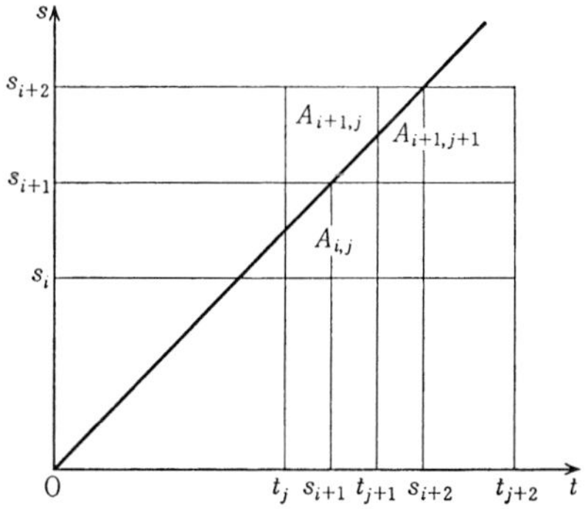


**図 3.2**

(3.1.18) の左辺の第 2 項は通常の Riemann 積分

$$\int_a^b \langle X^2(t)\rangle dt \quad (3.1.19)$$

に近づくから，

$$\begin{aligned}\langle J_nJ_m\rangle &= \textstyle\sum\langle X(s_i)X(t_j)[W(s_{i+1})-W(s_i)][W(t_{j+1})-W(t_j)]\rangle\\ &= 2D\textstyle\sum\langle X(s_i)X(t_j)\rangle(s_{i+1}-t_j) \xrightarrow[m,n\to\infty]{} 2D\int_a^b \langle X^2(t)\rangle dt \quad (3.1.20)\end{aligned}$$

という結果が得られる．2乗平均収束の判定定理によって，これから，$\{J_n\}$ は $n\to\infty$ で2乗平均収束することが結論される．

例として，

$$(\mathrm{I})\int_a^b W(t)dW(t) \tag{3.1.21}$$

を計算してみよう．$W_k=W(t_k)$，$a=t_0<t_1<t_2<\cdots<t_n=b$，$\varDelta_n=\mathop{\mathrm{Max}}_k(t_{k+1}-t_k)$ とすると，

$$\begin{aligned} J_n &\equiv \sum_{k=0}^{n-1} W_k(W_{k+1}-W_k) = -\sum_{k=0}^{n-1} W_k(W_k-W_{k+1}) \\ &= -[W_0{}^2-W_0W_1+W_1{}^2-W_1W_2+W_2{}^2+\cdots+W_{n-1}{}^2-W_{n-1}W_n] \\ &= -\frac{1}{2}\left[W_0{}^2+\sum_{k=0}^{n-1}(W_{k+1}-W_k)^2-W_n{}^2\right] \\ &= \frac{1}{2}(W_b{}^2-W_a{}^2)-\frac{1}{2}\sum_{k=0}^{n-1}(W_{k+1}-W_k)^2 \end{aligned} \tag{3.1.22}$$

ところが，$\varDelta W_k\equiv W_{k+1}-W_k$，$\varDelta t_k\equiv t_{k+1}-t_k$ と書き，簡単のために $2D=1$ と置くと，$\langle(\varDelta W_k)^2\rangle=\varDelta t_k$，$\langle(\varDelta W_k)^4\rangle=3(\varDelta t_k)^2$ であるから，

$$\begin{aligned} \|\sum_k(\varDelta W_k)^2-(b-a)\|^2 &= \|\sum_k\{(\varDelta W_k)^2-\varDelta t_k\}\|^2 \\ &= \sum_k\|(\varDelta W_k)^2-\varDelta t_k\|^2+2\sum_{i\neq j}\langle(\varDelta W_i)^2-\varDelta t_i\rangle\langle(\varDelta W_j)^2-\varDelta t_j\rangle \\ &= \sum_k\|(\varDelta W_k)^2-\varDelta t_k\|^2 = 2\sum_k(\varDelta t_k)^2 \\ &\leqq 2\varDelta_n\sum_k\varDelta t_k = 2\varDelta_n(b-a) \\ &= 2\varDelta_n(b-a)\xrightarrow[\substack{n\to\infty\\ \varDelta_n\to 0}]{} 0 \end{aligned} \tag{3.1.23}$$

となる．したがって

$$\begin{aligned} (\mathrm{I})\int_a^b W(t)dW(t) &= \frac{1}{2}(W_b{}^2-W_a{}^2)-\frac{1}{2}\mathop{\mathrm{l.i.m.}}_{\substack{n\to\infty\\ \varDelta_n\to 0}}\sum_{k=0}^{n=1}(W_{k+1}-W_k)^2 \\ &= \frac{1}{2}[W^2(b)-W^2(a)]-\frac{1}{2}(b-a) \end{aligned} \tag{3.1.24}$$

という結果が得られる．

もし $J_n$ の代りに

$$K_n=\sum_k W(t_{k+1})[W(t_{k+1})-W(t_k)] \tag{3.1.25}$$

を考えると，(3.1.23)によって，

$$\underset{\substack{n\to\infty\\ \Delta_n\to 0}}{\text{l.i.m.}}(K_n-J_n)=\underset{\substack{n\to\infty\\ \Delta_n\to 0}}{\text{l.i.m.}}\sum_k[W(t_{k+1})-W(t_k)]^2=b-a \qquad (3.1.26)$$

であるから，$K_n$ の極限は

$$\underset{\substack{n\to\infty\\ \Delta_n\to 0}}{\text{l.i.m.}}K_n=\frac{1}{2}[W^2(b)-W^2(a)]+\frac{1}{2}(b-a) \qquad (3.1.27)$$

となる．これは $t_k'$ の選び方によって極限がちがってくることの1つの例である．

積分 $\int_a^b W(t)dW(t)$ を，形式的に，通常の積分と同じように積分すると $[W^2(b)-W^2(a)]/2$ となるが，Ito 積分ではこれに付加項 $(a-b)/2$ がつけ加わるのである．これをつけておかないと，恒等式

$$\left\langle(\mathrm{I})\int_a^b W(t)dW(t)\right\rangle=0 \qquad (3.1.28)$$

が満たされないことから，なぜ付加項が現われなければならないのかが理解できる．$K_n$ の極限として定義される積分の場合には，それの期待値は $b-a$ に等しくなければならないので，今度は $(b-a)/2$ という付加項がつくのである．

Ito 積分の期待値が0になるのは $W_k$ と $W_{k+1}-W_k$ とが独立だからだと考えることができる．これに対して $W_{k+1}$ と $W_{k+1}-W_k$ とは独立でないので，$\langle K_n\rangle$ は0にならずに $b-a$ になるのである．このことから，(3.1.9) の極限値が $t_k'$ の選び方によって異なるのは，$X(t_k')$ と $W(t_k)-W(t_{k-1})$ との間に相関があって，これが $t_k'$ の位置によって異なるためであることがわかる．したがって，$X(t)$ が通常の関数 $f(t)$ ならば，積分

$$\int_a^b f(t)dW(t) \qquad (3.1.29)$$

は2乗平均 Stieltjes 積分の意味で存在するはずである．実際，もし $X(t)=f(t)$ ならば，上の証明の中の (3.1.17) で，$s_i$ と $t_j$ をどう取るかに関係なく，

$$\langle f(s_i')f(t_j')[W(s_{i+1})-W(t_j)]^2\rangle=f(s_i')f(t_j')(s_{i+1}-t_j) \qquad (3.1.30)$$

となり，$f(t)$ が連続ならば (3.1.18) が成り立つのである．

さて，$\{X_n(t)\}$ を，$[0,a]$ で2乗平均連続で，$0\leqq t\leqq t_k\leqq t_{k+1}\leqq a$ であるようなすべての $t_k$ と $t_{k+1}$ に対して $W(t_{k+1})-W(t_k)$ と独立な2次の確率過程 $X_n(t)$ の列とする．このとき，もし $X_n(t)$ が $X(t)$ に一様に2乗平均収束するならば，2乗平均収束の判定定理によって，$X_n(t)$ の自己相関関数 $R_n(t,s)$ は $X(t)$ の自己相

関関数 $R(t,s)$ に一様収束する．$X_n(t)$ は2乗平均連続であるから，$R_n(t,s)$ はすべての $(t,s)$ で連続である．したがって $R(t,s)$ も連続でなければならない．これは $X(t)$ が2乗平均連続であることを意味する．また，独立性の仮定によって，

$$\begin{aligned}&\langle X(t)[W(t_{k+1})-W(t_k)]\rangle-\langle X(t)\rangle\langle W(t_{k+1})-W(t_k)\rangle\\&=\langle\{X(t)-X_n(t)\}[W(t_{k+1})-W(t_k)]\rangle+\langle X_n(t)[W(t_{k+1})-W(t_k)]\rangle\\&\quad-\langle X(t)\rangle\langle W(t_{k+1})-W(t_k)\rangle\\&\leqq\|X(t)-X_n(t)\|\,\|W(t_{k+1})-W(t_k)\|\xrightarrow[n\to\infty]{}0\end{aligned}\tag{3.1.31}$$

だから，極限過程 $X(t)$ もまた $X_n(t)$ と同じ性質をもつ．

いま2つの Ito 積分

$$J_n(t)=(\mathrm{I})\int_0^t X_n(s)dW(s),\qquad J(t)=(\mathrm{I})\int_0^t X(s)dW(s)\tag{3.1.32}$$

を考える．これらの積分が存在することは前の結果から確かである．$\|J_n(t)-J(t)\|^2$ を計算すると，(3.1.20)を用いて，

$$\begin{aligned}\|J_n(t)-J(t)\|^2&=\left\|(\mathrm{I})\int_0^t[X_n(s)-X(s)]dW(s)\right\|^2=\int_0^t\|X_n(s)-X(s)\|^2ds\\&\leqq\int_0^a\|X_n(s)-X(s)\|^2ds\end{aligned}\tag{3.1.33}$$

最後の積分は $n\to\infty$ で0となるから，

$$\underset{n\to\infty}{\mathrm{l.i.m.}}\,J_n(t)=J(t)\tag{3.1.34}$$

が成り立つ．

## §3.2 Ito の方程式

第1章でたびたび登場した Langevin 方程式を少し拡張した形の方程式

$$\frac{dX(t)}{dt}=f(X(t),t)+g(X(t),t)P(t)\tag{3.2.1}$$

を考えよう．

白色雑音 $P(t)$ は，形式的には Wiener 過程 $W(t)$ の2乗平均微分と考えられるが，前節で明らかにしたように，実は $W(t)$ は2乗平均微分可能ではない．しかし，形式的に $P(t)=dW(t)/dt$ と書いてから，(3.2.1)を

$$dX(t)=f(X(t),t)dt+g(X(t),t)dW(t)\tag{3.2.2}$$

という形に書き直して，積分すると，

$$X(t)-X(t_0)=\int_{t_0}^{t} f(X(s),s)ds+\int_{t_0}^{t} g(X(s),s)dW(s) \qquad (3.2.3)$$

となる．右辺の第2の積分は，それがどういう形の和の2乗平均極限であるかをきめない限り，きまった値をもたないから，このままではこの方程式は意味をもたない．しかし，第2の積分をItoの積分であると解釈すれば，この方程式は明確な数学的意味をもつ．第1の積分はいうまでもなく2乗平均積分と解釈しなければならない．方程式(3.2.2)も，このように解釈した(3.2.3)と同等な内容をもつと考えれば，やはり数学的にはっきりした意味をもつ．したがって(3.2.3)または(3.2.2)をたとえばこのように解釈し，(3.2.1)の形の方程式が出てきたら，これはこう解釈した(3.2.2)と同じ内容を持つのだと考えることにすれば，(3.2.1)もはっきりした数学的意味を持つことになる．(3.2.3)の第2の積分をIto積分と解釈したとき，これらの方程式を**ItoのLangevin方程式**，あるいは**Itoの方程式**という．

ここで注意しておかなくてはならないのは，上の解釈は1つの可能な解釈にすぎず，必然的にこのように解釈しなければならないわけではない，ということである．(3.2.3)に現われる積分の値が一意にきまるような何らかの約束をしさえすれば，これらはやはり数学的に明確な意味をもつ．どのような約束をするのが最もよいかは，どの約束にもとづいた計算結果が最もよく実際の自然現象を記述するかできめる他はない．§3.3で，もう1つの可能な，そして物理的により自然な約束を導入するが，ここではまずItoの方程式の性質をしらべておこう．

Itoの方程式は，次の条件が満たされるならば，2乗平均の意味で一意の解をもつ：

(1) $f(x,t), g(x,t)$は実関数で，双方の変数について連続であり，また$t$については$x$に関して一様連続である．

(2) $K$を定数として，不等式

$$|f(x,t)|^2 \leqq K^2(1+|x|^2), \qquad |g(x,t)|^2 \leqq K^2(1+|x|^2) \qquad (3.2.4)$$

が成り立つ．

(3) $f(x,t), g(x,t)$はLipschitzの条件を満たす．すなわち，適当な定数$K$

に対して，

$$\left.\begin{aligned}|f(x_2,t)-f(x_1,t)| &\leqq K|x_2-x_1| \\ |g(x_2,t)-g(x_1,t)| &\leqq K|x_2-x_1|\end{aligned}\right\} \tag{3.2.5}$$

まず，解が存在することを，逐次近似の方法によって示す．逐次近似解

$$\left.\begin{aligned}X_0(t) &= X_0 \equiv X(t_0) \\ X_{n+1}(t) &= X_0+\int_{t_0}^{t} f(X_n(s),s)ds+(\mathrm{I})\int_{t_0}^{t} g(X_n(s),s)dW(s) \qquad (n \geqq 0)\end{aligned}\right\} \tag{3.2.6}$$

を定義する．列 $\{X_n(t)\}$ が§3.1の終りに述べた2つの条件を満たし，かつ $\underset{n\to\infty}{\mathrm{l.i.m.}}\, X_n(t)=X(t)$ であることを示せばよい．

$X_0(t)$ は明らかにこの2つの条件を満たす．上の条件(2)によって $f(X_0(t),t)$ と $g(X_0(t),t)$ は2次の確率変数である．また，

$$\begin{aligned}&\|f(X_0(t+\Delta t),t+\Delta t)-f(X_0(t),t)\| \\ &\quad \leqq \|f(X_0(t+\Delta t),t+\Delta t)-f(X_0(t+\Delta t),t)\|+\|f(X_0(t+\Delta t),t)-f(X_0(t),t)\|\end{aligned} \tag{3.2.7}$$

において，右辺第1項は条件(1)によって $\Delta t\to 0$ で0となり，第2項は条件(3)によって

$$\|f(X_0(t+\Delta t),t)-f(X_0(t),t)\| \leqq K\|X_0(t+\Delta t)-X_0(t)\| \tag{3.2.8}$$

と書けるので，これもまた $\Delta t\to 0$ で0となる．したがって $f(X_0(t),t)$ は2乗平均連続である．$g(X_0(t),t)$ も同様．さらに，$g(X_0(t),t)$ は $dW(t)$ と独立であるから，$n=0$ に対する(3.2.6)の第1の積分は2乗平均 Riemann 積分として，第2の積分は Ito 積分として存在する．$f(X_0(t),t)$ と $g(X_0(t),t)$ が2乗平均連続であることから，$X_1(t)$ の2乗平均連続性を示すことは(2.4.17)と同様にして容易にできる．$X_1(t)$ が $W(t_{k+1})-W(t_k)$ と独立であることは $X_1(t)$ のつくり方から自明である．あとはこの議論を繰り返せばよい．

次に $\underset{n\to\infty}{\mathrm{l.i.m.}}\, X_n(t)=X(t)$ であることを示すために，$\{X_n(t)\}$ が Cauchy 列であることを証明する．

$$\left.\begin{aligned}\Delta_n X(t) &= X_{n+1}(t)-X_n(t) \\ \Delta_n f(t) &= f(X_{n+1}(t),t)-f(X_n(t),t) \\ \Delta_n g(t) &= g(X_{n+1}(t),t)-g(X_n(t),t)\end{aligned}\right\} \tag{3.2.9}$$

とおくと，(3.2.6)は

$$\left.\begin{aligned}\Delta_0X(t) &= \int_{t_0}^t f(X_0(s), s)ds+(\mathrm{I})\int_{t_0}^t g(X_0(s), s)dW(s)\\ \Delta_nX(t) &= \int_{t_0}^t \Delta_{n-1}f(s)ds+(\mathrm{I})\int_{t_0}^t \Delta_{n-1}g(s)dW(s) \qquad (n\geqq 1)\end{aligned}\right\}$$

$$(3.2.10)$$

と書き直すことができる．条件(3)と2乗平均積分の性質(2.4.18)とによって

$$\left.\begin{aligned}\left\|\int_{t_0}^t f(X_0(s), s)ds\right\| &\leqq A(t-t_0)^{1/2}\\ \left\|\int_{t_0}^t \Delta_{n-1}f(s)ds\right\| &\leqq K\sqrt{T}\left[\int_{t_0}^t \|\Delta_{n-1}X(s)\|^2ds\right]^{1/2}\end{aligned}\right\} \qquad (3.2.11)$$

ただし $A$ は正の定数で $T=a-t_0$ ($a$ は $t$ の変域の終端) である．同様にして

$$\left.\begin{aligned}\left\|(\mathrm{I})\int_{t_0}^t g(X_0(s), s)dW(s)\right\| &\leqq B(t-t_0)^{1/2}\\ \left\|(\mathrm{I})\int_{t_0}^t \Delta_{n-1}g(s)dW(s)\right\| &\leqq K\left[\int_{t_0}^t \|\Delta_{n-1}X(s)\|^2ds\right]^{1/2}\end{aligned}\right\} \qquad (3.2.12)$$

ただし $B$ は定数．したがって

$$\|\Delta_nX(t)\| \leqq K(1+\sqrt{T})\left[\int_{t_0}^t \|\Delta_{n-1}X(s)\|^2ds\right]^{1/2} \qquad (3.2.13)$$

$$\|\Delta_0X(t)\| \leqq A(t-t_0)^{1/2}+B(t-t_0)^{1/2} = C(t-t_0)^{1/2} \qquad (3.2.14)$$

次々に代入してゆくと，

$$\|\Delta_nX(t)\| \leqq [K(1+\sqrt{T})]^n\left[\frac{C^2(t-t_0)^{n+1}}{(n+1)!}\right]^{1/2} \qquad (3.2.15)$$

これから

$$\|X_n(t)-X_m(t)\| = \|\sum_{k=m}^{n-1}\Delta_kX(t)\| \leqq \sum_{k=m}^{n-1}\|\Delta_kX(t)\| \qquad (3.2.16)$$

が，勝手な $t$ に対して $m, n\to\infty$ で0に近づくことが結論される．

前節の終りにのべたことから，$X_n(t)$ の極限 $X(t)$ が(3.2.3)で与えられることは明らかである．

一意性は次のようにして示される．$X(t)$ と $Y(t)$ がともに初期条件 $X(t_0)=Y(t_0)=X_0$ の下で(3.2.3)を満たすとして，

$$\left.\begin{aligned} \varDelta_n(t) &= X_n(t) - Y_n(t) \\ \varDelta_n f(t) &= f(X_n(t), t) - f(Y_n(t), t) \\ \varDelta_n g(t) &= g(X_n(t), t) - g(Y_n(t), t) \end{aligned}\right\} \tag{3.2.17}$$

とおくと，

$$\varDelta_n(t) = \int_{t_0}^{t} \varDelta_n f(s) ds + (\mathrm{I}) \int_{t_0}^{t} \varDelta_n g(s) dW(s) \tag{3.2.18}$$

であるが，上と全く同様にして，$n \to \infty$ で

$$\|\varDelta_n(t)\| \leqq [K(1+\sqrt{T})]^n \left[\frac{D^2(t-t_0)^{n+1}}{(n+1)!}\right]^{1/2} \to 0 \tag{3.2.19}$$

が得られる．ただし $D$ は定数である．したがって，確率1で

$$X(t) = Y(t) \tag{3.2.20}$$

となる．QED.

最後に，Ito 方程式の解が Markov 過程であることを示しておく．$X(t)$ を Ito 方程式の解とし，$t_0 < s < t < a$ とすると，

$$X(t) = X(s) + \int_{s}^{t} f(X(v), v) dv + (\mathrm{I}) \int_{s}^{t} g(X(v), v) dW(v) \tag{3.2.21}$$

である．上の証明で逐次近似解を作っていったやり方からわかるように，$X(t)$ は $X(s)$ と $v \geqq s$ に対する $dW(v)$ にしか依らない．ところが，仮説によって，$dW(v)$ は $X_0$ にもまた $u \leqq s$ に対する $dW(u)$ にも依らないから，$u \leqq s$ に対する $X(u)$ に依らない．したがって

$$\begin{aligned} &P\{X(t) \leqq x(t) \,|\, X(s) = x(s)\} \\ &\quad = P\{X(t) \leqq x(t) \,|\, X(s) = x(s), X(u) = x(u); t_0 \leqq u \leqq s\} \end{aligned} \tag{3.2.22}$$

これは $X(t)$ が Markov 過程であることを示している．

今までは確率変数 $X(t)$ がスカラー量である場合だけを考えてきたが，$d$ 個の成分 $X^i(t)$ をもつ $d$ 次元のベクトル $\boldsymbol{X}(t)$ を変数とする確率過程を考えることもできる．容易に推察されるように，おのおのの $X^j(t)$ が2次の確率過程ならば，$\boldsymbol{X}$ の長さを

$$\|\boldsymbol{X}\|_n = \operatorname*{Max}_{j=1,2,\cdots,d} \|X^j\| \tag{3.2.23}$$

で定義すれば，$\boldsymbol{X}$ の作る空間($L_2{}^d$ 空間)も完備となり，今まで述べてきたすべての議論を，そのままベクトル確率過程 $\boldsymbol{X}(t)$ に対して繰り返すことができる．

Ito方程式はこの場合，

$$d\boldsymbol{X}(t) = \boldsymbol{f}(\boldsymbol{X}(t), t)dt + \boldsymbol{G}(\boldsymbol{X}(t), t)d\boldsymbol{W}(t) \tag{3.2.24}$$

と拡張される．ただし$\boldsymbol{f}$は$d$次元のベクトルを$d$次元のベクトルへ写像する連続なベクトル値関数，$\boldsymbol{G}$は$d$次元のベクトルを$d\times m$行列へ写像する連続な行列値関数，$\boldsymbol{W}(t)$は$m$次元のベクトルWiener過程，すなわちその成分$W^j(t)$が

$$\langle \Delta W^j(t)\rangle = \langle W^j(t+\Delta t) - W^j(t)\rangle = 0$$
$$\langle \Delta W^i(t)\Delta W^j(t)\rangle = 2D^{ij}\Delta t \tag{3.2.25}$$

を満たし，すべての分布がGauss分布である過程である．なお$\boldsymbol{f}$と$\boldsymbol{G}$はともに$t$の関数としては$\boldsymbol{X}$について一様に連続であり，また1次元の場合の条件(3.2.4)，(3.2.5)に対応する条件，すなわち同じ式において，絶対値$|\ |$のかわりに，普通のEuclid空間でのノルムを用いたものを満たすものとする．これらの条件の下で，1次元の場合と同様に，Ito方程式の解の一意性およびMarkov性を証明することができる．

## §3.3 Stratonovichの積分とStratonovich方程式

§3.1でItoの積分の一例として

$$(\mathrm{I})\int_a^b W(t)dW(t) \tag{3.3.1}$$

すなわち

$$J_n = \sum_{k=0}^{n-1} W_k(W_{k+1} - W_k) \tag{3.3.2}$$

の極限を計算し，これが

$$\frac{1}{2}[W^2(b) - W^2(a)] - \frac{1}{2}(b-a) \tag{3.3.3}$$

に等しいことを示した．また

$$K_n = \sum_{k=0}^{n-1} W_{k+1}(W_{k+1} - W_k) \tag{3.3.4}$$

の極限で定義される積分を計算し，これが

$$\frac{1}{2}[W^2(b) - W^2(a)] + \frac{1}{2}(b-a) \tag{3.3.5}$$

に等しくなることを示した．ここではもう1つ，

$$L_n \equiv \sum_{k=0}^{n-1}\left(\frac{W_k+W_{k+1}}{2}\right)(W_{k+1}-W_k) \tag{3.3.6}$$

の極限で定義される積分を考えよう．これの値は当然のことながら(3.3.3)と(3.3.5)の平均値，すなわち

$$\frac{1}{2}[W^2(b)-W^2(a)] \tag{3.3.7}$$

で与えられるはずである．

さて，(3.3.7)は，$W(t)$ をあたかも通常の関数であるかのように考えて形式的に積分 $\int_a^b W(t)dW(t)$ を計算したときに得られる結果にちょうど等しい．第1章では，確率過程を普通の関数と同じに考えていろんな計算を行なったのであるから，もし上のような形の積分が理論の中に出てきたとすれば，それを計算した結果は(3.3.3)でも(3.3.5)でもなく，(3.3.7)になっていたはずであり，したがって，Langevin 方程式を Ito の方程式と解釈して計算した結果とは異なる結果が得られたはずである．

自然界に現われる揺動力は，それがどんなに時間的にはげしく変化するものであっても，極めて短いかもしれないがしかし有限な時間間隔をへだてた2つの時刻におけるその値の間には0でない相関があり，真に白色雑音になることはないはずである．物理的には，白色雑音はあくまでも計算の便利のために導入された理想化された関数にすぎず，上のような積分を，$W(t)$ を通常の連続関数と見なして計算する方がむしろ自然であると考えられる．したがって，Ito 積分よりも(3.3.6)の極限で定義される積分を使った方が，物理的には自然な結果が得られることが予想される．(3.3.6)の極限で定義される積分を **Stratonovich の積分**といい，

$$(\mathrm{S})\int_a^b W(t)dW(t) \tag{3.3.8}$$

のように書く．

いうまでもなく，(3.3.8)はもっと一般の Stratonovich 積分の特別な場合にすぎない．前に，Langevin 方程式を形式的に積分して得られる方程式(3.2.3)において，積分 $\int_{t_0}^t g(X(s),s)dW(s)$ を Ito の積分と解釈したが，これを Stratonovich 積分と解釈することもできるのである．このときこれと同等な(3.2.2)または(3.2.1)を **Stratonovich の Langevin 方程式**または **Stratonovich 方程式**とよぶ．

そこで，(3.3.8)を特別の場合として含むような，一般の Stratonovich の積分を考え，その性質をしらべてみよう．ただし，証明は長くなり，かつ本書の範囲を越えるので省略し，結果だけを述べる*．

$X(t)$ は

$$\lim_{\Delta t\to\infty}\frac{1}{\Delta t}P\{|Y(t+\Delta t)-Y(t)|>\varepsilon\,|\,Y(t)=y\}=0 \qquad (3.3.9\,\mathrm{a})$$

であり(記号 $P\{A|B\}$ は条件 $B$ の下で事象 $A$ が起る確率を意味する)，かつ

$$\lim_{\Delta t\to\infty}\left\langle\frac{Y(t+\Delta t)-Y(t)}{\Delta t}\right\rangle_{Y(t)=y}=a(y,t) \qquad (3.3.9\,\mathrm{b})$$

$$\lim_{\Delta t\to\infty}\left\langle\frac{\{Y(t+\Delta t)-Y(t)\}^2}{\Delta t}\right\rangle_{Y(t)=y}=b(y,t) \qquad (3.3.9\,\mathrm{c})$$

が存在して $y,t$ の双方について連続であるような Markov 過程であるとする．また $b(y,t)$ は連続な微係数 $\partial b(y,t)/\partial y$ をもつとする．$a(y,t)$ および $b(y,t)$ はそれぞれ漂速および拡散係数にほかならない．$\varPhi(y,t)$ を $t$ について連続で，連続な微係数 $\partial\varPhi(y,t)/\partial y$ をもち，かつ

$$\int_a^b\langle\varPhi(Y(t),t)a(Y(t),t)\rangle dt<\infty \qquad (3.3.10)$$

$$\int_a^b\langle|\varPhi(Y(t),t)|^2 b(Y(t),t)\rangle dt<\infty \qquad (3.3.11)$$

であるような関数とする．これに対して，Stratonovich の積分を

$$(\mathrm{S})\int_a^b\varPhi(Y(t),t)dY(t)=\underset{\substack{n\to\infty\\ \Delta_n\to 0}}{\mathrm{l.\,i.\,m.}}\sum_{k=0}^{n-1}\varPhi\left(\frac{Y(t_k)+Y(t_{k+1})}{2},t_k\right)[Y(t_{k+1})-Y(t_k)] \qquad (3.3.12)$$

で定義すると，これは対応する Ito の積分

$$(\mathrm{I})\int_a^b\varPhi(Y(t),t)dY(t)=\underset{\substack{n\to\infty\\ \Delta_n\to 0}}{\mathrm{l.\,i.\,m.}}\sum_{k=0}^{n-1}\varPhi(Y(t_k),t_k)[Y(t_{k+1})-Y(t_k)] \qquad (3.3.13)$$

---

* R. L. Stratonovich : A New Representation for Stochastic Integrals and Equations, *J. SIAM Control*, 4(1966), 362.

とともに存在する．

この2つの積分の差$\varDelta$を作り，平均値の定理を使うと，$0\leqq\theta\leqq1/2$として，

$$\varDelta=\sum_{k=0}^{n-1}\left[\Phi\left(\frac{Y(t_k)+Y(t_{k+1})}{2},t_k\right)-\Phi(Y(t_k),t_k)\right][Y(t_{k+1})-Y(t_k)]$$

$$=\frac{1}{2}\sum_{k=0}^{n-1}\frac{\partial\Phi}{\partial y}[(1-\theta)Y(t_k)+\theta Y(t_{k+1}),t_k][Y(t_{k+1})-Y(t_k)]^2 \quad (3.3.14)$$

この右辺は$\varDelta_n\to0$の極限で，確率1で積分

$$\frac{1}{2}\int_a^b\frac{\partial\Phi(Y(t),t)}{\partial y}b(Y(t),t)dt \quad (3.3.15)$$

に近づくことが示されるのである．したがって，Stratonovich の積分と Ito の積分とはともに存在し，確率1で

$$(\mathrm{S})\int_a^b\Phi(Y(t),t)dY(t)=(\mathrm{I})\int_a^b\Phi(Y(t),t)dY(t)+\frac{1}{2}\int_a^b\frac{\partial\Phi(Y(t),t)}{\partial y}b(Y(t),t)dt \quad (3.3.16)$$

という関係で結びつけられることになる．

(3.3.16)は多次元の場合に対しても拡張することができる．すなわち，$\boldsymbol{Y}(t)$は$l$次元のベクトル Markov 過程であって，

$$\lim_{\varDelta t\to0}\frac{1}{\varDelta t}P\{|\boldsymbol{Y}(t+\varDelta t)-\boldsymbol{Y}(t)|>\varepsilon\,|\,\boldsymbol{Y}(t)=\boldsymbol{y}\}=0 \quad (3.3.17\,\mathrm{a})$$

が成り立ち，**漂速ベクトル**

$$\lim_{\varDelta t\to0}\left\langle\frac{\boldsymbol{Y}(t+\varDelta t)-\boldsymbol{Y}(t)}{\varDelta t}\right\rangle_{\boldsymbol{Y}(t)=\boldsymbol{y}}=\boldsymbol{a}(\boldsymbol{y},t) \quad (3.3.17\,\mathrm{b})$$

および**拡散係数行列**

$$\lim_{\varDelta t\to0}\left\langle\frac{\{\boldsymbol{Y}(t+\varDelta t)-\boldsymbol{Y}(t)\}\{\boldsymbol{Y}(t+\varDelta t)-\boldsymbol{Y}(t)\}^{\mathrm{T}}}{\varDelta t}\right\rangle_{\boldsymbol{Y}(t)=\boldsymbol{y}}=\boldsymbol{B}(\boldsymbol{y},t) \quad (3.3.17\,\mathrm{c})$$

が存在して，$y^j\ (j=1,2,\cdots,l)$および$t$について連続であり，また偏微係数$\partial\boldsymbol{B}(\boldsymbol{y},t)/\partial y^j\ (j=1,2,\cdots,l)$が存在して連続であるとする．また$\boldsymbol{\Phi}(\boldsymbol{y},t)$は$t$について連続で，連続な偏微係数$\partial\boldsymbol{\Phi}(\boldsymbol{y},t)/\partial y^j$をもち，条件

$$\int_a^b\langle|\boldsymbol{\Phi}(\boldsymbol{Y}(t),t)\boldsymbol{a}(\boldsymbol{Y}(t),t)|\rangle dt<\infty \quad (3.3.18)$$

$$\int_a^b\langle|\boldsymbol{\Phi}(\boldsymbol{Y}(t),t)\boldsymbol{B}(\boldsymbol{Y}(t),t)\boldsymbol{\Phi}^{\mathrm{T}}(\boldsymbol{Y}(t),t)|\rangle dt<\infty \quad (3.3.19)$$

を満たす $d\times l$ 行列であるとする．ただし上で，勝手なベクトル $\boldsymbol{y}=(y^1, y^2, \cdots, y^l)$ と $d$ 次元の行列 $\boldsymbol{A}=\{a_j{}^i\}$ に対して

$$|\boldsymbol{y}|^2 \equiv \sum_{i=1}^{l}(y^i)^2 \tag{3.3.20}$$

$$|\boldsymbol{A}|^2 \equiv \sum_{i=1}^{d}\sum_{j=1}^{d}(a_j{}^i)^2 \tag{3.3.21}$$

である．このとき，Stratonovich の積分を

$$(\mathrm{S})\int_a^b (\boldsymbol{Y}(t), t)d\boldsymbol{Y}(t) \equiv \operatorname*{l.i.m.}_{\substack{n\to\infty \\ \Delta_n\to 0}} \sum_{k=0}^{n-1}\boldsymbol{\Phi}\left(\frac{\boldsymbol{Y}(t_k)+\boldsymbol{Y}(t_{k+1})}{2}, t_k\right)[\boldsymbol{Y}(t_{k+1})-\boldsymbol{Y}(t_k)] \tag{3.3.22}$$

で定義すると，これは存在して，対応する Ito の積分

$$(\mathrm{I})\int_a^b \boldsymbol{\Phi}(\boldsymbol{Y}(t), t)d\boldsymbol{Y}(t) \equiv \operatorname*{l.i.m.}_{\substack{n\to\infty \\ \Delta_n\to 0}} \sum_{k=0}^{n-1}\boldsymbol{\Phi}(\boldsymbol{Y}(t_k), t_k)[\boldsymbol{Y}(t_{k+1})-\boldsymbol{Y}(t_k)] \tag{3.3.23}$$

との間に，確率 1 で関係

$$\begin{aligned}(\mathrm{S})\int_a^b \boldsymbol{\Phi}(\boldsymbol{Y}(t), t)d\boldsymbol{Y}(t) &= (\mathrm{I})\int_a^b \boldsymbol{\Phi}(\boldsymbol{Y}(t), t)d\boldsymbol{Y}(t) \\ &\quad + \frac{1}{2}\sum_{i-1}^{l}\sum_{j-1}^{l}\int_a^b (\boldsymbol{\Phi}_j(\boldsymbol{Y}(t), t)_i b^{ij}(\boldsymbol{Y}(t), t)dt\end{aligned} \tag{3.3.24}$$

が成り立つ．ここで $b^{ij}(\boldsymbol{Y}(t), t)$ は行列 $\boldsymbol{B}(\boldsymbol{Y}(t), t)$ の成分，

$$\boldsymbol{\Phi}_j \equiv \partial\boldsymbol{\Phi}/\partial y^j \tag{3.3.25}$$

で，$(\boldsymbol{\Phi}_j)_i$ は $\boldsymbol{\Phi}_j$ の $i$ 番目の列である．

特別の場合として，$\boldsymbol{X}(t)$ を $d$ 次元のベクトル過程，$\boldsymbol{W}(t)$ を $m\,(=l-d)$ 次元の Wiener 過程として，$\boldsymbol{Y}(t)$ と $\boldsymbol{\Phi}(\boldsymbol{Y}(t), t)$ が

$$\left.\begin{aligned}\boldsymbol{Y}(t) &\equiv \begin{pmatrix}\boldsymbol{X}(t)\\ \boldsymbol{W}(t)\end{pmatrix} \\ \boldsymbol{\Phi}(\boldsymbol{Y}(t), t) &\equiv (0, \boldsymbol{G}(\boldsymbol{X}(t), t))\end{aligned}\right\} \tag{3.3.26}$$

という形をもつ場合を考えると，

$$\begin{aligned}(\mathrm{S})\int_a^b \boldsymbol{\Phi}(\boldsymbol{Y}(t), t)d\boldsymbol{Y}(t) &= (\mathrm{S})\int_a^b (0, \boldsymbol{G}(\boldsymbol{X}(t), t)dt\begin{pmatrix}\boldsymbol{X}(t)\\ \boldsymbol{W}(t)\end{pmatrix} \\ &= (\mathrm{S})\int_a^b \boldsymbol{G}(\boldsymbol{X}(t), t)d\boldsymbol{W}(t)\end{aligned} \tag{3.3.27}$$

となり，(3. 3. 24)は

$$(\mathrm{S})\int_a^b \boldsymbol{G}(\boldsymbol{X}(t),t)d\boldsymbol{W}(t)=(\mathrm{I})\int_a^b \boldsymbol{G}(\boldsymbol{X}(t),t)d\boldsymbol{W}(t)+\frac{1}{2}\sum_{i=1}^{m}\sum_{j=1}^{d}\int_a^b(\boldsymbol{G}_j(\boldsymbol{X}(t),t))_i b^{ij}(\boldsymbol{X}(t),t)dt \qquad (3.3.28)$$

となる．

いま，多次元の Ito 方程式

$$d\boldsymbol{X}(t)=\boldsymbol{f}(\boldsymbol{X}(t),t)dt+\boldsymbol{G}(\boldsymbol{X}(t),t)d\boldsymbol{W}(t) \qquad (3.3.29)$$

またはそれと同等な方程式

$$\boldsymbol{X}(t)-\boldsymbol{X}(t_0)=\int_{t_0}^{t}\boldsymbol{f}(\boldsymbol{X}(s),s)ds+(\mathrm{I})\int_{t_0}^{t}\boldsymbol{G}(\boldsymbol{X}(s),s)d\boldsymbol{W}(s) \qquad (3.3.30)$$

が与えられたとする．この最後の積分を Stratonovich の積分と考えることももちろん許されるが，そうすると，解は(3. 3. 30)の解とはちがったものになる．しかし(3. 3. 28)を用いて，(3. 3. 30)を

$$\boldsymbol{X}(t)-\boldsymbol{X}(t_0)=\int_{t_0}^{t}\boldsymbol{f}(\boldsymbol{X}(s),s)ds-\frac{1}{2}\sum_{i=1}^{m}\sum_{j=1}^{d}\int_{t_0}^{t}(\boldsymbol{G}_j(\boldsymbol{X}(s),s))_i b^{ij}(\boldsymbol{X}(s),s)ds+(\mathrm{S})\int_{t_0}^{t}\boldsymbol{G}(\boldsymbol{X}(s),s)d\boldsymbol{W}(s) \qquad (3.3.31)$$

と書きかえれば，これの解は当然(3. 3. 30)の解と同じである．つまり，(3. 3. 30)を Stratonovich の方程式と解釈してもなおかつ同じ解を得るためには，(3. 3. 30)に(3. 3. 31)の右辺第2項のような補正項をつけ加えなければならないのである．

逆に，Stratonovich 方程式

$$\boldsymbol{X}(t)-\boldsymbol{X}(t_0)=\int_{t_0}^{t}\boldsymbol{f}(\boldsymbol{X}(s),s)ds+(\mathrm{S})\int_{t_0}^{t}\boldsymbol{G}(\boldsymbol{X}(s),s)d\boldsymbol{W}(s) \qquad (3.3.32)$$

が与えられたときは，これと同等な Ito 方程式が

$$\boldsymbol{X}(t)-\boldsymbol{X}(t_0)=\int_{t_0}^{t}\boldsymbol{f}(\boldsymbol{X}(s),s)ds+\frac{1}{2}\sum_{i=1}^{m}\sum_{j=1}^{d}\int_{t_0}^{t}(\boldsymbol{G}_j(\boldsymbol{X}(s),s))_i b^{ij}(\boldsymbol{X}(s),s)ds+(\mathrm{I})\int_{t_0}^{t}\boldsymbol{G}(\boldsymbol{X}(s),s)d\boldsymbol{W}(s) \qquad (3.3.33)$$

または

$$dX(t) = f(X(t),t)dt + \frac{1}{2}\sum_{i=1}^{m}\sum_{j=1}^{d}(G_j(X(t),t))_i b^{ij}(X(t),t)dt + G(X(t),t)dW(t) \tag{3.3.34}$$

であることは明らかであろう．ただしこの議論が成り立つためには，Ito 方程式の解が条件(3.3.17)を満たさなければならない．このことは§4.1で示す．

$G(X(t),t)$ が $X(t)$ を含まないときには，補正項は0となって，Ito 方程式と Stratonovich 方程式の間の差はなくなることに注意しておこう．

(3.3.30)および(3.3.32)の補正項は，さらに書きかえることができる．すなわち期待値 $|\langle\{W(t+\Delta t)-W(t)\}\{X(t+\Delta t)-X(t)\}^{\mathrm{T}}\rangle|\Delta t$ を計算すると，これの $\Delta t\to 0$ での極限の $ij$ 要素が $b^{ij}$ を与えるはずである．この計算を(3.3.29)を用いて行なっても，(3.3.34)を用いて行なっても，効いてくるのは右辺の最後の項だけであるから，$b^{ij}$ の値は変らず，

$$\begin{aligned}\{b^{ij}\} &= \lim_{\Delta t\to 0}\langle\{W(t+\Delta t)-W(t)\}\{W(t+\Delta t)-W(t)\}^{\mathrm{T}}G^{\mathrm{T}}(X(t),t)\rangle/\Delta t\\ &= 2DG^{\mathrm{T}}(X(t),t)\end{aligned} \tag{3.3.35}$$

となる．したがって(3.3.30)および(3.3.32)の補正項において，

$$b^{ij}(X(s),s) = 2\sum_k D^{ik}(G^{\mathrm{T}})_k{}^j \tag{3.3.36}$$

と書いてよいことになる．

最後に，Ito の積分と Stratonovich の積分との関係を与える式(3.3.24)から，**Ito の定理**とよばれる重要な定理を‘発見的’に導いておこう．

$Y(t)$ を Ito の方程式

$$dY(t) = f(t)dt + G(t)dW(t) \tag{3.3.37}$$

を満たす $m$ 次元のベクトル確率過程とする．ただし $f(t)$ は $t$ について連続な $m$ 次元のベクトル，$G(t)$ は $t$ について連続な $m\times l$ 行列，$W(t)$ は $l$ 次元の Wiener 過程である．いま $u(y(t),t)$ を，$m$ 次元の $L^2$ 空間を $d$ 次元の $L^2$ 空間へ写す連続な関数であるとし，

$$X(t) = u(Y(t),t) \tag{3.3.38}$$

と置く．$X(t)$, $Y(t)$ を通常の関数であるかのように考えて(3.3.37)の微分を作ると，

$$dX(t) = u_t(Y(t),t)dt + u_y(Y(t),t)dY(t) \tag{3.3.39}$$

となる．ただし $\boldsymbol{u}_y(\boldsymbol{Y}(t),t)$ は

$$\boldsymbol{u}_y(\boldsymbol{Y}(t),t) = (\boldsymbol{u}_{y^1}, \boldsymbol{u}_{y^2}, \cdots, \boldsymbol{u}_{y^m}) \tag{3.3.40}$$

という $d\times m$ 行列である．前に注意したように，Stratonovich 積分というのは，確率過程とその微分を，あたかも普通の関数とその微分であるかのように取り扱って計算したときに得られる積分であることが予想されるから，(3.3.39)の右辺第2項は，これを積分したときには Stratonovich の積分を与えると考えるべきであろう．したがって，(3.3.39)に(3.3.37)を入れたものが Ito の方程式であるためには，ここで(3.3.24)を用いて，(3.3.39)の第2項を Ito の積分に対応する微分で表わしておかなければならない．すなわち(3.3.39)のかわりに

$$d\boldsymbol{X}(t) = \boldsymbol{u}_t(\boldsymbol{Y}(t),t)dt + \boldsymbol{u}_y(\boldsymbol{Y}(t),t)d\boldsymbol{Y}(t) + \frac{1}{2}\sum_{i=1}^{m}\sum_{j=1}^{m}\boldsymbol{u}_{y^iy^j}(\boldsymbol{Y}(t),t)b^{ij}(\boldsymbol{Y}(t),t)dt \tag{3.3.41}$$

と書いておかなくてはならない．ただし $\boldsymbol{u}_{y^iy^j}$ は，$\boldsymbol{u}_y$ の $i$ 番目の列を $y^j$ で微分してできる $d$ 次元の縦ベクトルである．

いまの場合 $\boldsymbol{B}(\boldsymbol{Y}(t),t) = \{b^{ij}(\boldsymbol{Y}(t),t)\}$ は

$$\boldsymbol{B}(\boldsymbol{Y}(t),t) = 2\boldsymbol{G}(t)\boldsymbol{D}\boldsymbol{G}^{\mathrm{T}}(t) \tag{3.3.42}$$

で与えられる．(3.3.37)と(3.3.42)を(3.3.41)に入れると，結局

$$d\boldsymbol{X}(t) = \left[\boldsymbol{u}_t(\boldsymbol{Y}(t),t) + \boldsymbol{u}_y(\boldsymbol{Y}(t),t)\boldsymbol{f}(t) + \sum_{i,j}^{m}\boldsymbol{u}_{y^iy^j}(\boldsymbol{Y}(t),t)\{\boldsymbol{G}(t)\boldsymbol{D}\boldsymbol{G}^{\mathrm{T}}(t)\}^{ij}\right]dt + \boldsymbol{u}_y(\boldsymbol{Y}(t),t)\boldsymbol{G}(t)d\boldsymbol{W}(t) \tag{3.3.43}$$

という公式が得られる．これが Ito の定理である*.

## §3.4　線形係数をもつ Ito の方程式

Ito の方程式

$$d\boldsymbol{X}(t) = \boldsymbol{f}(\boldsymbol{X}(t),t)dt + \boldsymbol{G}(\boldsymbol{X}(t),t)d\boldsymbol{W}(t) \tag{3.4.1}$$

において，$d$ 次元のベクトル $\boldsymbol{f}$ と $d\times m$ 行列 $\boldsymbol{G}$ が

* 上で，(3.3.39)の右辺第2項は積分すると Stratonovich の積分を与えると考えた．しかしこれはあくまでも予想にすぎないから，Ito の定理の証明をここで行なったのではない．Ito の定理の証明については，たとえば巻末文献[1]を参照されたい．実際は Ito の定理から逆に，(3.3.39)の第2項の積分が Stratonovich の積分を与えなければならないことが結論されるのである．

$$\left.\begin{aligned} \boldsymbol{f}(\boldsymbol{x},t) &= \boldsymbol{A}(t)\boldsymbol{x}+\boldsymbol{a}(t) \\ \boldsymbol{G}(\boldsymbol{x},t) &= (\boldsymbol{B}_1(t)\boldsymbol{x}+\boldsymbol{b}_1(t), \boldsymbol{B}_2(t)\boldsymbol{x}+\boldsymbol{b}_2(t), \cdots, \boldsymbol{B}_m(t)\boldsymbol{x}+\boldsymbol{b}_m(t)) \end{aligned}\right\} \quad (3.4.2)$$

という形をしている場合，すなわち係数が線形である場合を考えよう．ただし $\boldsymbol{A}(t)$ と $\boldsymbol{B}_k(t)$ は $d\times d$ 行列，$\boldsymbol{a}(t)$ と $\boldsymbol{b}_k(t)$ は $d$ 次元のベクトルである．すなわち，

$$d\boldsymbol{X}(t) = [\boldsymbol{A}(t)\boldsymbol{X}(t)+\boldsymbol{a}(t)]dt+\sum_{i=1}^{m}[\boldsymbol{B}_i(t)\boldsymbol{X}(t)+\boldsymbol{b}_i(t)]d\boldsymbol{W}(t)^i \quad (3.4.3)$$

という形をもつ方程式を考えようというのである．

まず $\boldsymbol{B}_1(t)=\cdots=\boldsymbol{B}_m(t)=0$ の場合を考えよう．このときの(3.4.3)に対応する斉次な行列方程式

$$\frac{d\boldsymbol{\Phi}(t)}{dt} = \boldsymbol{A}(t)\boldsymbol{\Phi}(t) \quad (3.4.4)$$

の，初期条件

$$\boldsymbol{\Phi}(t_0) = \boldsymbol{I} \quad (3.4.5)$$

を満たす解 $\boldsymbol{\Phi}(t,t_0)$ を，$\boldsymbol{B}_i(t)=0$ としたときの方程式(3.4.3)または

$$\frac{d\boldsymbol{X}(t)}{dt} = \boldsymbol{A}(t)\boldsymbol{X}(t)+\boldsymbol{a}(t) \quad (3.4.6)$$

の**基本行列**または**伝播行列**という．初期値 $\boldsymbol{X}(t_0)=\boldsymbol{C}$ に対する(3.4.6)の解が，基本行列を使って

$$\boldsymbol{X}(t) = \boldsymbol{\Phi}(t,t_0)\left(\boldsymbol{C}+\int_{t_0}^{t}\boldsymbol{\Phi}(s,t_0)^{-1}\boldsymbol{a}(s)ds\right) \quad (3.4.7)$$

と表わされることは，よく知られている．

初期条件(3.4.5)に対する今の場合の(3.4.3)の解が，$\boldsymbol{B}(t)\equiv(\boldsymbol{b}_1(t),\boldsymbol{b}_2(t),\cdots,\boldsymbol{b}_m(t))$ として，

$$\boldsymbol{X}(t) = \boldsymbol{\Phi}(t)\left[\boldsymbol{C}+\int_{t_0}^{t}\boldsymbol{\Phi}(s)^{-1}\boldsymbol{a}(s)ds+\int_{t_0}^{t}\boldsymbol{\Phi}(s)^{-1}\boldsymbol{B}(s)d\boldsymbol{W}(s)\right] \quad (3.4.8)$$

で与えられることを示そう．ただしここで $\boldsymbol{\Phi}(t,t_0)$ を $\boldsymbol{\Phi}(t)$ と略記した．

$$\boldsymbol{Y}(t) = \boldsymbol{C}+\int_{t_0}^{t}\boldsymbol{\Phi}(s)^{-1}\boldsymbol{a}(s)ds+\int_{t_0}^{t}\boldsymbol{\Phi}(s)^{-1}\boldsymbol{B}(s)d\boldsymbol{W}(s) \quad (3.4.9)$$

と置くと，

$$d\boldsymbol{Y}(t) = \boldsymbol{\Phi}(t)^{-1}[\boldsymbol{a}(t)dt+\boldsymbol{B}(t)d\boldsymbol{W}(t)] \quad (3.4.10)$$

である．そこで

$$\boldsymbol{X}(t) = \boldsymbol{\Phi}(t)\boldsymbol{Y}(t) \quad (3.4.11)$$

と置いて，Ito の定理(3. 3. 43)を使うと，今の場合は $\boldsymbol{u}_{y^i y^j}=0$ で Stratonovich の積分と Ito の積分との差が現われないために，通常の微分と同じ結果

$$\begin{aligned} d\boldsymbol{X}(t) &= \boldsymbol{\Phi}(t)\boldsymbol{Y}(t)dt+\boldsymbol{\Phi}(t)d\boldsymbol{Y}(t) \\ &= \boldsymbol{A}(t)\boldsymbol{\Phi}(t)\boldsymbol{Y}(t)dt+\boldsymbol{a}(t)dt+\boldsymbol{B}(t)d\boldsymbol{W}(t) \\ &= (\boldsymbol{A}(t)\boldsymbol{X}(t)+\boldsymbol{a}(t))dt+\boldsymbol{B}(t)d\boldsymbol{W}(t) \end{aligned} \tag{3. 4. 12}$$

が得られる．これは(3. 4. 3)にほかならない．QED.

(3. 4. 8)の両辺の期待値をとると，$\boldsymbol{m}(t)=\langle\boldsymbol{X}(t)\rangle$ と書いて，

$$\boldsymbol{m}(t) = \boldsymbol{\Phi}(t)\left[\langle\boldsymbol{C}\rangle+\int_{t_0}^{t}\boldsymbol{\Phi}(s)^{-1}\boldsymbol{a}(s)ds\right] \tag{3. 4. 13}$$

これを微分して，(3. 4. 4)を使うと，

$$\begin{aligned} \frac{d\boldsymbol{m}(t)}{dt} &= \frac{d\boldsymbol{\Phi}(t)}{dt}\langle\boldsymbol{C}\rangle+\frac{d\boldsymbol{\Phi}(t)}{dt}\int_{t_0}^{t}\boldsymbol{\Phi}(s)^{-1}\boldsymbol{a}(s)ds+\boldsymbol{\Phi}(t)\boldsymbol{\Phi}(t)^{-1}\boldsymbol{a}(t) \\ &= \boldsymbol{A}(t)\boldsymbol{m}(t)+\boldsymbol{a}(t) \end{aligned} \tag{3. 4. 14}$$

すなわち $\boldsymbol{m}(t)$ は(3. 4. 3)で揺動力を 0 と置いた方程式に従う．

$\boldsymbol{X}(t)$ の分散行列は

$$\begin{aligned} \boldsymbol{K}(s,t) &= \langle\{\boldsymbol{X}(s)-\boldsymbol{m}(s)\}\{\boldsymbol{X}(t)-\boldsymbol{m}(t)\}^{\mathrm{T}}\rangle \\ &= \boldsymbol{\Phi}(s)\left[\langle(\boldsymbol{C}-\langle\boldsymbol{C}\rangle)(\boldsymbol{C}-\langle\boldsymbol{C}\rangle)^{\mathrm{T}}\rangle+2\int_{t_0}^{\min(s,t)}\boldsymbol{\Phi}(u)^{-1}\boldsymbol{B}(u)\boldsymbol{D}\boldsymbol{B}^{\mathrm{T}}(u)(\boldsymbol{\Phi}(u)^{-1})^{\mathrm{T}}du\right]\boldsymbol{\Phi}^{\mathrm{T}}(t) \end{aligned} \tag{3. 4. 15}$$

$\boldsymbol{t}=s$ と置いて微分すると，$\boldsymbol{K}(t)=\boldsymbol{K}(t,t)$ に対する方程式

$$\frac{d\boldsymbol{K}(t)}{dt} = \boldsymbol{A}(t)\boldsymbol{K}(t)+\boldsymbol{K}(t)\boldsymbol{A}^{\mathrm{T}}(t)+2\boldsymbol{B}(t)\boldsymbol{D}\boldsymbol{B}^{\mathrm{T}}(t) \tag{3. 4. 16}$$

が得られる．初期条件はいうまでもなく

$$\boldsymbol{K}(t_0) = \langle(\boldsymbol{C}-\langle\boldsymbol{C}\rangle)(\boldsymbol{C}-\langle\boldsymbol{C}\rangle)^{\mathrm{T}}\rangle \tag{3. 4. 17}$$

である．

$\boldsymbol{C}$ と $\int_{t_0}^{t}\boldsymbol{\Phi}(s)^{-1}\boldsymbol{B}(s)d\boldsymbol{W}(s)$ とは独立であるから，(3. 4. 8)によって，解 $\boldsymbol{X}(t)$ は，$\boldsymbol{C}$ が Gauss 分布に従うとき，かつそのときに限って Gauss 分布に従う．したがってこれが定常であるための必要十分条件は

$$\left.\begin{aligned} \boldsymbol{m}(t) &= \text{const.} \\ \boldsymbol{K}(s,t) &= \boldsymbol{K}(s-t) \end{aligned}\right\} \tag{3. 4. 18}$$

である．

もし

$$\left.\begin{array}{ll}\langle \boldsymbol{C}\rangle = 0, & \boldsymbol{a}(t) = 0 \\ \boldsymbol{A}(t) = \boldsymbol{A}, & \boldsymbol{B}(t) = \boldsymbol{B}\end{array}\right\} \tag{3.4.19}$$

ならば，(3.4.13)および(3.4.15)から，これらの条件は満たされることがわかる．さらに，このとき，$\boldsymbol{K}(t)=\boldsymbol{K}(t,t)=\boldsymbol{K}(0,0)=\boldsymbol{K}(0)$ であるから，(3.4.16)によって

$$\boldsymbol{A}\boldsymbol{K}(0)+\boldsymbol{K}(0)\boldsymbol{A}^{\mathrm{T}} = -2\boldsymbol{B}\boldsymbol{D}\boldsymbol{B}^{\mathrm{T}} \tag{3.4.20}$$

また(3.4.17)によって，

$$\boldsymbol{K}(0) = \langle \boldsymbol{C}\boldsymbol{C}^{\mathrm{T}}\rangle \equiv \boldsymbol{R} \tag{3.4.21}$$

である．$\boldsymbol{B}=\boldsymbol{I}$ の場合には(3.4.20)は

$$\boldsymbol{A}\boldsymbol{R}+\boldsymbol{R}\boldsymbol{A}^{\mathrm{T}} = -2\boldsymbol{D} \tag{3.4.22}$$

となる．

第1章で考察した自由粒子の Brown 運動，すなわち Langevin 方程式(1.5.8)に従う Ornstein–Uhlenbeck 過程は，(3.4.3)において $\boldsymbol{a}(t)=0$，$\boldsymbol{A}(t)=-\beta\boldsymbol{I}$，$\boldsymbol{B}(t)=\boldsymbol{I}$ とした場合に得られる確率過程にほかならない．このとき(3.4.22)は

$$\beta\boldsymbol{R} = \boldsymbol{D} \tag{3.4.23}$$

となるが，(1.5.5)に従って $\boldsymbol{R}=(kT/m)\boldsymbol{I}$ とすれば，これはちょうど Einstein の関係(1.5.6)を与える．したがって(3.4.22)は Einstein の関係を一般化したものと見ることができる．以下これを**一般化された Einstein の関係**とよぶことにする．

次に一般の線形係数をもつ Ito 方程式(3.4.3)の場合に移ろう．ただし簡単のために $2\boldsymbol{D}=\boldsymbol{I}$ とする．この場合には，これに対応する斉次な行列方程式

$$d\boldsymbol{\Phi}(t) = \boldsymbol{A}(t)\boldsymbol{\Phi}(t)dt+\sum_{i=1}^{m}\boldsymbol{B}_i(t)\boldsymbol{\Phi}(t)dW^i(t) \tag{3.4.24}$$

の，初期条件

$$\boldsymbol{\Phi}(t_0) = \boldsymbol{I} \tag{3.4.25}$$

に対する解 $\boldsymbol{\Phi}(t)$ を基本行列として導入すると，解は

$$\boldsymbol{X}(t) = \boldsymbol{\Phi}(t)\left(\boldsymbol{C}+\int_{t_0}^{t}\boldsymbol{\Phi}(s)^{-1}d\boldsymbol{Y}(s)\right) \tag{3.4.26}$$

と表わされることが示される．ただし

$$d\boldsymbol{Y}(t) = \left(\boldsymbol{a}(t) - \sum_{i=1}^{m} \boldsymbol{B}_i(t)\boldsymbol{b}_i(t)\right)dt + \sum_{i=1}^{m} \boldsymbol{b}_i(t)dW(t)^i \qquad (3.4.27)$$

である．

［証明］

$$\boldsymbol{Z}(t) = \boldsymbol{C} + \int_{t_0}^{t} \boldsymbol{\Phi}(s)^{-1} d\boldsymbol{Y}(s) \qquad (3.4.28)$$

したがって

$$d\boldsymbol{Z}(t) = \boldsymbol{\Phi}(t)^{-1} d\boldsymbol{Y}(t) \qquad (3.4.29)$$

と置いて，Ito の定理

$$\boldsymbol{X}(t) = \boldsymbol{\Phi}(t)\boldsymbol{Z}(t) \qquad (3.4.30)$$

に適用する．まず $\boldsymbol{X}(t)$ の $i$ 番目の成分

$$X^i(t) = \sum_j \Phi(t)_j{}^i Z^j(t) \qquad (3.4.31)$$

を構成する項の１つ

$$\Phi(t)_j{}^i Z^j(t) \qquad (3.4.32)$$

に対して Ito の定理を適用してみる．この場合(3.3.43)における $m$ は2で，$\boldsymbol{u}_{y^i y^j}$ は $i=j$ のとき0，$i \neq j$ のとき1である．

$$d\Phi(t)_j{}^i = \sum_k A(t)_k{}^i \Phi_j{}^k(t)dt + \sum_k \sum_{l=1}^{m} \{\boldsymbol{B}_l(t)\}_k{}^i \Phi(t)_j{}^k dW^l(t) \qquad (3.4.33)$$

$$\begin{aligned} dZ^j(t) &= \sum_k \{\Phi(t)^{-1}\}_k{}^j dY^k(t) \\ &= \sum_k \{\Phi(t)^{-1}\}_k{}^j \left[a^k(t) - \sum_{l=1}^{m} \{\boldsymbol{B}_l(t)\}_k{}^j \{\boldsymbol{b}_l(t)\}^k\right]dt \\ &\quad + \sum_k \{\Phi(t)^{-1}\}_k{}^j \sum_{l=1}^{m} \{\boldsymbol{b}_l(t)\}^k dW^l(t) \end{aligned} \qquad (3.4.34)$$

であって，

$$G_l{}^1 = \sum_k \{\boldsymbol{B}_l(t)\}_k{}^i \Phi(t)_j{}^k = \{\boldsymbol{B}_l(t)\boldsymbol{\Phi}(t)\}_j{}^i$$

$$G_l{}^2 = \sum_k \{\Phi(t)^{-1}\}_k{}^j \{\boldsymbol{b}_l(t)\}^k = \{\boldsymbol{\Phi}(t)^{-1}\boldsymbol{b}_l(t)\}^j$$

であるから，

$$\begin{aligned} d\{\Phi(t)_j{}^i Z^j(t)\} &= d\Phi(t)_j{}^i Z^j(t) + \Phi(t)_j{}^i dZ^j(t) \\ &\quad + \sum_{l=1}^{m} \{\boldsymbol{B}_l(t)\boldsymbol{\Phi}(t)\}_j{}^i \{\boldsymbol{\Phi}(t)^{-1}\boldsymbol{b}_l(t)\}^j dt \end{aligned} \qquad (3.4.35)$$

となる．したがって

$$dX^i(t) = \sum_j d\Phi(t)_j{}^i Z^j(t) + \sum_j \Phi(t)_j{}^i dZ^j(t)$$

$$+\sum_{l=1}^{m}\sum_j \{\boldsymbol{B}_l(t)\boldsymbol{\Phi}(t)\}_j{}^i \{\boldsymbol{\Phi}(t)^{-1}\boldsymbol{b}_l(t)\}^j dt \qquad (3.4.36)$$

であり，結局 $d\boldsymbol{X}(t)$ に対して，

$$d\boldsymbol{X}(t) = \boldsymbol{\Phi}(t)d\boldsymbol{Z}(t) + (d\boldsymbol{\Phi}(t))\boldsymbol{Z}(t) + \left(\sum_{i=1}^{m}\boldsymbol{B}_i(t)\boldsymbol{\Phi}(t)\boldsymbol{\Phi}(t)^{-1}\boldsymbol{b}_i(t)\right)dt \qquad (3.4.37)$$

という表式が得られる．(3.4.29), (3.4.24), $\boldsymbol{X}(t)=\boldsymbol{\Phi}(t)\boldsymbol{Z}(t)$, および(3.4.27)を用いると，これは

$$d\boldsymbol{X}(t) = d\boldsymbol{Y}(t) + \boldsymbol{A}(t)\boldsymbol{X}(t)dt + \sum_{i=1}^{m}\boldsymbol{B}_i(t)\boldsymbol{X}(t)dW^i(t) + \sum_{i=1}^{m}\boldsymbol{B}_i(t)\boldsymbol{b}_i(t)dt$$

$$= (\boldsymbol{a}(t) + \boldsymbol{A}(t)\boldsymbol{X}(t))dt + \sum_{i=1}^{m}(\boldsymbol{B}_i(t)\boldsymbol{X}(t) + \boldsymbol{b}_i(t))dW^i(t) \qquad (3.4.38)$$

となる．これは(3.4.26)が(3.4.3)を満足することを示している．さらに，

$$\boldsymbol{X}(t_0) = \boldsymbol{\Phi}(t_0)\boldsymbol{Z}(t_0)$$

$$= \boldsymbol{IC} = \boldsymbol{C} \qquad (3.4.39)$$

だから，初期条件も満たされている．QED.

次に，やや特別な場合として，$d=1$ の場合，すなわち $m$ 次元のベクトルである $\boldsymbol{W}(t)$ を除いて，すべての関数はスカラーである場合を考えよう．このときは基本行列 $\Phi(t)$ をあらわに書き下ろすことができる:

$$\Phi(t) = e^{V(t)} \equiv \exp\left(\int_{t_0}^{t}\left(A(s) - \frac{1}{2}\sum_{i=1}^{m}B_i(s)^2\right)ds + \sum_{i=1}^{m}\int_{t_0}^{t}B_i(s)dW(s)^i\right) \qquad (3.4.40)$$

実際，

$$Z(t) = C + \int_{t_0}^{t}e^{-V(s)}\left(a(s) - \sum_{i=1}^{m}B_i(s)b_i(s)\right)ds + \sum_{i=1}^{m}\int_{t_0}^{t}e^{-V(s)}b_i(s)dW(s)^i \qquad (3.4.41)$$

と置くと，$u(v, z)=e^v z$ として，

$$X(t) = u(V(t), Z(t)) \qquad (3.4.42)$$

であるが，これの微分を Ito の定理に従って求めると，いまの場合 $G_i{}^1=B_i$, $G_i{}^2=\Phi^{-1}(t)b_i$ であるから，$\boldsymbol{G}\boldsymbol{G}^{\mathrm{T}}=\begin{pmatrix} B_i{}^2 & \Phi^{-1}(t)B_i b_i \\ \Phi^{-1}(t)B_i b_i & \Phi^{-2}(t)b_i{}^2 \end{pmatrix}$ で，

$$dX(t) = X(t)dU(t)+e^{U(t)}dZ(t)+\frac{1}{2}\sum_{i=1}^{m}\mathrm{Tr}\begin{pmatrix}X(t) & \Phi(t)\\ \Phi(t) & 0\end{pmatrix}\begin{pmatrix}B_i{}^2 & \Phi(t)^{-1}B_ib_i\\ \Phi(t)^{-1}B_ib_i & \Phi(t)^{-2}b_i{}^2\end{pmatrix}dt$$

$$= X(t)\Bigl(A(t)-\frac{1}{2}\sum_{i=1}^{m}B_i(s)^2\Bigr)dt+X(t)\Bigl(\sum_{i=1}^{m}B_i(t)dW(t)^i\Bigr)$$

$$+\Bigl(a(t)-\sum_{i=1}^{m}B_i(t)b_i(t)\Bigr)dt+\sum_{i=1}^{m}b_i(t)dW(t)^i$$

$$+\sum_{i=1}^{m}\Bigl(X(t)\frac{B_i(t)^2}{2}+B_i(t)b_i(t)\Bigr)dt$$

$$= (A(t)X(t)+a(t))dt+\sum_{i=1}^{m}(B_i(t)X(t)+b_i(t))dW(t)^i \tag{3.4.43}$$

となって，$X(t)$ はたしかに $d=1$ のときの (3.4.3) を満たしている．

とくに斉次の場合の解，すなわち方程式

$$dX(t) = A(t)X(t)dt+\sum_{i=1}^{m}B_i(t)X(t)dW(t)^i \tag{3.4.44}$$

の解は

$$X(t) = C\exp\Bigl(\int_{t_0}^{t}\Bigl(A(s)-\frac{1}{2}\sum_{i=1}^{m}B_i(s)^2\Bigr)ds+\sum_{i=1}^{m}\int_{t_0}^{t}B_i(s)dW(s)^i\Bigr) \tag{3.4.45}$$

で与えられる．

$m=1$ のときには (3.4.44) は

$$dX(t) = A(t)X(t)dt+B(t)X(t)dW(t) \tag{3.4.46}$$

となる．

(3.3.34) および (3.3.35) によると，(3.4.46) を Stratonovich の方程式と解釈した場合には，それと同等な Ito 方程式は

$$dX(t) = \Bigl[A(t)+\frac{1}{2}B^2(t)\Bigr]X(t)dt+B(t)X(t)dW(t) \tag{3.4.47}$$

である．これの解は $m=1$ の場合の (3.4.45) において $A(s)$ のかわりに $A(s)+B^2(s)/2$ と置いたもの，すなわち

$$X(t) = C\exp\Bigl(\int_{t_0}^{t}A(s)ds+\int_{t_0}^{t}B(s)dW(s)\Bigr) \tag{3.4.48}$$

である．(3.4.48) を形式的に微分すると (3.4.46) が得られるから，この結果もまた，Stratonovich の積分を用いることは確率過程をあたかも普通の関数であ

るかのように取り扱うことと同等であることを裏づけている．

(3.4.45)と(3.4.48)のちがいは歴然としているが，さらに $A(t)\equiv A$，$B(t)\equiv B$，$t_0=0$ の場合を考えると，$m=1$ の場合の(3.4.45)および(3.4.48)は，それぞれ

$$X(t) = Ce^{(A-B^2/2)t+BW(t)} \tag{3.4.49}$$

および

$$X(t) = Ce^{At+BW(t)} \tag{3.4.50}$$

となり，(3.4.49)は $A<B^2/2$ のときにのみ $t\to\infty$ で 0 となるのに対して，(3.4.50)は $A<0$ のときのみ $t\to\infty$ で 0 となるという際だった違いが明らかになる．

Langevin 方程式が形式的に与えられた場合，それは Ito の方程式と解釈することもできるし，Stratonovich の方程式と解釈することもできる．上の例が示すように，どちらに解釈するかによって，解は一般に大きくちがってくる．前にも述べたように，どちらの解釈を採るべきかは，どちらが問題になっている現象をよりよく記述するかで決めるほかはない．しかし Stratonovich の方程式と Ito の方程式との間には，§4.3 で導いたような一定の関係があって，いつでも一方から他方へ移ることができるから，どちらの解釈を採るにしても，数学的には一方だけを取り扱っておけば十分である．次章以下では Ito 方程式のみを考察する．

前にも注意したように，$\boldsymbol{G}$ が $\boldsymbol{X}(t)$ を含まない場合(上の例では $\boldsymbol{B}_i(t)=0$ の場合)には，Ito の方程式と Stratonovich 方程式のちがいは問題にならない．第1章で考察したのは，もっぱらこのような場合だったのである．しかし，$\boldsymbol{G}$ が $\boldsymbol{X}(t)$ を含むときには，二つの方程式のちがいにつねに注意しながら議論しなくてはならない．$\boldsymbol{G}$ が $\boldsymbol{X}$ を含むということは，拡散係数行列が $\boldsymbol{X}$ に依るということであるから，たとえば $\boldsymbol{X}$ が Brown 運動をしている粒子の位置と運動量を表わすとすれば，粒子の拡散係数が粒子のいる位置と粒子がもっている速度によって違ってくる場合に 2 つの方程式のちがいが重要になるのである．従来物理学ではこのような場合は実際にはあまり登場しなかったのであるが，たとえば最近急速に発展してきた非平衡状態の理論などにおいては，2 つの方程式の差に気を配らなければならない場合が次第に出てくることが予想される．

# 第4章　拡散過程と Fokker–Planck 方程式

前章で Stratonovich の積分を導入したさい，漂速ベクトルと拡散係数行列をもつ過程に話を限ったが，Ito 方程式で記述される過程は実はつねにこのような**拡散過程**なのである．したがって，前章で導いた Ito 方程式と Stratonovich 方程式との間の関係に関する限り，過程が拡散過程であるという条件は余分な制限条件にはならない．この章では§4.1 でまずこのことを示す．

確率過程 $\boldsymbol{X}(t)$ の性質をしらべるのには，前章で行なったように，Langevin 方程式にもとづいて $\boldsymbol{X}(t)$ 自身を眺めるやり方と，たとえば Fokker–Planck 方程式にもとづいて $\boldsymbol{X}(t)$ の分布密度 $W(\boldsymbol{x}, t)$ の変化を見るやり方と2通りある．拡散過程の性質をあとの方の方法を用いてしらべるのが§4.2以下の目的である．§4.2ではまず拡散過程の分布関数に対してはつねに Fokker–Planck の方程式が成り立つことを示す．§4.3以下では拡散過程のうち，とくに漂速ベクトルが $\boldsymbol{X}(t)$ について線形であり，拡散係数行列の要素が $\boldsymbol{X}(t)$ に依らない定数である場合に対して，Fokker–Planck 方程式の解の性質をややくわしくしらべる．

## §4.1　拡散過程

この節では Ito 方程式

$$d\boldsymbol{X}(t) = \boldsymbol{f}(\boldsymbol{X}(t), t)dt + \boldsymbol{G}(\boldsymbol{X}(t), t)d\boldsymbol{W}(t) \tag{4.1.1}$$

の解が(3.3.17)という条件を満たす確率過程すなわち拡散過程であることを証明する．(ただし証明の途中では $2\boldsymbol{D}=\boldsymbol{I}$ と置く．)

Ito の定理によって $\|\boldsymbol{X}(t)\|^{2n}$ という関数の微分を作り，それを積分形に直すと，

$$\begin{aligned}\|\boldsymbol{X}(t)\|^{2n} = \|\boldsymbol{C}\|^{2n} &+ \int_{t_0}^{t} 2n\|\boldsymbol{X}(s)\|^{2n-2}\boldsymbol{X}(s)^{\mathrm{T}}\boldsymbol{f}(\boldsymbol{X}(s), s)ds \\ &+ \int_{t_0}^{t} 2n\|\boldsymbol{X}(s)\|^{2n-2}\boldsymbol{X}(s)^{\mathrm{T}}\boldsymbol{G}(\boldsymbol{X}(s), s)d\boldsymbol{W}(s) \\ &+ \int_{t_0}^{t} n\|\boldsymbol{X}(s)\|^{2n-2}\|\boldsymbol{G}(\boldsymbol{X}(s), s)\|^2 ds\end{aligned}$$

$$+\int_{t_0}^{t} 2n(n-1)\|\boldsymbol{X}(s)\|^{2n-4}\|\boldsymbol{X}(s)^{\mathrm{T}}\boldsymbol{G}(\boldsymbol{X}(s),s)\|^2 ds \tag{4.1.2}$$

となる．ただし行列 $\boldsymbol{A}$ に対して $\|\boldsymbol{A}\|^2 \equiv \mathrm{Tr}\,\boldsymbol{A}\boldsymbol{A}^{\mathrm{T}}$ である．この式の両辺の期待値をとり，右辺第3項の期待値が0であることと，不等式(3.2.4)(を多次元の場合に拡張したもの)を用いると，

$$\begin{aligned}\langle\|\boldsymbol{X}(t)\|^{2n}\rangle &= \langle\|\boldsymbol{C}\|^{2n}\rangle + \int_{t_0}^{t}\langle 2n\|\boldsymbol{X}(s)\|^{2n-2}\boldsymbol{X}(s)^{\mathrm{T}}\boldsymbol{f}(\boldsymbol{X}(s),s) \\ &\quad + n\|\boldsymbol{X}(s)\|^{2n-2}\|\boldsymbol{G}(\boldsymbol{X}(s),s)\|^2 + 2n(n-1)\|\boldsymbol{X}(s)\|^{2n-4}\|\boldsymbol{X}(s)^{\mathrm{T}}\boldsymbol{G}(\boldsymbol{X}(s),s)\|^2\rangle ds \\ &\leqq \langle\|\boldsymbol{C}\|^{2n}\rangle + (2n+1)nK^2\int_{t_0}^{t}\langle(1+\|\boldsymbol{X}(s)\|^2)\|\boldsymbol{X}(s)\|^{2n-2}\rangle ds \end{aligned} \tag{4.1.3}$$

という不等式が得られる．$(1+\|\boldsymbol{X}\|^2)\|\boldsymbol{X}\|^{2n-2} \leqq 1+2\|\boldsymbol{X}\|^{2n}$ であるから，したがって，

$$\langle\|\boldsymbol{X}(t)\|^{2n}\rangle \leqq \langle\|\boldsymbol{C}\|^{2n}\rangle + (2n+1)nK^2(t-t_0) + 2n(2n+1)K^2\int_{t_0}^{t}\langle\|\boldsymbol{X}(s)\|^{2n}\rangle ds \tag{4.1.4}$$

ここで，$g(t) \geqq 0$ で，$h(t)$ は $[t_0, T]$ で積分可能であり，かつ $L>0$ に対して

$$g(t) \leqq L\int_{t_0}^{t} g(s)ds + h(t) \tag{4.1.5}$$

ならば，$t_0 \leqq t \leqq T$ で

$$g(t) \leqq h(t) + L\int_{t_0}^{t} e^{L(t-s)}h(s)ds \tag{4.1.6}$$

であるという定理(Bellman–Gronwall の補題．証明はここでは省略する)を使うと，(4.1.4)から，$h(t) = \langle\|\boldsymbol{C}\|^{2n}\rangle + (2n+1)nK^2(t-t_0)$ として，

$$\langle\|\boldsymbol{X}(t)\|^{2n}\rangle \leqq h(t) + 2n(2n+1)K^2\int_{t_0}^{t} e^{2n(2n+1)K^2(t-s)}h(s)ds \tag{4.1.7}$$

という不等式が，したがって結局

$$\langle|\boldsymbol{X}(t)|^{2n}\rangle \leqq (1+\langle|\boldsymbol{C}|^{2n}\rangle)e^{2n(2n+1)K^2(t-t_0)} \tag{4.1.8}$$

という不等式が得られる．

同様にして，

$$\langle\|\boldsymbol{X}(t)-\boldsymbol{X}(s)\|^{2n}\rangle \leqq D(1+\langle\|\boldsymbol{X}(s)\|^{2n}\rangle)(t-s)^n e^{2n(2n+1)K^2(t-s)} \tag{4.1.9}$$

という不等式を証明することもできる．ただし $D$ は $n, K$ および $T-t_0$ のみに

依る定数である．(4.1.8) と (4.1.9) とから，

$$\langle \|\boldsymbol{X}(t)-\boldsymbol{X}(s)\|^{2n}\rangle \leqq C_1|t-s|^n \tag{4.1.10}$$

ただし $C_1$ は $n, K, T-t_0$ および $\langle\|\boldsymbol{C}\|^{2n}\rangle$ のみに依る定数である．

(4.1.10) から，$n>1$ に対しては

$$\lim_{\Delta t\to 0}\frac{\langle\|\boldsymbol{X}(t+\Delta t)-\boldsymbol{X}(t)\|^{2n}\rangle}{\Delta t}\to 0 \tag{4.1.11}$$

であることがわかる．

さて，$F(\boldsymbol{y}, t\,|\,\boldsymbol{x}, s)$ を $\boldsymbol{X}(s)=\boldsymbol{x}$ であったときに $\boldsymbol{X}(t)\leqq\boldsymbol{y}$ である条件つき確率分布とすると，勝手な $\delta>0$，$\varepsilon>0$，$k=0,1,2$ に対して，

$$\int\|\boldsymbol{y}-\boldsymbol{x}\|^k F(d\boldsymbol{y}, t\,|\,\boldsymbol{x}, s)\leqq\frac{1}{\varepsilon^{2+\delta-k}}\int\|\boldsymbol{y}-\boldsymbol{x}\|^{2+\delta}F(d\boldsymbol{y}, t\,|\,\boldsymbol{x}, s) \tag{4.1.12}$$

が成り立つ．今もしある $\delta>0$ に対して

$$\lim_{\Delta t\to 0}\frac{1}{\Delta t}\langle\|\boldsymbol{X}(t)-\boldsymbol{X}(s)\|^{2+\delta}\rangle_{\boldsymbol{X}(s)=\boldsymbol{x}}=\lim_{\Delta t\to 0}\frac{1}{\Delta t}\int\|\boldsymbol{y}-\boldsymbol{x}\|^{2+\delta}F(d\boldsymbol{y}, t\,|\,\boldsymbol{x}, s)=0 \tag{4.1.13}$$

ならば，(4.1.12) で $k=0$ とおいた式を用いて，

$$\lim_{\Delta t\to 0}\frac{1}{\Delta t}\int_{\|\boldsymbol{y}-\boldsymbol{x}\|>\varepsilon}F(d\boldsymbol{y}, t+\Delta t\,|\,\boldsymbol{x}, t)\leqq\lim_{\Delta t\to 0}\frac{1}{\Delta t\cdot\varepsilon^{2+\delta}}\int\|\boldsymbol{y}-\boldsymbol{x}\|^{2+\delta}F(d\boldsymbol{y}, t+\Delta t\,|\,\boldsymbol{x}, t)$$
$$=0 \tag{4.1.14}$$

であるから，(3.3.17 a) が成り立つ．ところが今考えている過程 $\boldsymbol{X}(t)$ に対しては，$\delta$ が 2 に等しいかまたは 2 より大きな偶数であるとき，(4.1.11) によって，(4.1.13) が成り立っているから，$\boldsymbol{X}(t)$ は条件 (3.3.17 a) を満たしていることになる．

次に，表式

$$\langle\boldsymbol{X}(t)\rangle_{\boldsymbol{X}(s)=\boldsymbol{x}}-\boldsymbol{x}=\int_s^t\langle\boldsymbol{f}(\boldsymbol{X}(u), u)\rangle_{\boldsymbol{X}(s)=\boldsymbol{x}}du$$
$$=\int_s^t\boldsymbol{f}(\boldsymbol{x}, u)du+\int_s^t\langle\boldsymbol{f}(\boldsymbol{X}(u), u)-\boldsymbol{f}(\boldsymbol{x}, u)\rangle_{\boldsymbol{X}(s)=\boldsymbol{x}}du \tag{4.1.15}$$

の右辺第 2 項を，Schwarz の不等式，Lipschitz 条件 ((3.2.5) を多次元の場合に拡張したもの) および不等式 (4.1.9) を使って評価すると，

$$\left\|\int_s^t\langle\boldsymbol{f}(\boldsymbol{X}(u), u)-\boldsymbol{f}(\boldsymbol{x}, u)\rangle_{\boldsymbol{X}(s)=\boldsymbol{x}}du\right\|\leqq\int_s^t\langle\|\boldsymbol{f}(\boldsymbol{X}(u), u)-\boldsymbol{f}(\boldsymbol{x}, u)\|\rangle_{\boldsymbol{X}(s)=\boldsymbol{x}}du$$

$$\leqq (t-s)^{1/2}\left[\int_s^t \langle\|\boldsymbol{f}(\boldsymbol{X}(u),u)-\boldsymbol{f}(\boldsymbol{x},u)\|^2\rangle_{\boldsymbol{X}(s)=\boldsymbol{x}}du\right]^{1/2}$$

$$\leqq O((t-s)^{1/2})\left[\int_s^t \langle\|\boldsymbol{X}(u)-\boldsymbol{x}\|^2\rangle_{\boldsymbol{X}(s)=\boldsymbol{x}}du\right]^{1/2} = (t-s)^{3/2}O(1) \qquad (4.1.16)$$

ところが，$\boldsymbol{f}$ の連続性によって，

$$\int_s^t \boldsymbol{f}(\boldsymbol{x},u)du = \boldsymbol{f}(\boldsymbol{x},s)(t-s)+\int_s^t \{\boldsymbol{f}(\boldsymbol{x},u)-\boldsymbol{f}(\boldsymbol{x},s)\}du$$
$$= \boldsymbol{f}(\boldsymbol{x},s)(t-s)+o(t-s) \qquad (4.1.17)$$

であるから，

$$\langle\boldsymbol{X}(t)\rangle_{\boldsymbol{X}(s)=\boldsymbol{x}}-\boldsymbol{x} = \boldsymbol{f}(\boldsymbol{x},s)(t-s)+o(t-s) \qquad (4.1.18)$$

これは $\boldsymbol{X}(t)$ が条件(3.3.17 b)を満たし，漂速ベクトル $\boldsymbol{a}(\boldsymbol{x},t)$ がちょうど $\boldsymbol{f}(\boldsymbol{x},t)$ で与えられることを示している．

全く同様にして，$X(t)$ が(3.3.17 c)を満たし，拡散係数行列が $2\boldsymbol{GDG}^{\mathrm{T}}$ で与えられることも示される．

## §4.2　前進方程式と後退方程式．Fokker-Planck 方程式

§3.2 で Ito 方程式の解が Markov 過程であることを示したが，前節でさらにそれが拡散過程であることがわかった．この節では Markov 拡散過程の分布密度に対してはつねに Fokker-Planck 方程式が成り立つことを示そう．

まず $d$ 次元のベクトル $\boldsymbol{x}$ と時間 $t$ の有界な関数 $g(\boldsymbol{x},t)$ に対して，Ito 方程式の解として与えられる $d$ 次元の Markov 過程 $\boldsymbol{X}(t)$ の**生成演算子** $\mathscr{A}$ を

$$\mathscr{A}g(\boldsymbol{x},s) = \lim_{\Delta t\to 0}\frac{\langle g(\boldsymbol{X}(s+\Delta t),s+\Delta t)\rangle_{\boldsymbol{X}(s)=\boldsymbol{x}}-g(\boldsymbol{X},s)}{\Delta t} \qquad (4.2.1)$$

で定義する．積分した形の Ito の定理を関数 $g(\boldsymbol{X}(t),t)$ に対して適用すると，

$$g(\boldsymbol{X}(s+\Delta t),s+\Delta t) = g(\boldsymbol{x},s)+\int_s^{s+\Delta t} g_s(\boldsymbol{X}(u),u)du$$
$$+\sum_{i=1}^d\int_s^{s+\Delta t} f^i(\boldsymbol{X}(u),u)g_{x^i}(\boldsymbol{X}(u),u)du$$
$$+\sum_{i,j}^d\int_s^{s+\Delta t} \{\boldsymbol{G}(\boldsymbol{X}(u),u)\boldsymbol{DG}^{\mathrm{T}}(\boldsymbol{X}(u),u)\}^{ij}g_{x^ix^j}(\boldsymbol{X}(u),u)du$$
$$+\sum_{i=1}^d\sum_{j=1}^m\int_s^{s+\Delta t} g_{x^i}(\boldsymbol{X}(u),u)G_j{}^i(\boldsymbol{X}(u),u)dW^j(u) \qquad (4.2.2)$$

となる．これの両辺の期待値を作り，$\Delta t$ で割って $\Delta t \to 0$ の極限をとると，$\mathscr{A}$ に対して

$$\mathscr{A}g(\boldsymbol{x}, s) = \frac{\partial g}{\partial s} + \mathscr{D}g \tag{4.2.3}$$

という表式が得られる．ただし

$$\left.\begin{aligned} \mathscr{D} &\equiv \sum_{i=1}^{d} f^i(\boldsymbol{x}, s)\frac{\partial}{\partial x^i} + \frac{1}{2}\sum_{i,j}^{d} b^{ij}(\boldsymbol{x}, s)\frac{\partial^2}{\partial x^i \partial x^j} \\ \boldsymbol{B}(\boldsymbol{x}, s) &\equiv \{b^{ij}(\boldsymbol{x}, s)\} = 2\boldsymbol{G}(\boldsymbol{x}, s)\boldsymbol{D}\boldsymbol{G}^{\mathrm{T}}(\boldsymbol{x}, s) \end{aligned}\right\} \tag{4.2.4}$$

である．

固定した $t(>s)$ に対してとった期待値

$$\begin{aligned} u(\boldsymbol{x}, s) &= \langle g(\boldsymbol{X}(t))\rangle_{\boldsymbol{X}(s)=\boldsymbol{x}} \\ &= \int g(\boldsymbol{y})F(d\boldsymbol{y}, t|\boldsymbol{x}, s) \end{aligned} \tag{4.2.5}$$

を上の $g(\boldsymbol{x}, s)$ のかわりに用いると，定義によって

$$\mathscr{A}u(\boldsymbol{x}, s) = 0 \tag{4.2.6}$$

したがって $u(\boldsymbol{x}, s)$ に対しては微分方程式

$$\frac{\partial u}{\partial s} + \mathscr{D}u = 0 \tag{4.2.7}$$

が成り立つ．初期条件(今の場合は実は終端条件)は

$$u(\boldsymbol{x}, t) = g(\boldsymbol{x}) \tag{4.2.8}$$

である．

(4.2.7)は勝手な関数 $g(\boldsymbol{y})$ に対して成り立たなければならないから，(4.2.5)によって，遷移確率密度 $f(\boldsymbol{y}, t|\boldsymbol{x}, s)$ が存在するときには，これに対しても成り立たなければならない．すなわち

$$\frac{\partial f(\boldsymbol{y}, t|\boldsymbol{x}, s)}{\partial s} + \mathscr{D}f(\boldsymbol{y}, t|\boldsymbol{x}, s) = 0 \tag{4.2.9}$$

初期(実は終端)条件は(4.2.8)によって，

$$f(\boldsymbol{y}, t|\boldsymbol{x}, t) = \delta(\boldsymbol{x} - \boldsymbol{y}) \tag{4.2.10}$$

である．

方程式(4.2.9)を**後退方程式**という．この名は(4.2.9)が，遷移する先の時刻 $t$ および変数 $\boldsymbol{y}$ に関する方程式でなく，遷移が起る前の時刻 $s$ および変数 $\boldsymbol{x}$ に

関する方程式であるためについたのであって，この方程式が時間軸の上を逆向きに進んだときの遷移確率密度の変化を記述することを意味するのではないことに注意しなければならない．

後退方程式は次のようにして導くこともできる．多次元への拡張は容易なので，簡単のために，1次元の場合についてだけ述べる．一般に，分布密度 $W(y,t)$ は方程式

$$W(y,t)=\int_{-\infty}^{\infty}W(y,t|x_0,t_0)W(x_0,t_0)dx_0 \qquad (4.2.11)$$

を満たす．ただし $W(y,t|x,s)$ は条件つき確率密度である．$W(y,t)$ としては，ある初期値 $X(s)=x$ から出発してきまってきたものを考えてもちろん差支ない．すなわち，$W(y,t)$ として条件つき確率密度 $W(y,t|x,s)$ を入れても (4.2.11) は成り立つ．すなわち

$$W(y,t|x,s)=\int_{-\infty}^{\infty}W(y,t|x_0,t_0)W(x_0,t_0|x,s)dx_0 \qquad (4.2.12)$$

一般の確率過程では，$W(x,t|x_0,t_0)$ は $(x_0,t_0)$ の値だけからはきまらず，過去の履歴に依るから，(4.2.12) は閉じた方程式にはならない．しかし $X(t)$ が Markov 過程ならば，$W(y,t|x_0,t_0)$ は遷移確率 $f(x,t|x_0,t_0)$ にほかならず，過程の過去の履歴に依らないから，(4.2.12) は閉じた方程式

$$f(y,t|x,s)=\int_{-\infty}^{\infty}f(y,t|x_0,t_0)f(x_0,t_0|x,s)dx_0 \qquad (4.2.13)$$

となる．これを **Chapman-Kolmogoroff の方程式**という．

$t_0=s+\Delta t$ と置き，$f(y,t|x_0,s+\Delta t)$ を Taylor 展開すると，(4.2.13) は

$$\begin{aligned}f(y,t|x,s)&=\int_{-\infty}^{\infty}f(y,t|x_0,s+\Delta t)f(x_0,s+\Delta t|x,s)dx_0\\&=\int_{-\infty}^{\infty}f(x_0,s+\Delta t|x,s)\Big[f(y,t|x,s+\Delta t)\\&\quad+(x_0-x)f_x'(y,t|x,s+\Delta t)+\frac{1}{2}(x_0-x)^2f_x''(y,t|x,s+\Delta t)\\&\quad+\frac{1}{6}(x_0-x)^3f_x'''(y,t|x,s+\Delta t)+\cdots\Big]dx_0\end{aligned} \qquad (4.2.14)$$

となる．いま

$$\alpha_n(x,s)=\lim_{\Delta t\to 0}\frac{1}{\Delta t}\langle (X(s+\Delta t)-X(s))^n\rangle_{X(s)=x}$$
$$=\lim_{\Delta t\to 0}\frac{1}{\Delta t}\int_{-\infty}^{\infty}(x_0-x)^n f(x_0,s+\Delta t\,|\,x,s)dx_0 \qquad (4.2.15)$$

という量を定義すると，(4.2.14)の両辺を $\Delta t$ で割って $\Delta t\to 0$ の極限をとることによって，

$$\frac{\partial}{\partial s}f(y,t\,|\,x,s)=-\alpha_1(x,s)\frac{\partial}{\partial x}f(y,t\,|\,x,s)-\frac{1}{2}\alpha_2(x,s)\frac{\partial^2}{\partial x^2}f(y,t\,|\,x,s)$$
$$-\frac{1}{6}\alpha_3(x,s)\frac{\partial^3}{\partial x^3}f(y,t\,|\,x,s)-\cdots \qquad (4.2.16)$$

という微分方程式が得られる．

定義からわかるように，$X(t)$ が拡散過程である場合には，$\alpha_1(x,t)$ と $\alpha_2(x,t)$ はそれぞれ漂速 $a(x,t)$ および拡散係数 $B(x,t)$ にほかならない．Ito 方程式で記述される拡散過程に対しては，さらに(4.1.11)から，$n$ が2より大きな偶数であるとき $\alpha_n(x,t)=0$ であることがわかっている．ところが，1より大きな奇数 $n$ に対しては，

$$\alpha_n(x,t)=\lim_{\Delta t\to 0}\frac{1}{\Delta t}\langle [X(t+\Delta t)-X(t)]^n\rangle_{X(t)=x}$$
$$=\lim_{\Delta t\to 0}\frac{1}{\Delta t}\langle [X(t+\Delta t)-X(t)]^{(n-1)/2}[X(t+\Delta t)-X(t)]^{(n+1)/2}\rangle_{X(t)=x} \qquad (4.2.17)$$

であるが，Schwarz の不等式によって，

$$\alpha_n^2(x,t)\leqq\lim_{\Delta t\to 0}\frac{1}{\Delta t^2}\langle [X(t+\Delta t)-X(t)]^{n-1}\rangle_{X(t)=x}\langle [X(t+\Delta t)-X(t)]^{n+1}\rangle_{X(t)=x}$$
$$=\alpha_{n-1}(x,t)\alpha_{n+1}(x,t) \qquad (4.2.18)$$

であるから，実は $n$ が1より大きな奇数のときも $\alpha_n(x,t)$ は0になるのである．したがって(4.2.16)はちょうど(4.2.9)と一致する．

一般の Markov 過程に対しては，$n\geqq 3$ に対するすべての $\alpha_n$ が消えるとは限らないから，後退方程式は必ずしも成り立たない．しかしながら，すべての $n$ に対して $\alpha_n$ が存在し，かつある有限な偶数 $r$ に対して $\alpha_r=0$ ならば，2より大きいすべての $n$ に対して $\alpha_n$ が0になることがいえる．それは次のようにして示される：(4.2.18)を導いたときと全く同様にして，3より大きな偶数の $n$ に

対して，

$$\alpha_n{}^2(x,t) \leqq \alpha_{n-2}(x,t)\alpha_{n+2}(x,t) \tag{4.2.19}$$

という不等式が得られるが，(4.2.18)において $n=r-1$, $r+1$, (4.2.19)において $n=r-2$, $r+2$ と置いてみると，4つの不等式

$$\alpha_{r-2}{}^2 \leqq \alpha_{r-4}\alpha_r \quad (r \geqq 6), \qquad \alpha_{r-1}{}^2 \leqq \alpha_{r-2}\alpha_r \quad (r \geqq 4) \tag{4.2.20 a}$$

$$\alpha_{r+1}{}^2 \leqq \alpha_r\alpha_{r+2} \quad (r \geqq 2), \qquad \alpha_{r+2}{}^2 \leqq \alpha_r\alpha_{r+4} \quad (r \geqq 2) \tag{4.2.20 b}$$

が得られる．$\alpha_r=0$ ならば，(4.2.20 a)によって，$n\geqq 3$ であるようなすべての $n<r$ に対して $\alpha_n=0$，また(4.2.20 b)によってすべての $n>r$ に対して $\alpha_n=0$ となる．QED.

この結果は，すべての $n$ に対して $\alpha_n$ が存在する限り，すべての $n\geqq 3$ に対して $\alpha_n=0$ であるか，またはすべての偶数 $r$ に対して $\alpha_r \neq 0$ であるかの，どちらかであることを意味する．非常に大きな $n$ に対して $\alpha_n$ が有限であるためには，$X(t)$ は短い時間の間に極度に急激に遠くまで拡がってゆく異常な過程でなければならないが，物理的にはこういうことは起りにくいことであるから，過程が Markov 過程であると考えることができる限り，それは多くの場合 $n\geqq 3$ に対して $\alpha_n=0$ である拡散過程であると考えてよいであろう．

$d$ 次元の拡散過程が与えられたとき，すなわち漂速ベクトル $\boldsymbol{a}(\boldsymbol{x},t)$ と拡散係数行列 $\boldsymbol{B}(\boldsymbol{x},t)$ が与えられたとき，その解の分布密度がいま与えた拡散過程の分布密度と同じ変化をするような Ito 方程式を作るのは簡単である．すなわち，$\boldsymbol{f}(\boldsymbol{X}(t),t)=\boldsymbol{a}(\boldsymbol{X}(t),t)$ とし，

$$\boldsymbol{B}(\boldsymbol{X}(t),t) = \boldsymbol{G}(\boldsymbol{X}(t),t)\boldsymbol{G}^{\mathrm{T}}(\boldsymbol{X}(t),t) \tag{4.2.21}$$

であるような $d\times m$ 行列 $\boldsymbol{G}(\boldsymbol{X}(t))$ を作れば，方程式は

$$d\boldsymbol{X}(t) = \boldsymbol{f}(\boldsymbol{X}(t),t)dt+\boldsymbol{G}(\boldsymbol{X}(t),t)d\boldsymbol{W}(t) \tag{4.2.22}$$

で与えられるのである．ただしこのとき $\langle \boldsymbol{W}(t)\boldsymbol{W}^{\mathrm{T}}(t')\rangle=\boldsymbol{I}\min(t,t')$ としなければならない．

行列 $\boldsymbol{G}(\boldsymbol{X}(t),t)$ を求めるのには，たとえば次のようにすればよい：$\boldsymbol{B}(\boldsymbol{X}(t),t)$ は対称正半定形であるから，要素 $\lambda_i\geqq 0$ をもつ対角行列 $\boldsymbol{\Lambda}$ と，$\boldsymbol{B}$ の固有ベクトル $\boldsymbol{u}_i$ を列ベクトルとしてもつ $d$ 次元の直交行列 $\boldsymbol{U}$ とを用いて

$$\boldsymbol{B} = \boldsymbol{U}\boldsymbol{\Lambda}\boldsymbol{U}^{\mathrm{T}} \tag{4.2.23}$$

と表わすことができる．$m=d$ として，

$$\boldsymbol{G} = \boldsymbol{U}\boldsymbol{\Lambda}^{1/2}\boldsymbol{U}^{\mathrm{T}} = \boldsymbol{B}^{1/2} \tag{4.2.24}$$

としてもよいし，

$$\boldsymbol{G} = \boldsymbol{U}\boldsymbol{\Lambda}^{1/2} = (\sqrt{\lambda_1}\boldsymbol{u}_1, \sqrt{\lambda_2}\boldsymbol{u}_2, \cdots, \sqrt{\lambda_d}\boldsymbol{u}_d) \tag{4.2.25}$$

としてもよい．また $\lambda_i$ のうちはじめの $k$ 個が0ならば，$\boldsymbol{G}$ を $d\times m$ 行列

$$\boldsymbol{G} = (\sqrt{\lambda_{k+1}}\boldsymbol{u}_{k+1}, \cdots, \sqrt{\lambda_d}\boldsymbol{u}_d) \qquad (m = d-k) \tag{4.2.26}$$

としてもよい．

後退方程式は遷移が起る前の時刻 $s$ および変数 $\boldsymbol{x}$ に関する方程式であったが，遷移が起ったあとの時刻 $t$ および変数 $\boldsymbol{y}$ に対する方程式を求めることもできる．これが**前進方程式**または **Fokker–Planck 方程式**である．これは直接に過程の進展を記述する方程式であって，後退方程式よりも物理的なイメージと密接に対応しているため，実際にはこれらの方がよく使われる．

前進方程式は次のようにして導かれる(ここでは簡単のために1次元の場合を考える)：$\varphi(x)$ を区間 $(a,b)$ で3次までの連続な微係数をもち，$(a,b)$ の外では0であるような連続関数とする．もしこのようなすべての $\varphi(x)$ に対して2つの連続関数 $\omega_1(x), \omega_2(x)$ が与えられて，

$$\int_a^b \varphi(x)\omega_1(x)dx = \int_a^b \varphi(x)\omega_2(x)dx \tag{4.2.27}$$

が成り立つならば，$(a,b)$ で $\omega_1(x)=\omega_2(x)$ である．なぜなら，$\omega(x)=\omega_1(x)-\omega_2(x)$ と置き，$\omega(x_0)>0$ となる点があったとすると，$\omega(x)$ の連続性によって，$x_0$ を含むある区間 $(\alpha,\beta)$ の中で，$\omega(x)>\delta>0$ になるが，いま $\varphi(x)$ を上記の条件をみたし，$(a,b)$ の外で0で，$(\alpha+\varepsilon, \beta-\varepsilon)$ で $\varphi(x)=1$ であるような関数とすると，

$$0 = \int_a^b \varphi(x)\omega(x)dx = \int_\alpha^\beta \varphi(x)\omega(x)dx \geqq \int_{\alpha+\varepsilon}^{\beta-\varepsilon} \omega(x)dx \geqq \delta(\beta-\alpha-2\varepsilon) > 0 \tag{4.2.28}$$

となって，矛盾が起るから．$\omega(x_0)<0$ であっても同じことである．

そこで，$n\geqq 3$ に対して $\alpha_3(x,t)=0$ であるような過程の遷移確率を $f(x,t|x_0,t_0)$ とすると，Chapman–Kolmogoroff の方程式を使って，

$$\int_a^b \frac{\partial}{\partial t} f(y,t|x,s)\varphi(y)dy = \frac{\partial}{\partial t}\int_a^b f(y,t|x,s)\varphi(y)dy$$

$$
\begin{aligned}
&=\lim_{\Delta t\to 0}\frac{1}{\Delta t}\int_a^b \varphi(y)[f(y,t+\Delta t\,|\,x,s)-f(y,t\,|\,x,s)]dy \\
&=\lim_{\Delta t\to 0}\frac{1}{\Delta t}\left\{\int_a^b \varphi(y)\int_a^b f(z,t\,|\,x,s)f(y,t+\Delta t\,|\,z,t)dzdy\right. \\
&\qquad\left.-\int_a^b f(y,t\,|\,x,s)\varphi(y)dy\right\} \\
&=\lim_{\Delta t\to 0}\frac{1}{\Delta t}\left\{\int_a^b f(z,t\,|\,x,s)\int_a^b f(y,t+\Delta t\,|\,z,t)\left[\varphi(z)+\varphi'(z)(y-z)\right.\right. \\
&\qquad\left.\left.+\varphi''(z)\frac{(y-z)^2}{2}+\varphi'''(\xi)\frac{(y-z)^3}{6}\right]dydz-\int_a^b f(z,t\,|\,x,s)\varphi(z)dz\right\} \\
&=\int_a^b f(z,t\,|\,x,s)\left[\varphi'(z)a(z,t)+\varphi''(z)\frac{B(z,t)}{2}\right]dz
\end{aligned}
\tag{4.2.29}
$$

ただし $\xi$ は $y$ と $z$ の間の数である. $a(z,t)$ が連続微分可能であることと $B(z,t)$ が連続な2次の微係数をもつことを仮定して, (4.2.29) の中の積分に対して部分積分を行ない, $\varphi(a)=\varphi(b)=\varphi'(a)=\varphi'(b)=0$ であることを使うと,

$$
\int_a^b f(y,t\,|\,x,s)\varphi'(y)a(y,t)dy = -\int_a^b \frac{\partial}{\partial y}[f(y,t\,|\,x,s)a(y,t)]\varphi(y)dy \tag{4.2.30 a}
$$

$$
\int_a^b f(y,t\,|\,x,s)\varphi''(y)B(y,t)dy = \int_a^b \frac{\partial^2}{\partial y^2}[f(y,t\,|\,x,s)B(y,t)]\varphi(y)dy \tag{4.2.30 b}
$$

が得られる. 区間 $(a,b)$ は勝手にとってよいから, これから

$$
\frac{\partial}{\partial t}f(y,t\,|\,x,s) = -\frac{\partial}{\partial y}[a(y,t)f(y,t\,|\,x,s)]+\frac{\partial^2}{\partial y^2}[B(y,t)f(y,t\,|\,x,s)] \tag{4.2.31}
$$

という方程式が得られる. これが前進方程式または Fokker-Planck 方程式である.

Markov 過程の遷移確率密度 $f(\boldsymbol{x},t\,|\,\boldsymbol{x}_0,t_0)$ は, **経路積分**とよばれる積分で書き表わすこともできる. たとえば §1.5 で考えた3次元の自由粒子の Brown 運動の場合には, $f(\boldsymbol{x},t|0,0)$ は (1.5.14) によって

$$
f(\boldsymbol{x},t|0,0) = W(\boldsymbol{x},t) = \frac{1}{(4\pi Dt)^{3/2}}e^{-|\boldsymbol{x}|^2/4Dt} \tag{4.2.32}
$$

で与えられる．Wienerはこれを

$$f(\boldsymbol{x}, t|0,0) = N\int \exp\left\{-\frac{1}{4D}\int_0^t\left|\frac{d\boldsymbol{X}}{dt}\right|^2 dt\right\}d(\text{path}) \qquad (4.2.33)$$

という形に書きなおすことができることを示した．ここで，積分 $\int_0^t |d\boldsymbol{X}/dt|^2 dt$ は1つのサンプル過程すなわち確率過程 $\boldsymbol{X}(t)$ の1つの経路に沿っての積分で，積分 $\int \cdots d(\text{path})$ は，1つ1つの経路の"重み" $\exp\left\{-\frac{1}{4D}\int_0^t\left|\frac{d\boldsymbol{X}}{dt}\right|^2 dt\right\}$ をすべての経路にわたって加え合わせることを意味する．$N$ は規格化定数である．(4.2.33)の形の積分を経路積分とよぶのである．経路積分の方法も，前進および後退方程式とならんで，Markov過程の一般的性質を論じるのに有力な方法であるが，本書では立ち入らない*.

## §4.3　多次元のFokker-Planck方程式

多次元の拡散過程に対しても，前節と全く同様にして，Fokker-Planck方程式

$$\frac{\partial f(\boldsymbol{x}, t|\boldsymbol{x}_0, t_0)}{\partial t} = -\sum_{j=1}^{d}\frac{\partial}{\partial x^j}[a^j(\boldsymbol{x}, t)f] + \frac{1}{2}\sum_{i,j=1}^{d}\frac{\partial^2}{\partial x^i \partial x^j}[B^{ij}(\boldsymbol{x}, t)f] \qquad (4.3.1)$$

を導くことができる．Ito方程式(4.1.1)が与えられた場合には，

$$\left.\begin{aligned}\boldsymbol{a}(\boldsymbol{x}, t) &= \boldsymbol{f}(\boldsymbol{x}, t)\\ \boldsymbol{B}(\boldsymbol{x}, t) &= 2\boldsymbol{G}(\boldsymbol{x}, t)\boldsymbol{D}\boldsymbol{G}^{\mathrm{T}}(\boldsymbol{x}, t)\end{aligned}\right\} \qquad (4.3.2)$$

である．

一般のFokker-Planck方程式(4.3.1)の解を求めるのは困難であるが，$\boldsymbol{G}$ が定数行列で $\boldsymbol{f}$ が $\boldsymbol{x}$ について線形である場合には解を厳密に求めることができる．ここではその中 $d=m$, $\boldsymbol{G}=\boldsymbol{I}$, および

$$f^j(\boldsymbol{x}, t) = \sum_i a_i{}^j x^i \qquad (4.3.3)$$

* たとえば次の論文を参照されたい．N. Saito and M. Namiki : On the Quantum Mechanics-like Description of the Theories of the Brownian Motion and Quantum Statistical Mechanics, *Progr. Theor. Phys.*, **16** (1956), 71, R. Kikuchi and P. Gottlieb : Path Integral in Irreversible Statistical Dynamics, *Phys. Rev.*, **124** (1961), 1691, H. Ueyama : On Nonlinear Irreversible Processes I, *Physica*, **84 A** (1976), 392.

である特別な場合に対する解を求めておこう．これは第1章で述べた Ornstein–Uhlenbeck 過程を多次元の場合に拡張したものにほかならない．このとき方程式は

$$\frac{\partial f}{\partial t} = -\sum_{ij}^{d} a_j{}^i \frac{\partial}{\partial x^i}(x^j f) + \sum_{ij}^{d} D^{ij} \frac{\partial^2 f}{\partial x^i \partial x^j} \tag{4.3.4}$$

となる．初期条件はいうまでもなく

$$f(\boldsymbol{x}, t_0 | \boldsymbol{x}_0, t_0) = \prod_{j=1}^{d} \delta(x^j - x_0{}^j) \tag{4.3.5}$$

である．

(4.3.4)は

$$\begin{aligned} \frac{\partial f}{\partial t} &= -\sum_{ij}^{d} \frac{\partial}{\partial x^i} a_j{}^i (x^j f) + \sum_{ij}^{d} \frac{\partial}{\partial x^i} D^{ij} \frac{\partial f}{\partial x^j} \\ &= -\nabla^{\mathrm{T}} \boldsymbol{A}(\boldsymbol{x} f) + \nabla^{\mathrm{T}} \boldsymbol{D} \nabla f \end{aligned} \tag{4.3.6}$$

と書くことができる．ただし

$$\nabla = \begin{pmatrix} \partial/\partial x^1 \\ \partial/\partial x^2 \\ \vdots \\ \partial/\partial x^d \end{pmatrix} \tag{4.3.7}$$

$$\boldsymbol{A} = \begin{pmatrix} a_1{}^1 & a_2{}^1 & a_3{}^1 & \cdots & a_d{}^1 \\ a_1{}^2 & a_2{}^2 & a_3{}^2 & \cdots & a_d{}^2 \\ \cdots & \cdots & \cdots & \cdots & \cdots \\ a_1{}^d & a_2{}^d & a_3{}^d & \cdots & a_d{}^d \end{pmatrix} \tag{4.3.8}$$

である．

ここで行列 $\boldsymbol{A}$ は対角化可能であると仮定する．対角化行列を $\boldsymbol{C}$ とすると

$$\boldsymbol{C}\boldsymbol{A}\boldsymbol{C}^{-1} = \boldsymbol{\Lambda} \equiv \mathrm{diag}\,(\lambda_1, \lambda_2, \cdots, \lambda_d) \tag{4.3.9}$$

新しい変数

$$\boldsymbol{z} = \boldsymbol{C}\boldsymbol{x} \tag{4.3.10}$$

および新しい行列

$$\begin{pmatrix} \sigma^{11} & \sigma^{12} & \cdots & \sigma^{1d} \\ \sigma^{21} & \sigma^{22} & \cdots & \sigma^{2d} \\ \cdots & \cdots & \cdots & \cdots \\ \sigma^{d1} & \sigma^{d2} & \cdots & \sigma^{dd} \end{pmatrix} = \boldsymbol{\Sigma} = \boldsymbol{C}\boldsymbol{D}\boldsymbol{C}^{\mathrm{T}} \tag{4.3.11}$$

を導入し，$\nabla$ は共変ベクトルであることに注意すると，(4.3.6)は

$$\frac{\partial f}{\partial t} = -\sum_{i=1}^{d} \lambda_i \frac{\partial}{\partial z^i}(z^i f) + \sum_{ij}^{d} \sigma^{ij} \frac{\partial^2 f}{\partial z^i \partial z^j} \tag{4.3.12}$$

と変換される．初期条件はいうまでもなく

$$f(\boldsymbol{z}, t_0 | \boldsymbol{z}_0, t_0) = \prod_{i=1}^{n} \delta(z^j - z_0{}^j), \qquad \boldsymbol{z}_0 = \boldsymbol{C}\boldsymbol{x}_0 \tag{4.3.13}$$

である．

Fourier 変換

$$\phi(\boldsymbol{u}, t) = \mathscr{F}[f(\boldsymbol{z}, t_0 | \boldsymbol{z}_0, t_0)] = \int_{-\infty}^{\infty} \int e^{i\boldsymbol{u}^{\mathrm{T}}\boldsymbol{z}} f(\boldsymbol{z}, t | \boldsymbol{z}_0, t_0) d\boldsymbol{z} \tag{4.3.14}$$

を導入すると

$$\left.\begin{aligned} &\mathscr{F}\left(\frac{\partial f}{\partial t}\right) = \frac{\partial \phi}{\partial t}, \qquad \mathscr{F}\left[\frac{\partial}{\partial z^j}(z^j f)\right] = -u_j \frac{\partial \phi}{\partial u_j} \\ &\mathscr{F}\left(\frac{\partial^2 f}{\partial z^i \partial z^j}\right) = -u_i u_j \phi \end{aligned}\right\} \tag{4.3.15}$$

したがって方程式(4.3.12)を Fourier 変換すると，

$$\frac{\partial \phi}{\partial t} = \sum_{j=1}^{d} \lambda_j u_j \frac{\partial \phi}{\partial u_j} - \sum_{ij}^{d} \sigma^{ij} u_i u_j \phi \tag{4.3.16}$$

これに対応する Lagrange 方程式は

$$\frac{dt}{1} = -\frac{du_1}{\lambda_1 u_1} = -\frac{du_2}{\lambda_2 u_2} = \cdots = -\frac{du_d}{\lambda_d u_d} = -\frac{d\phi}{\phi \sum_{ij}^{d} \sigma^{ij} u_i u_j} \tag{4.3.17}$$

である．はじめの $d$ 個の方程式から

$$u_j e^{\lambda_j t} = c_j = \text{定数} \qquad (j = 1, 2, \cdots, d) \tag{4.3.18}$$

が得られる．これを最後の方程式に入れて積分すると

$$\begin{aligned} \ln(c\phi) &= \sum_{ij}^{d} \sigma^{ij} c_i c_j e^{-(\lambda_i+\lambda_j)t/(\lambda_i+\lambda_j)} \\ &= \sum_{ij}^{d} \sigma^{ij} \frac{u_i u_j}{\lambda_i + \lambda_j} \end{aligned} \tag{4.3.19}$$

すなわち

$$\phi \exp\left[-\sum_{ij}^{d} \sigma^{ij} \frac{u_i u_j}{\lambda_i + \lambda_j}\right] = c \tag{4.3.20}$$

したがって(4.3.16)の一般解は

$$\phi(\boldsymbol{u}, t) = \psi[u_1 e^{\lambda_1 t}, u_2 e^{\lambda_2 t}, \cdots, u_d e^{\lambda_d t}]\exp\left[\sum_{ij}^{d} \sigma^{ij} \frac{u_i u_j}{\lambda_i + \lambda_j}\right] \quad (4.3.21)$$

である．任意関数 $\psi$ は初期条件(4.3.13)を(4.3.14)に入れ，$t=t_0$ と置いて得られる関係，すなわち

$$\phi(\boldsymbol{u}, t_0) = \exp\left(i \sum_{j}^{d} u_j z_0{}^j\right) \quad (4.3.22)$$

から，

$$\psi(u_1, u_2, \cdots, u_d, t_0) = \exp\left[i \sum u_j z_0{}^j - \sum \sigma^{ij} \frac{u_i u_j}{\lambda_i + \lambda_j}\right] \quad (4.3.23)$$

ときまる．こうして(4.3.16)の解が

$$\phi(\boldsymbol{u}, t) = \exp\left[i \sum_j u_j z_0{}^j e^{\lambda_j t} + \sum_{ij} \sigma^{ij} \frac{u_i u_j}{\lambda_i + \lambda_j} \{1 - e^{(\lambda_i + \lambda_j)t}\}\right] \quad (4.3.24)$$

と求まる．

(4.3.24)を Fourier 逆変換して $f$ を求めると，それはやはり Gauss 分布になる：

$$\left.\begin{aligned} &f(\boldsymbol{z}, t | \boldsymbol{z}_0, t_0) = (2\pi)^{-n/2} |S|^{-1/2} \exp\left[-\frac{1}{2}(\boldsymbol{z} - \boldsymbol{m})^{\mathrm{T}} \boldsymbol{S}^{-1} (\boldsymbol{z} - \boldsymbol{m})\right] \\ &\boldsymbol{m} = (\boldsymbol{m}^1, \boldsymbol{m}^2, \cdots, \boldsymbol{m}^d)^{\mathrm{T}} = e^{\Lambda t} \boldsymbol{z}_0 = e^{\Lambda t} \boldsymbol{C} \boldsymbol{x}_0 \\ &S^{ij} = -\frac{2\sigma^{ij}}{\lambda_i + \lambda_j} [1 - e^{(\lambda_i + \lambda_j)t}] \end{aligned}\right\} \quad (4.3.25)$$

$f(\boldsymbol{x}, t | \boldsymbol{x}_0, t_0)$ を求めるのには，$\boldsymbol{x}$ の平均値と分散行列を求めさえすればよい．これらはそれぞれ

$$\left.\begin{aligned} \langle \boldsymbol{x} \rangle &= \boldsymbol{C}^{-1} \boldsymbol{m} = \boldsymbol{C}^{-1} e^{\Lambda t} \boldsymbol{C} \boldsymbol{x}_0 \\ \boldsymbol{R} &= \boldsymbol{C}^{-1} \boldsymbol{S} \boldsymbol{C}^{-1\mathrm{T}} \end{aligned}\right\} \quad (4.3.26)$$

で与えられる．

## §4.4　一般化された Einstein の関係と安定性

前節で考えた確率過程の分散行列の要素((4.3.25)の最後の行)は，もし $\boldsymbol{A}$ のすべての固有値 $\lambda_i$ の実数部分が負ならば，$t \to \infty$ で時間に依らない定常な値

$$S^{ij} = -\frac{2\sigma^{ij}}{\lambda_i + \lambda_j} \quad (4.4.1)$$

に近づく．この場合系は確率的に**漸近安定**なのである．

(4.4.1)は

$$\boldsymbol{\Lambda S}+\boldsymbol{S\Lambda} = -2\boldsymbol{\Sigma} \tag{4.4.2}$$

と書くことができる．(4.3.9), (4.3.11), および(4.3.26)を用いると，これから

$$\boldsymbol{AR}+\boldsymbol{RA}^{\mathrm{T}} = -2\boldsymbol{D} \tag{4.4.3}$$

という関係が導かれる．これはすでに§3.4で出てきた，一般化された Einstein の関係にほかならない．

その導き方からわかるように，一般化された Einstein の関係は，正則行列 $\boldsymbol{P}$ による座標変換

$$\boldsymbol{A}^* = \boldsymbol{PAP}^{-1}, \qquad \boldsymbol{D}^* = \boldsymbol{PDP}^{\dagger}, \qquad \boldsymbol{R}^* = \boldsymbol{PRP}^{\dagger} \tag{4.4.4}$$

の下で不変である．ただし†は共役転置行列を表わす．とくに $\boldsymbol{R}^*=\boldsymbol{I}$ になるような座標をとると，それは，

$$\boldsymbol{A}+\boldsymbol{A}^{\mathrm{T}} = -2\boldsymbol{D} \tag{4.4.5}$$

すなわち $\boldsymbol{A}$ の対称部分 $\boldsymbol{A}^{(\mathrm{s})}$ が $-\boldsymbol{D}$ に等しい，という簡単な関係になる：

$$\boldsymbol{A}^{(\mathrm{s})} = -\boldsymbol{D} \tag{4.4.6}$$

これは，揺動力すなわち系のゆらぎと結びついているのは $\boldsymbol{A}$ の対称部分だけで，$\boldsymbol{A}$ の反対称部分はゆらぎとは関係しないことを意味する．

ここで，系が漸近安定ならば，すなわち $\boldsymbol{A}$ のすべての固有値が負の実数部分をもつならば，対称行列 $\boldsymbol{R}$ は，与えられた対称行列 $\boldsymbol{D}$ と，必ずしも対称とは限らない行列 $\boldsymbol{A}$ とから一意にきまることを証明しよう．

上に注意した不変性があるので，(4.4.2)について証明しさえすればよい．(4.4.2)を要素に分けて書き下すと，

$$(\lambda_i+\lambda_k)s^{ik} = -2\sigma^{ik} \tag{4.4.7}$$

である．すべての固有値 $\lambda_i$ が負の実数部分をもつから，和 $\lambda_i+\lambda_k$ はすべての添字の対 $(i,k)$ に対して0でない．したがって $s^{ik}$ は(4.4.7)から一意に定まり，しかも $s^{ki}$ に等しい．これは $\boldsymbol{R}$ が一意に定まってしかも対称であることを意味する．

さらに，系が安定であって，$\boldsymbol{D}$ が正定形ならば，一意の解 $\boldsymbol{R}$ は正定形であることが証明できる．それには(4.4.3)の解をあらわに書いてみればよい．$\boldsymbol{Y}(t)$ が方程式

$$\dot{\boldsymbol{Y}} = \boldsymbol{AY}, \qquad \boldsymbol{Y}(0) = \boldsymbol{I} \tag{4.4.8}$$

を満たすとする．これの解は

$$\boldsymbol{Y}(t) = e^{\boldsymbol{A}t} \tag{4.4.9}$$

である．いま

$$\boldsymbol{R} = \int_0^\infty e^{\boldsymbol{A}\tau} 2\boldsymbol{D} e^{\boldsymbol{A}^{\mathrm{T}}\tau} d\tau = \boldsymbol{R}^{\mathrm{T}} \tag{4.4.10}$$

と置くと，

$$\begin{aligned}\boldsymbol{AR}+\boldsymbol{RA}^{\mathrm{T}} &= \int_0^\infty \boldsymbol{A} e^{\boldsymbol{A}\tau} 2\boldsymbol{D} e^{\boldsymbol{A}^{\mathrm{T}}\tau} d\tau + \int_0^\infty e^{\boldsymbol{A}\tau} 2\boldsymbol{D} e^{\boldsymbol{A}^{\mathrm{T}}\tau} \boldsymbol{A}^{\mathrm{T}} d\tau \\ &= 2\int_0^\infty \dot{\boldsymbol{Y}} \boldsymbol{D} \boldsymbol{Y}^{\mathrm{T}} d\tau + 2\int_0^\infty \boldsymbol{Y} \boldsymbol{D} \boldsymbol{Y}^{\mathrm{T}} d\tau \\ &= 2\int_0^\infty \frac{d}{d\tau}(\boldsymbol{Y}\boldsymbol{D}\boldsymbol{Y}^{\mathrm{T}}) d\tau = 2(\boldsymbol{Y}\boldsymbol{D}\boldsymbol{Y}^{\mathrm{T}})\Big|_0^\infty = -2\boldsymbol{D}\end{aligned} \tag{4.4.11}$$

すなわち，(4.4.10)で与えられる行列 $\boldsymbol{R}$ は(4.4.3)の一意の解にほかならないのである．$\boldsymbol{Y}$ の行列要素，したがって $2\boldsymbol{YDY}^{\mathrm{T}}$ の要素は指数関数 $e^{\lambda_i t}$ の線形結合だから，(4.4.10)の積分は収束する．

次に2次形式

$$Q(\boldsymbol{x}, t) = 2\boldsymbol{x}^{\mathrm{T}} \boldsymbol{Y}\boldsymbol{D}\boldsymbol{Y}^{\mathrm{T}} \boldsymbol{x} \tag{4.4.12}$$

を考えよう．$\boldsymbol{Y}^{\mathrm{T}}(t)$ はすべての $t$ に対して正則だから，これを座標変換の行列と考えて，新しい変数 $\boldsymbol{z} = \boldsymbol{Y}^{\mathrm{T}}\boldsymbol{x}$ を導入することができる．すると $Q$ は $2\boldsymbol{z}^{\mathrm{T}}\boldsymbol{D}\boldsymbol{z}$ となり，すべての $t$ に対して正定形である．$\boldsymbol{x} = \boldsymbol{Y}^{\mathrm{T}-1}\boldsymbol{z}$ だから，$\boldsymbol{x}$ は $\boldsymbol{z}$ がすべての $t$ に対して0のときにのみ0である．したがって

$$\boldsymbol{x}^{\mathrm{T}}\boldsymbol{R}\boldsymbol{x} = 2\boldsymbol{x}^{\mathrm{T}}\left(\int_0^\infty \boldsymbol{Y}\boldsymbol{D}\boldsymbol{Y}^{\mathrm{T}} d\tau\right)\boldsymbol{x} \tag{4.4.13}$$

は正定形でなければならない．QED.

上の逆もまた成り立つ．すなわち，$\boldsymbol{D}$ が正定形で，(4.4.3)から定まる行列 $\boldsymbol{R}$ が正定形ならば，系は漸近安定である．前に述べた不変性から，方程式

$$\boldsymbol{AR}+\boldsymbol{RA}^{\mathrm{T}} = -\boldsymbol{I} \tag{4.4.14}$$

から定まる $\boldsymbol{R}$ が正定形ならば系が漸近安定であることを示しさえすればよい．

方程式

$$\frac{d\boldsymbol{x}}{dt}=\boldsymbol{A}^{\mathrm{T}}\boldsymbol{x},\qquad \boldsymbol{x}(0)=\boldsymbol{c} \tag{4.4.15}$$

に従う $\boldsymbol{x}$ を用いて2次形式

$$R(t)=\boldsymbol{x}^{\mathrm{T}}(t)\boldsymbol{R}\boldsymbol{x}(t) \tag{4.4.16}$$

を作ると，

$$\begin{aligned}\frac{dR(t)}{dt}&=\dot{\boldsymbol{x}}^{\mathrm{T}}\boldsymbol{R}\boldsymbol{x}+\boldsymbol{x}^{\mathrm{T}}\boldsymbol{R}\dot{\boldsymbol{x}}\\&=\boldsymbol{x}^{\mathrm{T}}\boldsymbol{A}\boldsymbol{R}\boldsymbol{x}+\boldsymbol{x}^{\mathrm{T}}\boldsymbol{R}\boldsymbol{A}^{\mathrm{T}}\boldsymbol{x}\\&=\boldsymbol{x}^{\mathrm{T}}(\boldsymbol{A}\boldsymbol{R}+\boldsymbol{R}\boldsymbol{A}^{\mathrm{T}})\boldsymbol{x}=-\boldsymbol{x}^{\mathrm{T}}\boldsymbol{x}\end{aligned} \tag{4.4.17}$$

これを積分すると，

$$\boldsymbol{x}^{\mathrm{T}}(T)\boldsymbol{R}\boldsymbol{x}(T)+\int_0^T\boldsymbol{x}^{\mathrm{T}}\boldsymbol{x}dt=\boldsymbol{c}^{\mathrm{T}}\boldsymbol{R}\boldsymbol{c} \tag{4.4.18}$$

となる．これは，もし $\boldsymbol{R}$ が正定形ならば，第2項の積分は一様に有界であることを意味する．したがって $t\to\infty$ で $\boldsymbol{x}(t)\to 0$ である．QED.

以上をまとめると，結局，一般化された Einstein の関係が成り立つことは系が漸近安定であるための必要十分条件であることになる．

行列 $\boldsymbol{A}$ のかわりに

$$\boldsymbol{A}=k\boldsymbol{L}\boldsymbol{R}^{-1} \tag{4.4.19}$$

($k$ は Boltzmann の定数)で定義される行列 $\boldsymbol{L}$ を使うと，一般化された Einstein の関係は

$$-2\boldsymbol{D}=k(\boldsymbol{L}+\boldsymbol{L}^{\mathrm{T}}) \tag{4.4.20}$$

という形をとる．$\boldsymbol{L}$ を**現象論的係数行列**とよぶ．$\boldsymbol{L}$ を使っていま考えている Ito の Langevin 方程式を書くと，

$$\boldsymbol{L}^{-1}\frac{d\boldsymbol{X}}{dt}+k\boldsymbol{R}^{-1}\boldsymbol{X}=\boldsymbol{L}^{-1}\boldsymbol{P}(t) \tag{4.4.21}$$

となる．$T$ を絶対温度とし，$k\boldsymbol{R}^{-1}\equiv\boldsymbol{s}$，$\boldsymbol{F}(t)=T\boldsymbol{L}^{-1}\boldsymbol{P}(t)$ と置くと，(4.4.21)は

$$\boldsymbol{L}^{-1}\frac{d\boldsymbol{X}}{dt}+\boldsymbol{s}\boldsymbol{X}=\frac{\boldsymbol{F}(t)}{T} \tag{4.4.22}$$

となる．

揺動力を考えない場合には，これはさらに

$$\frac{d\boldsymbol{x}}{dt} = \boldsymbol{L}\,\mathrm{grad}\left(-\frac{1}{2}\boldsymbol{x}^{\mathrm{T}}\boldsymbol{s}\boldsymbol{x}\right) \tag{4.4.23}$$

と書くことができる．$t\to\infty$ における $\boldsymbol{X}(t)$ の分布密度は $\exp[-\boldsymbol{x}^{\mathrm{T}}\boldsymbol{R}^{-1}\boldsymbol{x}/2]=\exp[-\boldsymbol{x}^{\mathrm{T}}\boldsymbol{s}\boldsymbol{x}/2k]$ に比例するから，2 次形式 $-\boldsymbol{x}^{\mathrm{T}}\boldsymbol{s}\boldsymbol{x}/2$ はエントロピーの意味をもつ．(4.4.23) は，$\boldsymbol{x}$ の変化速度が，現象論的係数行列 $\boldsymbol{L}$ によって，エントロピーの勾配によって与えられる“力”と結びつけられていることを表わしている．Langevin 方程式を (4.4.22) の形に書いたとき，これを **Onsager–Machlup の系**とよぶ．

とくに $\boldsymbol{R}=R\boldsymbol{I}$ ($R$ は定数) となるように変数を選ぶと，$\boldsymbol{A}=-k\boldsymbol{L}/R$ となって，$\boldsymbol{A}$ は定数係数を除いてそのまま現象論的係数行列となり，一般化された Einstein の関係 (4.4.3) がそのままで (4.4.20) の形をとる．この意味で $\boldsymbol{R}=R\boldsymbol{I}$ となるように変数を選ぶことは，Onsager–Machlup 系を考えることと同等である．

$\boldsymbol{L}$ が対称なときには，**Onsager の相反性**が成り立っているという．このとき (4.4.20) は

$$-\boldsymbol{D} = k\boldsymbol{L} \tag{4.4.24}$$

という簡単な形に帰着する．

一般化された Einstein の関係 (4.4.3) は，行列 $\boldsymbol{AR}$ の対称部分が $-\boldsymbol{D}$ に等しいという関係であるから，$\boldsymbol{AR}$ に勝手な反対称行列 $\boldsymbol{V}$ をつけ加えても，やはり成り立つ．すなわち，$\boldsymbol{D}$ と $\boldsymbol{R}$ が与えられたときに，一般化された Einstein の関係を成り立たせるような最も一般な行列を求める，という“逆問題”の解は，$\boldsymbol{V}$ を勝手な反対称行列として，

$$\boldsymbol{A} = [-\boldsymbol{D}+\boldsymbol{V}]\boldsymbol{R}^{-1} \tag{4.4.25}$$

である．いいかえれば，与えられた $\boldsymbol{D}$ と $\boldsymbol{R}$ をもつ最も一般な漸近安定な系の行列 $\boldsymbol{A}$ は (4.4.25) という形をもつのである．

## §4.5　調和振動子の Brown 運動

ここでは，§4.3 で考えた拡散過程のさらに特別な場合として，Langevin 方程式 (1.7.4) すなわち，

$$\frac{d^2X}{dt^2}+\beta\frac{dX}{dt}+\omega_0{}^2X=P(t) \tag{4.5.1}$$

で記述される調和振動子の Brown 運動を考え，§4.3 で述べた方法によって，その分布密度関数の時間変化を求めてみよう．

(4.5.1) を Ito 方程式の形に書くためには，

$$\left.\begin{aligned}&\boldsymbol{f}(\boldsymbol{X}(t),t)=\begin{pmatrix}X^2(t)\\-\omega_0{}^2X^1(t)-\beta X^2(t)\end{pmatrix}=\begin{pmatrix}0&1\\-\omega_0{}^2&-\beta\end{pmatrix}\begin{pmatrix}X^1(t)\\X^2(t)\end{pmatrix}\equiv\boldsymbol{AX}(t)\\&\boldsymbol{G}=\boldsymbol{I},\\&\boldsymbol{D}=\begin{pmatrix}0&0\\0&D\end{pmatrix}\end{aligned}\right\} \tag{4.5.2}$$

とすればよい．

行列 $\boldsymbol{A}$ の固有値 $\lambda_1,\lambda_2$ と固有ベクトル $\boldsymbol{x}_1,\boldsymbol{x}_2$ を求めると，

$$\left.\begin{aligned}&\lambda_1=\frac{-\beta+\beta_1}{2},\qquad\lambda_2=\frac{-\beta-\beta_1}{2},\qquad\beta_1\equiv\sqrt{\beta^2-4\omega_0{}^2}\\&\boldsymbol{x}_1=\begin{pmatrix}1\\\lambda_1\end{pmatrix},\qquad\boldsymbol{x}_2=\begin{pmatrix}1\\\lambda_2\end{pmatrix}\end{aligned}\right\} \tag{4.5.3}$$

であるから，変換行列 $\boldsymbol{C}$ は

$$\boldsymbol{C}=-\frac{1}{\beta_1}\begin{pmatrix}\lambda_2&-1\\-\lambda_1&1\end{pmatrix},\qquad\boldsymbol{C}^{-1}=\begin{pmatrix}1&1\\\lambda_1&\lambda_2\end{pmatrix} \tag{4.5.4}$$

となる．したがって

$$\begin{aligned}\boldsymbol{\Sigma}=\boldsymbol{CDC}^{\mathrm{T}}&=\frac{1}{\beta_1{}^2}\begin{pmatrix}\lambda_2&-1\\-\lambda_1&1\end{pmatrix}\begin{pmatrix}0&0\\0&D\end{pmatrix}\begin{pmatrix}\lambda_2&-\lambda_1\\-1&1\end{pmatrix}\\&=\frac{1}{\beta_1{}^2}\begin{pmatrix}\lambda_2&-1\\-\lambda_1&1\end{pmatrix}\begin{pmatrix}0&0\\-D&D\end{pmatrix}\\&=\frac{1}{\beta_1{}^2}\begin{pmatrix}D&-D\\-D&D\end{pmatrix}\end{aligned} \tag{4.5.5}$$

$$\boldsymbol{s}=\begin{pmatrix}-\dfrac{2D}{2\lambda_1\beta_1{}^2}(1-e^{2\lambda_1t})&-\dfrac{2D}{\beta\beta_1{}^2}(1-e^{-\beta t})\\-\dfrac{2D}{\beta\beta_1{}^2}(1-e^{-\beta t})&-\dfrac{2D}{2\lambda_2\beta_1{}^2}(1-e^{2\lambda_2t})\end{pmatrix} \tag{4.5.6}$$

$$\boldsymbol{m}=-\frac{1}{\beta_1}\begin{pmatrix}e^{\lambda_1t}(\lambda_2x_0{}^1-x_0{}^2)\\e^{\lambda_2t}(-\lambda_1x_0{}^1+x_0{}^2)\end{pmatrix} \tag{4.5.7}$$

$$\langle \boldsymbol{x} \rangle = \boldsymbol{C}^{-1}\boldsymbol{m} = -\frac{1}{\beta_1}\begin{pmatrix} 1 & 1 \\ \lambda_1 & \lambda_2 \end{pmatrix}\begin{pmatrix} e^{\lambda_1 t}(\lambda_2 x_0{}^1 - x_0{}^2) \\ e^{\lambda_2 t}(-\lambda_1 x_0{}^1 + x_0{}^2) \end{pmatrix}$$

$$= -\frac{1}{\beta_1}\begin{pmatrix} e^{\lambda_1 t}(\lambda_2 x_0{}^1 - x_0{}^2) + e^{\lambda_2 t}(-\lambda_1 x_0{}^1 + x_0{}^2) \\ \lambda_1 e^{\lambda_1 t}(\lambda_2 x_0{}^1 - x_0{}^2) + \lambda_2 e^{\lambda_2 t}(-\lambda_1 x_0{}^1 + x_0{}^2) \end{pmatrix} \qquad (4.5.8)$$

$$\boldsymbol{R} = -2D\begin{pmatrix} 1 & 1 \\ \lambda_1 & \lambda_2 \end{pmatrix}\begin{pmatrix} \dfrac{1-e^{2\lambda_1 t}}{2\lambda_1\beta_1{}^2} & \dfrac{1-e^{-\beta t}}{\beta\beta_1{}^2} \\ \dfrac{1-e^{-\beta t}}{\beta\beta_1{}^2} & \dfrac{1-e^{2\lambda_2 t}}{2\lambda_2\beta_1{}^2} \end{pmatrix}\begin{pmatrix} 1 & \lambda_1 \\ 1 & \lambda_2 \end{pmatrix}$$

$$= -2D\begin{pmatrix} 1 & 1 \\ \lambda_1 & \lambda_2 \end{pmatrix}\begin{pmatrix} \dfrac{1-e^{2\lambda_1 t}}{2\lambda_1\beta_1{}^2} + \dfrac{1-e^{-\beta t}}{\beta\beta_1{}^2} & \dfrac{1-e^{2\lambda_1 t}}{2\beta_1{}^2} + \lambda_2\dfrac{1-e^{-\beta t}}{\beta\beta_1{}^2} \\ \dfrac{1-e^{-\beta t}}{\beta\beta_1{}^2} + \dfrac{1-e^{2\lambda_2 t}}{2\lambda_2\beta_1{}^2} & \lambda_1\dfrac{1-e^{-\beta t}}{\beta\beta_1{}^2} + \dfrac{1-e^{2\lambda_2 t}}{2\beta_1{}^2} \end{pmatrix}$$

$$= -2D\begin{pmatrix} \dfrac{1-e^{2\lambda_1 t}}{2\lambda_1\beta_1{}^2} + \dfrac{2-2e^{-\beta t}}{\beta\beta_1{}^2} + \dfrac{1-e^{2\lambda_2 t}}{2\lambda_2\beta_1{}^2} & \dfrac{1-e^{2\lambda_1 t}}{2\beta_1{}^2} - \dfrac{1-e^{-\beta t}}{\beta_1{}^2} - \dfrac{1-e^{2\lambda_2 t}}{2\beta_1{}^2} \\ \dfrac{1-e^{2\lambda_1 t}}{2\beta_1{}^2} - \dfrac{1-e^{-\beta t}}{\beta_1{}^2} + \dfrac{1-e^{2\lambda_2 t}}{2\beta_1{}^2} & \dfrac{\lambda_1(1-e^{2\lambda t})}{2\beta_1{}^2} - 2\lambda_1\lambda_2\dfrac{1-e^{-\beta t}}{\beta\beta_1{}^2} - \dfrac{\lambda_2(1-e^{2\lambda_2 t})}{2\beta_1{}^2} \end{pmatrix}$$

$$= \begin{pmatrix} \dfrac{D}{\beta\omega^2}\left\{1-e^{-\beta t}\left(2\dfrac{\beta^2}{\beta_1{}^2}\sinh^2\dfrac{1}{2}\beta_1 t + \dfrac{\beta}{\beta_1}\sinh\beta_1 t + 1\right)\right. & \dfrac{4D}{\beta_1{}^2}e^{-\beta t}\sinh^2\dfrac{1}{2}\beta_1 t \\ \dfrac{4D}{\beta_1{}^2}e^{-\beta t}\sinh^2\dfrac{1}{2}\beta_1 t & \dfrac{D}{\beta}\left\{1-e^{-\beta t}\left(2\dfrac{\beta^2}{\beta_1{}^2}\sinh^2\dfrac{1}{2}\beta_1 t - \dfrac{\beta}{\beta_1}\sinh\beta_1 t + 1\right)\right. \end{pmatrix}$$

$$(4.5.9)$$

という結果が得られる．これは，当然のことながら，§1.7で得られたものと全く一致している．

(4.5.9)から，$t\to\infty$ で

$$\langle X^1 X^2 \rangle \to 0 \qquad (4.5.10)$$

となることがわかる．このことはFokker–Planck方程式を解かなくても，一般化されたEinsteinの関係を使えばすぐにわかる．しかしこれは，(4.5.9)の第2行目から第3行目へ移るところからわかるように，$\lambda_1+\lambda_2=-\beta$ という関係から出てきたもので，今の場合の特殊事情であり，一般に異なる変数の間の相関が $t\to\infty$ で消えることを意味するものではない．たとえば

$$\frac{d^3X}{dt^3}+\alpha\frac{d^2X}{dt^2}+\beta\frac{dX}{dt}+\omega_0{}^2X=P(t) \tag{4.5.11}$$

という Langevin 方程式を考えてみよう．これは

$$\left.\begin{aligned} &X=X^1\\ &dX^1/dt=X^2\\ &dX^2/dt=X^3\\ &dX^3/dt=-\alpha X^3-\beta X^2-\omega_0{}^2X^1+P(t)\end{aligned}\right\} \tag{4.5.12}$$

と書きかえると，Ito 方程式において $\boldsymbol{G}=\boldsymbol{I}$,

$$\boldsymbol{f}(\boldsymbol{X}(t),t)=\begin{pmatrix} X^2\\ X^3\\ -\alpha X^3-\beta X^2-\omega_0{}^2X^1\end{pmatrix}=\begin{pmatrix}0&1&0\\0&0&1\\-\omega_0{}^2&-\beta&-\alpha\end{pmatrix}\begin{pmatrix}X^1\\X^2\\X^3\end{pmatrix}\equiv\boldsymbol{AX} \tag{4.5.13}$$

$$\boldsymbol{D}=\begin{pmatrix}0&0&0\\0&0&0\\0&0&D\end{pmatrix} \tag{4.5.14}$$

とした場合にほかならない．相関係数行列 $\boldsymbol{R}$ の行列要素を $r^{ij}$ と書くと，一般化された Einstein の関係はこの場合

$$\begin{pmatrix}0&1&0\\0&0&1\\-\omega_0{}^2&-\beta&-\alpha\end{pmatrix}\begin{pmatrix}r^{11}&r^{12}&r^{13}\\r^{21}&r^{22}&r^{23}\\r^{31}&r^{32}&r^{33}\end{pmatrix}+\begin{pmatrix}r^{11}&r^{12}&r^{13}\\r^{21}&r^{22}&r^{23}\\r^{31}&r^{32}&r^{33}\end{pmatrix}\begin{pmatrix}0&0&-\omega_0{}^2\\1&0&-\beta\\0&1&-\alpha\end{pmatrix}$$
$$=\begin{pmatrix}0&0&0\\0&0&0\\0&0&-2D\end{pmatrix} \tag{4.5.15}$$

である．左辺を計算すると

$$\begin{pmatrix} r^{21}+r^{12} & r^{22}+r^{13} & r^{23}-\omega_0{}^2r^{11}-\beta r^{12}-\alpha r^{13}\\ r^{31}+r^{22} & r^{32}+r^{23} & r^{33}-\omega_0{}^2r^{21}-\beta r^{22}-\alpha r^{23}\\ -\omega_0{}^2r^{11}-\beta r^{21}-\alpha r^{31}+r^{32} & -\omega_0{}^2r^{12}-\beta r^{22}-\alpha r^{32}+r^{33} & -\omega_0{}^2r^{13}-\beta r^{23}-\alpha r^{33}-\omega_0{}^2r^{31}-\beta r^{32}-\alpha r^{33}\end{pmatrix} \tag{4.5.16}$$

となる．まず左上の4つの要素から

$$r^{21} = -r^{12}, \qquad r^{32} = -r^{23} \tag{4.5.17}$$

$$r^{13} = r^{31} = -r^{22} \tag{4.5.18}$$

という関係が得られる．次に(1,3)要素と(4.5.18)とから

$$r^{32} = -\omega_0{}^2 r^{11} - \beta r^{12} + \alpha r^{22} \tag{4.5.19}$$

(3,1)要素と(4.5.17)および(4.5.18)から

$$r^{32} = \omega_0{}^2 r^{11} - \beta r^{12} - \alpha r^{22} \tag{4.5.20}$$

(2,3)要素と(4.5.17)から

$$r^{33} = (\alpha\beta - \omega_0{}^2) r^{12} + (\beta - \alpha^2) r^{22} + \alpha\omega_0{}^2 r^{11} \tag{4.5.21}$$

(3,2)要素と(4.5.19)から

$$r^{33} = (\omega_0{}^2 - \alpha\beta) r^{12} + (\beta + \alpha^2) r^{22} - \alpha\omega_0{}^2 r^{11} \tag{4.5.22}$$

が得られ，さらに(4.5.19)と(4.5.20)から

$$r^{11} = \alpha r^{22} / \omega_0{}^2 \tag{4.5.23}$$

という関係が，またこれを用いて(4.5.21)と(4.5.22)から

$$2r^{12}(\alpha\beta - \omega_0{}^2) = 0 \tag{4.5.24}$$

という関係が得られる．

(4.5.24)から，$\alpha\beta \neq \omega_0{}^2$ のときは

$$r^{12} = 0 \tag{4.5.25}$$

でなければならないことが結論されるが，パラメーター $\alpha, \beta, \omega_0{}^2$ の間に $\alpha\beta = \omega_0{}^2$ という関係がたまたまあるときだけ $r^{12}$ がそこで不連続的に 0 でない値をとるのは不自然だから，$r^{12}$ はつねに 0 であると考えてよいであろう．したがって(4.5.17)によって

$$r^{21} = 0 \tag{4.5.26}$$

でなければならない．

最後に(4.5.17)，(4.5.19)，(4.5.23)，(4.5.25)から

$$r^{32} = r^{23} = 0 \tag{4.5.27}$$

また(4.5.22)と(4.5.23)から

$$r^{33} = \beta r^{22} \tag{4.5.28}$$

が得られるから，結局すべての相関係数は $r^{22}$ のみによって表わすことができて，行列 $\boldsymbol{R}$ は

$$\boldsymbol{R} = r^{22}\begin{pmatrix} \alpha/{\omega_0}^2 & 0 & -1 \\ 0 & 1 & 0 \\ -1 & 0 & \beta \end{pmatrix} \tag{4.5.29}$$

という形をもたなければならないことがわかる．いまの場合，$\langle X^1X^2\rangle=\langle X^2X^3\rangle=0$ であるが，$\langle X^1X^3\rangle$ は0ではあり得ないのである．

# 第５章　揺動散逸定理

第１章で調和振動子の場合に対して揺動散逸定理を導いたが，この章ではもっと一般の確率過程に対する揺動散逸定理を議論する．まずはじめ§5.1で，必ずしも白色雑音ではないもっと一般な定常確率過程を揺動力としてもつような１階の Langevin 方程式によって記述される確率過程を考え，これの相関関数行列が従う方程式を考察する．以下の節ではこの考察にもとづいて揺動散逸定理を議論してゆく．§5.2では，§4.3で取り扱った Markov 過程すなわち多次元の Ornstein–Uhlenbeck 過程に対して，第１章と同じ形の揺動散逸定理が成り立つことを示す．§5.3では，非 Markov 過程の場合には Markov 過程の場合のように１つの形の揺動散逸定理が包括的に成り立たず，定理はそれぞれの過程の性格に応じて種々の異なる形を持ち得ることを示すとともに，いろいろな可能性のうちの代表的な２つとして，ステップ型揺動散逸定理およびパルス型揺動散逸定理を提出する．

調和振動子の Brown 運動を，２次元の Langevin 方程式で記述される２次元の確率過程と考えれば，当然 Markov 過程に対する揺動散逸定理が成り立つが，２階の Langevin 方程式(4.5.1)で記述される１次元の確率過程と考えたときにも同じ揺動散逸定理が成り立つかどうかはわからない．§5.4では，この場合にはステップ型の揺動散逸定理が成り立つことを示し，そのことと(4.5.1)で記述される過程の非 Markov 性との関連を明らかにする．

§5.5ではもっと一般の非 Markov 過程の例として，余効関数を含む項をもつ Langevin 方程式で記述される過程を考え，これに対する揺動散逸定理について，§5.4と同様な議論を行なう．

§5.6では揺動散逸定理にもとづいて，相関関数行列とスペクトル密度行列の対称性を議論し，§5.7ではこれらの対称性と詳細釣合の条件との間の関係について考察を行なう．

## §5.1　相関関数行列に対する運動方程式

まずはじめに，Langevin 方程式

$$dX(t) = A(t)X(t)dt + dY(t) \tag{5.1.1}$$

によって記述される確率過程を考える．ここで $Y(t)$ は期待値 0 の弱定常確率過程である．

§3.4 で述べたように，(5.1.1) に対応する斉次方程式

$$dX(t) = A(t)X(t)dt \tag{5.1.2}$$

の初期値 $X(t_0)=C$ に対する解は，伝播行列 $\Phi(t, t_0)$ を用いて，

$$X(t) = \Phi(t, t_0)C \tag{5.1.3}$$

と表わされる．(5.1.1) の解が

$$X(t) = \Phi(t, t_0)\left[C + \int_{t_0}^{t} \Phi^{-1}(s, t_0)dY(s)\right] \tag{5.1.4}$$

で与えられることも，§3.4 と同様にして示すことができる．

さて，

$$\Phi(t_2, t_0)C = X(t_2) = \Phi(t_2, t_1)X(t_1) = \Phi(t_2, t_1)\Phi(t_1, t_0)C \tag{5.1.5}$$

であるから，

$$\Phi(t_2, t_0) = \Phi(t_2, t_1)\Phi(t_1, t_0) \tag{5.1.6}$$

という関係が成り立つが，ここで $t_2=t_0$ と置くと，$\Phi(t_2, t_0)=\Phi(t_0, t_0)=I$ であるから，

$$\Phi^{-1}(t_1, t_0) = \Phi(t_0, t_1) \tag{5.1.7}$$

(5.1.6) と (5.1.7) を使うと，(5.1.4) は

$$X(t) = \Phi(t, t_0)C + \int_{t_0}^{t} \Phi(t, s)dY(s) \tag{5.1.8}$$

と書くことができる．

とくに $A(t)$ が定数行列 $A$ である場合には，$\Phi(t, t_0)$ は差 $t-t_0$ だけの関数で，

$$\Phi(t-t_0) = \exp\{(t-t_0)A\} \tag{5.1.9}$$

で与えられる．系が漸近安定ならば，時間が十分たつと，初期条件の影響を表わす (5.1.8) の右辺第 1 項は無視できるくらい小さくなって，過程は

$$X(t) = \int_{-\infty}^{t} \Phi(t-s)dY(s) \tag{5.1.10}$$

で表わされるようになるであろう．このとき過程は定常状態に達しているわけである．以下定常状態に達した過程だけを考える．

変数変換を行なうと，(5. 1. 10) は

$$\boldsymbol{X}(t)=\int_0^\infty \boldsymbol{\Phi}(s)d\boldsymbol{Y}(t-s) \tag{5. 1. 11}$$

と書くことができる．$\boldsymbol{Y}(t)$ が2乗平均微分可能ならば，これをさらに，

$$\boldsymbol{X}(t)=\int_0^\infty \boldsymbol{\Phi}(s)\boldsymbol{Z}(t-s)ds, \qquad \boldsymbol{Z}(t)\equiv\frac{d\boldsymbol{Y}(t)}{dt} \tag{5. 1. 12}$$

と書いてよい．

そこで (5. 1. 12) を用いて，$\boldsymbol{X}(t)$ の相関関数行列 $\boldsymbol{R}^X(t,s)$ を計算してみると，

$$\begin{aligned}\boldsymbol{R}^X(t-s)&=\langle \boldsymbol{X}(t)\boldsymbol{X}^{\mathrm{T}}(s)\rangle\\&=\iint_0^\infty \boldsymbol{\Phi}(u)\boldsymbol{R}^Z(t-u,s-v)\boldsymbol{\Phi}^{\mathrm{T}}(v)dudv\\&=\iint_0^\infty \boldsymbol{\Phi}(u)\boldsymbol{R}^Z(t-s-u+v)\boldsymbol{\Phi}^{\mathrm{T}}(v)dudv\end{aligned} \tag{5. 1. 13}$$

となる．ただし $\boldsymbol{R}^Z(t,s)$ は $\boldsymbol{Z}(t)$ の相関関数行列である．とくに

$$\boldsymbol{R}^X(0)=\iint_0^\infty \boldsymbol{\Phi}(u)(\boldsymbol{R}^Z)^{\mathrm{T}}(u-v)\boldsymbol{\Phi}^{\mathrm{T}}(v)dudv \tag{5. 1. 14}$$

である．(5. 1. 13) から，$\boldsymbol{X}(t)$ は弱定常過程であることがわかる．

受動的な物理系では $t<0$ で $\boldsymbol{\Phi}(t)=0$ であるから，(5. 1. 10) の積分の上限を $+\infty$ としてよい．したがって $\boldsymbol{X}(t)$ と $\boldsymbol{Z}(t)$ の間の相関関数行列 $\boldsymbol{R}^{ZX}(s)$ は

$$\begin{aligned}\boldsymbol{R}^{ZX}(s)&=\langle \boldsymbol{Z}(t)\boldsymbol{X}^{\mathrm{T}}(t+s)\rangle\\&=\left\langle\int_{-\infty}^\infty \boldsymbol{Z}(t)\boldsymbol{Z}^{\mathrm{T}}(t+s-u)\boldsymbol{\Phi}^{\mathrm{T}}(u)du\right\rangle\\&=\int_{-\infty}^\infty \boldsymbol{R}^Z(s-u)\boldsymbol{\Phi}^{\mathrm{T}}(u)du\end{aligned} \tag{5. 1. 15}$$

と表わすことができ，また $\boldsymbol{R}^X(s)$ は

$$\begin{aligned}\boldsymbol{R}^X(s)&=\left\langle\int_{-\infty}^\infty \boldsymbol{\Phi}(u)\boldsymbol{Z}(t-u)\boldsymbol{X}^{\mathrm{T}}(t+s)du\right\rangle\\&=\int_{-\infty}^\infty \boldsymbol{\Phi}(u)\boldsymbol{R}^{ZX}(s+u)du\end{aligned} \tag{5. 1. 16}$$

と書くことができる．

$\boldsymbol{X}(t)$ の弱定常性，および期待値をとる操作と2乗平均極限をとる操作 l. i. m. との可換性を用いると，

$$\frac{d\boldsymbol{R}^X(\tau)}{d\tau} = \left\langle \boldsymbol{X}(t)\frac{d\boldsymbol{X}^{\mathrm{T}}(t+\tau)}{d\tau}\right\rangle$$
$$= \left\langle \boldsymbol{X}(0)\frac{d\boldsymbol{X}^{\mathrm{T}}(\tau)}{d\tau}\right\rangle \qquad (5.1.17)$$

ここで(5.1.1)，(5.1.15)および公式(2.5.15)を使うと，

$$\frac{d\boldsymbol{R}^X(\tau)}{d\tau} = \langle \boldsymbol{X}(0)\{\boldsymbol{X}^{\mathrm{T}}(\tau)\boldsymbol{A}^{\mathrm{T}}+\boldsymbol{Z}^{\mathrm{T}}(\tau)\}\rangle$$
$$= \boldsymbol{R}^X(\tau)\boldsymbol{A}^{\mathrm{T}}+\boldsymbol{R}^{XZ}(\tau)$$
$$= \boldsymbol{R}^X(\tau)\boldsymbol{A}^{\mathrm{T}}+\boldsymbol{R}^{ZX}(-\tau) \qquad (5.1.18\,\mathrm{a})$$
$$= \boldsymbol{R}^X(\tau)\boldsymbol{A}^{\mathrm{T}}+\int_{-\infty}^{\infty}\boldsymbol{R}^Z(-\tau-u)\boldsymbol{\Phi}^{\mathrm{T}}(u)du \qquad (5.1.18\,\mathrm{b})$$

が得られる．

$\boldsymbol{Y}(t)$ が Wiener 過程のときは，微分過程 $\boldsymbol{Z}(t)$ を導入せずに同様な計算を行なうと，

$$d\boldsymbol{R}^X(\tau) = \langle \boldsymbol{X}(0)d\boldsymbol{X}^{\mathrm{T}}(\tau)\rangle$$
$$= \langle \boldsymbol{X}(0)\{\boldsymbol{X}^{\mathrm{T}}(\tau)\boldsymbol{A}^{\mathrm{T}}d\tau+d\boldsymbol{W}(\tau)\}\rangle$$
$$= \boldsymbol{R}^X(\tau)\boldsymbol{A}^{\mathrm{T}}d\tau+\langle \boldsymbol{X}(0)d\boldsymbol{W}(\tau)\rangle \qquad (5.1.19)$$

が得られる．(5.1.10)によって $\boldsymbol{X}(0)$ は

$$\boldsymbol{X}(0) = \int_{-\infty}^{0}\boldsymbol{\Phi}(t-s)d\boldsymbol{W}(s) \qquad (5.1.20)$$

で表わされるから，

$$\langle \boldsymbol{X}(0)d\boldsymbol{W}(\tau)\rangle = \int_{-\infty}^{0}\boldsymbol{\Phi}(t-s)\langle d\boldsymbol{W}(s)d\boldsymbol{W}(\tau)\rangle \qquad (5.1.21)$$

となるが，$s<0$，$\tau>0$ だから，これは0である．したがって

$$\frac{d\boldsymbol{R}^X(\tau)^{\mathrm{T}}}{d\tau} = \boldsymbol{A}\boldsymbol{R}^X(\tau)^{\mathrm{T}} \qquad (5.1.22)$$

すなわち，相関関数行列 $\boldsymbol{R}^X(\tau)^{\mathrm{T}}=\langle \boldsymbol{X}(t+\tau)\boldsymbol{X}^{\mathrm{T}}(t)\rangle$ は，$\tau>0$ で，(5.1.2)と同じ斉次方程式を満たす．

$\boldsymbol{Z}(t)$ を形式的に Wiener 過程の微分過程と考え，$\boldsymbol{R}^Z(\tau)=2\boldsymbol{D}\delta(\tau)$ として，(5.1.18 b)を用いても，$u<0$ で $\boldsymbol{\Phi}^{\mathrm{T}}(u)=0$ であることに注意すると，同じ結果

(5.1.22) が得られる.

$\boldsymbol{Y}(t)$ が Wiener 過程でない場合にも,(5.1.18 b) によって,

$$\boldsymbol{R}^{XZ}(\tau)^{\mathrm{T}} = \boldsymbol{R}^{ZX}(-\tau) = \int_{-\infty}^{\infty} \boldsymbol{R}^{Z}(-\tau-u)\boldsymbol{\Phi}^{\mathrm{T}}(u)du$$

$$= \int_{-\infty}^{\infty} \boldsymbol{\Phi}(u)\boldsymbol{R}^{Z}(u+\tau)^{\mathrm{T}}du = 0 \tag{5.1.23}$$

ならば,やはり (5.1.22) が成り立つ.(5.1.23) は,$\tau>0$ およびすべての $i, j$ に対して

$$\langle X^{i}(t)Z^{j}(t+\tau)\rangle = 0 \tag{5.1.24}$$

であること,すなわち,$\tau>0$ に対して $X^{i}(t)$ と $Z^{j}(t+\tau)$ とが"直交"することを意味する.

## §5.2 Ornstein–Uhlenbeck 過程に対する揺動散逸定理

§4.3 でみたように,Ito 方程式

$$d\boldsymbol{X}(t) = \boldsymbol{A}\boldsymbol{X}(t)dt + d\boldsymbol{W}(t) \tag{5.2.1}$$

で記述される確率過程すなわち Ornstein–Uhlenbeck 過程は Markov 過程である.前節ではさらに,この場合には相関関数行列の転置行列 $\boldsymbol{R}^{\mathrm{T}}(t)=\langle \boldsymbol{X}(t)\boldsymbol{X}^{\mathrm{T}}(0)\rangle$ が,(5.2.1) に対応する斉次方程式を満たすことを見た.すなわち,

$$\frac{d\langle \boldsymbol{X}(t)\boldsymbol{X}^{\mathrm{T}}(0)\rangle}{dt} = \boldsymbol{A}\langle \boldsymbol{X}(t)\boldsymbol{X}^{\mathrm{T}}(0)\rangle \tag{5.2.2}$$

初期条件はいうまでもなく

$$\langle \boldsymbol{X}(0)\boldsymbol{X}^{\mathrm{T}}(0)\rangle = \boldsymbol{R} \tag{5.2.3}$$

である.解は容易に

$$\langle \boldsymbol{X}(t)\boldsymbol{X}^{\mathrm{T}}(0)\rangle = e^{\boldsymbol{A}t}\boldsymbol{R} \tag{5.2.4}$$

と求まる.したがって今の場合伝播行列は

$$\boldsymbol{\Phi}(t-t_0) = e^{\boldsymbol{A}(t-t_0)} \tag{5.2.5}$$

で与えられる.

(5.2.1) の両辺の期待値をとると,

$$\frac{d\langle \boldsymbol{X}(t)\rangle}{dt} = \boldsymbol{A}\langle \boldsymbol{X}(t)\rangle \tag{5.2.6}$$

となる.すなわち,期待値 $\langle \boldsymbol{X}(t)\rangle$ もまた (5.2.1) に対応する斉次方程式を満た

す．(5. 1. 3) と (5. 1. 9) によって，初期値 $\boldsymbol{X}(0)$ に対する (5. 2. 6) の解，すなわち条件つき期待値 $\langle \boldsymbol{X}(t)\rangle_{\boldsymbol{X}(0)}$ は

$$\langle \boldsymbol{X}(t)\rangle_{\boldsymbol{X}(0)} = e^{\boldsymbol{A}t}\boldsymbol{X}(0) \tag{5.2.7}$$

で与えられることになる．

(5. 2. 4) と (5. 2. 7) から，

$$\begin{aligned}\boldsymbol{R}(t) &= \langle \boldsymbol{X}(0)\boldsymbol{X}^{\mathrm{T}}(t)\rangle = \boldsymbol{R}^{\mathrm{T}}e^{\boldsymbol{A}^{\mathrm{T}}t} = \boldsymbol{R}e^{\boldsymbol{A}^{\mathrm{T}}t}\\ &= \langle \boldsymbol{X}(0)\boldsymbol{X}^{\mathrm{T}}(0)\rangle e^{\boldsymbol{A}^{\mathrm{T}}t} = \langle \boldsymbol{X}(0)\{\boldsymbol{X}^{\mathrm{T}}(0)e^{\boldsymbol{A}^{\mathrm{T}}t}\}\rangle\\ &= \langle \boldsymbol{X}(0)\langle \boldsymbol{X}(t)\rangle^{\mathrm{T}}{}_{\boldsymbol{X}(0)}\rangle\end{aligned} \tag{5.2.8}$$

すなわち，$W(\boldsymbol{x}_0)$ を定常状態における変数 $\boldsymbol{X}(t)$ の確率密度とすると，

$$\langle \boldsymbol{X}(0)\boldsymbol{X}^{\mathrm{T}}(t)\rangle = \int \boldsymbol{x}_0 W(\boldsymbol{x}_0)d\boldsymbol{x}_0\langle \boldsymbol{X}^{\mathrm{T}}(t)\rangle_{\boldsymbol{x}_0} \tag{5.2.9}$$

という関係式が得られる．これは実は，いま考えている過程が Markov 過程であって，$t>0$ における過程が $t=0$ での $\boldsymbol{X}(t)$ の値 $\boldsymbol{x}_0$ のみによってきまることを考えれば，直ちに書き下ろすことのできる関係だが，あとでの議論のためにわざと回り道をして導いたのである．

さて，(5. 2. 4) を使って，確率過程 $\boldsymbol{X}(t)$ のスペクトル密度行列 $\boldsymbol{G}(\omega)$ を求めてみよう．

$$\boldsymbol{G}_+(\omega) \equiv \frac{1}{2\pi}\int_0^\infty e^{-i\omega t}\langle \boldsymbol{X}(t)\boldsymbol{X}^{\mathrm{T}}(0)\rangle dt \tag{5.2.10 a}$$

$$\begin{aligned}\boldsymbol{G}_-(\omega) &\equiv \frac{1}{2\pi}\int_{-\infty}^0 e^{-i\omega t}\langle \boldsymbol{X}(t)\boldsymbol{X}^{\mathrm{T}}(0)\rangle dt\\ &= \frac{1}{2\pi}\int_0^\infty e^{i\omega t}\langle \boldsymbol{X}(0)\boldsymbol{X}^{\mathrm{T}}(t)\rangle dt = \boldsymbol{G}_+{}^{\dagger}(\omega)\end{aligned} \tag{5.2.10 b}$$

と置くと，定義 (2. 5. 13) によって，

$$\boldsymbol{G}(\omega) = \boldsymbol{G}_+(\omega)+\boldsymbol{G}_-(\omega) \tag{5.2.11}$$

である．(5. 2. 10 a) に (5. 2. 4) を入れると，

$$\begin{aligned}\boldsymbol{G}_+(\omega) &= \frac{1}{2\pi}\int_0^\infty e^{(\boldsymbol{A}-i\omega)t}\boldsymbol{R}dt\\ &= \frac{1}{2\pi}(i\omega-\boldsymbol{A})^{-1}\boldsymbol{R}\end{aligned} \tag{5.2.12}$$

となる．したがって

$$\boldsymbol{G}_{-}(\omega)=\frac{1}{2\pi}\boldsymbol{R}(-i\omega-\boldsymbol{A}^{\mathrm{T}})^{-1} \tag{5.2.13}$$

だから，スペクトル密度行列は

$$\boldsymbol{G}(\omega)=\frac{1}{2\pi}[(i\omega-\boldsymbol{A})^{-1}\boldsymbol{R}+\boldsymbol{R}(-i\omega-\boldsymbol{A}^{\mathrm{T}})^{-1}] \tag{5.2.14}$$

と得られる.

いま考えている系の周波数応答とアドミッタンスはそれぞれ

$$\boldsymbol{S}(\omega)=(i\omega-\boldsymbol{A})^{-1} \tag{5.2.15 a}$$

$$\boldsymbol{Y}(\omega)=i\omega(i\omega-\boldsymbol{A})^{-1} \tag{5.2.15 b}$$

である．これらを用いると，(5.2.14) は次のように書きかえられる:

$$\begin{aligned}\omega^2\boldsymbol{G}(\omega)&=\frac{1}{2\pi}[i\omega(i\omega-\boldsymbol{A})^{-1}(i\omega-\boldsymbol{A}-i\omega)\boldsymbol{R}\\&\quad+\boldsymbol{R}(-\boldsymbol{A}^{\mathrm{T}}-i\omega+i\omega)(-i\omega)(-i\omega-\boldsymbol{A}^{\mathrm{T}})^{-1}]\\&=\frac{1}{2\pi}[i\omega(i\omega-\boldsymbol{A})^{-1}(-\boldsymbol{A})\boldsymbol{R}+\boldsymbol{R}(-\boldsymbol{A}^{\mathrm{T}})(-i\omega)(-i\omega-\boldsymbol{A}^{\mathrm{T}})^{-1}]\\&=\frac{1}{2\pi}[\boldsymbol{Y}(\omega)\boldsymbol{S}^{-1}(0)\boldsymbol{R}+\boldsymbol{R}\boldsymbol{S}^{\dagger-1}(0)\boldsymbol{Y}^{\dagger}(\omega)]\end{aligned} \tag{5.2.16}$$

$\boldsymbol{A}=-k\boldsymbol{L}\boldsymbol{R}^{-1}=-\boldsymbol{L}\boldsymbol{s}$, $\boldsymbol{F}(t)=T\boldsymbol{L}^{-1}\boldsymbol{P}(t)\equiv T\boldsymbol{L}^{-1}d\boldsymbol{W}(t)/dt$ と置いて，Onsager-Machlup 系

$$\boldsymbol{L}^{-1}\frac{d\boldsymbol{X}(t)}{dt}+\boldsymbol{s}\boldsymbol{X}(t)=\frac{\boldsymbol{F}(t)}{T} \tag{5.2.17}$$

へ移ると，アドミッタンスは

$$\begin{aligned}\boldsymbol{Y}_{\mathrm{OM}}(\omega)&=\left[\boldsymbol{L}^{-1}+\frac{\boldsymbol{s}}{i\omega}\right]^{-1}\Big/T\\&=-i\omega\boldsymbol{A}(i\omega-\boldsymbol{A})^{-1}\boldsymbol{s}^{-1}/T\\&=i\omega\boldsymbol{S}(\omega)\boldsymbol{R}^{-1}(0)\boldsymbol{R}/kT\end{aligned} \tag{5.2.18}$$

となる．これを使うと，(5.2.12) と (5.2.13) は，それぞれ

$$\begin{aligned}\omega^2\boldsymbol{G}_{+}(\omega)&=-(i\omega)^2(i\omega-\boldsymbol{A})^{-1}k\boldsymbol{s}^{-1}/2\pi\\&=(-i\omega)(i\omega-\boldsymbol{A}+\boldsymbol{A})(i\omega-\boldsymbol{A})^{-1}k\boldsymbol{s}^{-1}/2\pi\\&=-i\omega k\boldsymbol{s}^{-1}/2\pi-i\omega\boldsymbol{A}(i\omega-\boldsymbol{A})^{-1}k\boldsymbol{s}^{-1}/2\pi\\&=-i\omega k\boldsymbol{s}^{-1}/2\pi+\boldsymbol{Y}_{\mathrm{OM}}(\omega)kT/2\pi\end{aligned} \tag{5.2.19}$$

および

$$\omega^2 \boldsymbol{G}_{-}(\omega) = i\omega k \boldsymbol{s}^{-1}/2\pi + \boldsymbol{Y}_{\mathrm{OM}}{}^{\dagger}(\omega) kT/2\pi \tag{5.2.20}$$

と書けるから，スペクトル密度は

$$\omega^2 G(\omega) = \frac{kT}{2\pi}\left[\boldsymbol{Y}_{\mathrm{OM}}(\omega) + \boldsymbol{Y}_{\mathrm{OM}}{}^{\dagger}(\omega)\right] \tag{5.2.21}$$

という形になる．この形は第1章で導いた第1揺動散逸定理(1.8.20)とちょうど一致している．

Onsager–Machlup 系の周波数応答は

$$\boldsymbol{S}_{\mathrm{OM}}(\omega) = \frac{1}{i\omega}\left[\boldsymbol{L}^{-1} + \frac{\boldsymbol{s}}{i\omega}\right]^{-1} \Big/ T \tag{5.2.22}$$

であるから，単位の大きさの外力 $\boldsymbol{F}_i(t) = \boldsymbol{e}_i \equiv (\underbrace{0, 0, \cdots, 1, 0}_{i})^{\mathrm{T}}$ に対する応答は

$$\boldsymbol{S}_{\mathrm{OM}}(0)\boldsymbol{e}_i = \frac{\boldsymbol{s}^{-1}\boldsymbol{e}_i}{T} = \frac{\boldsymbol{R}\boldsymbol{e}_i}{kT} \tag{5.2.23}$$

であり，したがって

$$\boldsymbol{F}_i(t) = \begin{cases} \boldsymbol{e}_i & (t<0) \\ 0 & (t>0) \end{cases} \tag{5.2.24}$$

に対する応答は

$$\boldsymbol{u}_i(t) = \frac{e^{\boldsymbol{A}t}}{kT}\boldsymbol{R}\boldsymbol{e}_i \tag{5.2.25}$$

である．ところが(5.2.4)によると

$$\boldsymbol{R}^{\mathrm{T}}(t) = e^{\boldsymbol{A}t}\boldsymbol{R} \tag{5.2.26}$$

であるから，

$$\boldsymbol{R}^{\mathrm{T}}(t) = kT\boldsymbol{U}(t), \qquad \boldsymbol{U}(t) = (\boldsymbol{u}_1(t), \boldsymbol{u}_2(t), \cdots, \boldsymbol{u}_n(t)) \tag{5.2.27}$$

という関係が成り立つ．これは第1章で揺動散逸定理を導くときの出発点とした(1.8.9)を一般化したものにほかならない．

(5.2.16)は Ito 方程式を Onsager–Machlup 系に書きかえずにそのまま取り扱う場合に対する第1揺動散逸定理の表現とみることができる．

$\boldsymbol{L} = \boldsymbol{L}^{\mathrm{T}}$ であるとき，すなわち Onsager の相反性が成り立っているときは，

$$\boldsymbol{Y}_{\mathrm{OM}}(\omega) = \boldsymbol{Y}_{\mathrm{OM}}{}^{\mathrm{T}}(\omega) \tag{5.2.28}$$

したがって

$$\boldsymbol{Y}_{\mathrm{OM}}{}^{\dagger}(\omega) = \boldsymbol{Y}_{\mathrm{OM}}{}^{*}(\omega) \tag{5.2.29}$$

であるから，第1揺動散逸定理は

$$\omega^2 \boldsymbol{G}(\omega) = \frac{kT}{\pi} \mathrm{Re}\, \boldsymbol{Y}_{\mathrm{OM}}(\omega) \tag{5.2.30}$$

となる．

次に揺動力 $\boldsymbol{F}(t)$ のスペクトル密度 $\boldsymbol{G}_F(\omega)$ を求めよう．§2.5 で述べたように，

$$\boldsymbol{F}_T(\omega) = \frac{1}{\sqrt{2\pi}} \int_{-T}^{T} e^{-i\omega t} \boldsymbol{F}(t) dt \tag{5.2.31}$$

という関数を導入すると，$\boldsymbol{G}_F(\omega)$ は

$$\boldsymbol{G}_F(\omega) = \lim_{T\to\infty} \frac{\langle \boldsymbol{F}_T(\omega) \boldsymbol{F}_T{}^{\dagger}(\omega) \rangle}{2T} \tag{5.2.32}$$

で与えられる．すなわち

$$\begin{aligned} \boldsymbol{G}_F(\omega) &= \lim_{T\to\infty} \frac{\omega^2 \boldsymbol{Z}_{\mathrm{OM}}(\omega) \langle \boldsymbol{X}_T(\omega) \boldsymbol{X}_T{}^{\dagger}(\omega) \rangle \boldsymbol{Z}_{\mathrm{OM}}{}^{\dagger}(\omega)}{2T} \\ &= \omega^2 \boldsymbol{Z}_{\mathrm{OM}}(\omega) \boldsymbol{G}(\omega) \boldsymbol{Z}_{\mathrm{OM}}{}^{\dagger}(\omega) \\ &= \omega^2 \boldsymbol{Y}_{\mathrm{OM}}{}^{-1}(\omega) \boldsymbol{G}(\omega) \boldsymbol{Y}_{\mathrm{OM}}{}^{-1\dagger}(\omega) \end{aligned} \tag{5.2.33}$$

ただしここで(2.5.10)を使った．したがって(5.2.21)によって $\boldsymbol{G}_F(\omega)$ が，

$$\boldsymbol{G}_F(\omega) = \frac{kT}{2\pi} [\boldsymbol{Z}_{\mathrm{OM}}(\omega) + \boldsymbol{Z}_{\mathrm{OM}}{}^{\dagger}(\omega)] \tag{5.2.34}$$

と得られる．これは(1.8.27)を一般化したもの，すなわち第2揺動散逸定理にほかならない．

Onsager の相反性が成り立つ場合には，第2揺動散逸定理は

$$\boldsymbol{G}_F(\omega) = \frac{kT}{\pi} \mathrm{Re}\, \boldsymbol{Z}_{\mathrm{OM}}(\omega) \tag{5.2.35}$$

となる．

いまの場合，インピーダンスは

$$\boldsymbol{Z}_{\mathrm{OM}}(\omega) = \boldsymbol{Y}_{\mathrm{OM}}{}^{-1}(\omega) = T\left(\boldsymbol{L}^{-1} + \frac{\boldsymbol{s}}{i\omega}\right) \tag{5.2.36}$$

で与えられるから，(5.2.34)は

$$\boldsymbol{G}_F(\omega) = \frac{kT^2}{2\pi} (\boldsymbol{L}^{-1} + \boldsymbol{L}^{-1\mathrm{T}}) \tag{5.2.37}$$

となる．Wiener-Khintchine の関係によって，これは，

$$\langle \boldsymbol{F}(t) \boldsymbol{F}^{\mathrm{T}}(0) \rangle = kT^2 (\boldsymbol{L}^{-1} + \boldsymbol{L}^{-1\mathrm{T}}) \delta(t) \tag{5.2.38}$$

であることを意味する．$\boldsymbol{F}(t)=T\boldsymbol{L}^{-1}\boldsymbol{P}(t)$ だから，これから

$$\begin{aligned}\langle\boldsymbol{P}(t)\boldsymbol{P}^{\mathrm{T}}(0)\rangle &= \frac{1}{T^2}\boldsymbol{L}\langle\boldsymbol{F}(t)\boldsymbol{F}^{\mathrm{T}}(0)\rangle\boldsymbol{L}^{\mathrm{T}} \\ &= k(\boldsymbol{L}+\boldsymbol{L}^{\mathrm{T}})\delta(t) \end{aligned} \tag{5.2.39}$$

が出るが，$\boldsymbol{P}(t)$ は白色雑音であるから，これは $2\boldsymbol{D}\delta(t)$ に等しいはずである．したがって，

$$k(\boldsymbol{L}+\boldsymbol{L}^{\mathrm{T}}) = 2\boldsymbol{D} \tag{5.2.40}$$

これは Onsager–Machlup 系に対する一般化された Einstein の関係にほかならない．$\boldsymbol{L}=-\boldsymbol{AR}/k$ を入れると，(5.2.40) は

$$\boldsymbol{AR}+\boldsymbol{RA}^{\mathrm{T}} = -2\boldsymbol{D} \tag{5.2.41}$$

となる．これは一般化された Einstein の関係そのものである．

(5.2.34) のかわりに (5.2.35) を用いると，

$$\boldsymbol{G}_F(\omega) = \frac{kT^2}{\pi}\boldsymbol{L}^{-1} \tag{5.2.42}$$

すなわち

$$\langle\boldsymbol{F}(t)\boldsymbol{F}^{\mathrm{T}}(0)\rangle = 2kT^2\boldsymbol{L}^{-1}\delta(t) \tag{5.2.43}$$

あるいは

$$\langle\boldsymbol{P}(t)\boldsymbol{P}^{\mathrm{T}}(0)\rangle = 2k\boldsymbol{L}\delta(t) \tag{5.2.44}$$

が得られる．これは

$$\boldsymbol{D} = k\boldsymbol{L} \tag{5.2.45}$$

であることを意味する．これは Onsager の相反性が成り立つ場合の Einstein の関係である．

第1章では，Einstein の関係を使ってまず (1.8.9) を導き，これから揺動散逸定理を導いたが，今の場合は逆に，揺動散逸定理から一般化された Einstein の関係が導かれたのである．

(5.2.39) は，現象論的係数行列 $\boldsymbol{L}$ の対称部分がゆらぎ，したがってエネルギーの散逸と結びついていることを意味している．とくに $\boldsymbol{R}=\boldsymbol{I}$ となるように変数をとれば，$\boldsymbol{A}$ 自身の対称部分がエネルギーの散逸を与えることになる．

(5.2.16) の形の第1揺動散逸定理に対応する第2揺動散逸定理，すなわち (5.2.1) を

$$\frac{dX}{dt} - \boldsymbol{A}\boldsymbol{X} = \boldsymbol{P}(t) \tag{5.2.46}$$

と書いたときの，揺動力 $\boldsymbol{P}(t)$ のスペクトル密度 $\boldsymbol{G}_P(\omega)$ に対する表式は，(5.2.33) と同様にして，容易に求められる：

$$\begin{aligned} \boldsymbol{G}_P(\omega) &= \omega^2 \boldsymbol{Y}^{-1}(\omega)\boldsymbol{G}(\omega)\boldsymbol{Y}^{-1\dagger}(\omega) \\ &= \frac{1}{2\pi}[\boldsymbol{S}^{-1}(0)\boldsymbol{R}\boldsymbol{Z}^{\dagger}(\omega)+\boldsymbol{Z}(\omega)\boldsymbol{R}\boldsymbol{S}^{\dagger-1}(0)] \end{aligned} \tag{5.2.47}$$

今の場合

$$\boldsymbol{Z}(\omega) = \frac{i\omega - \boldsymbol{A}}{i\omega} \tag{5.2.48}$$

$$\boldsymbol{S}^{-1}(0) = -\boldsymbol{A} \tag{5.2.49}$$

であるから，(5.2.47) は

$$\frac{\boldsymbol{D}}{\pi} = \boldsymbol{G}_P(\omega) = -\frac{1}{2\pi}(\boldsymbol{A}\boldsymbol{R}+\boldsymbol{R}\boldsymbol{A}^{\dagger}) \tag{5.2.50}$$

となって，ふたたび一般化された Einstein の関係を与える．

最後に，揺動散逸定理も，一般化された Einstein の関係と同じく，(4.4.4) という変数変換に関して不変であることを注意しておく．

## §5.3 非 Markov 過程に対する揺動散逸定理

$\mathscr{L}$ を時間不変な線形演算子，$\boldsymbol{Y}(t)$ を期待値 0 の定常な確率過程とし，$\boldsymbol{Y}(t)$ を揺動力として持つ Langevin 方程式

$$\mathscr{L}\boldsymbol{X}(t) = \boldsymbol{Y}(t) \tag{5.3.1}$$

で記述される確率過程を考える．この過程はもちろん一般には Markov ではない．

前章で述べた Markov 過程に対する揺動散逸定理は，相関関数行列 $\boldsymbol{R}(t)$ に対する表式 (5.2.4) から導かれたものであるが，$\boldsymbol{R}(t)$ の時間依存性が条件つき期待値 $\langle \boldsymbol{X}(t)\rangle_{x_0}$ のそれと同じであることを表わす (5.2.8) という関係の別の表現であると見ることもできる．非 Markov 過程では，$t>0$ における確率過程の推移が，$t=0$ においてそれがとった値だけからはきまらないし，期待値 $\langle \boldsymbol{X}(t)\rangle$ も初期値 $\boldsymbol{x}_0$ を与えただけでは求まらないから，(5.2.8) のような関係を書き下ろすことは，少なくとも一般にはできない．したがって，Markov 過程に対する

揺動散逸定理と同じ形の定理は一般には成り立たない．しかし，非 Markov 過程の場合でも，$t<0$ で適当な履歴を与えたとき，または $t>0$ で 0 になる適当な外力 $\boldsymbol{f}(t)$ を系に加えたときの，$t>0$ における期待値 $\langle \boldsymbol{X}(t) \rangle$ を，初期条件 $\boldsymbol{x}_0$ を与えたときの期待値 $\langle \boldsymbol{X}(t) \rangle_{\boldsymbol{x}_0}$ のかわりに用いてやれば，$\boldsymbol{R}(t)$ がやはり (5.2.8) で与えられる，ということはあるだろう．期待値 $\langle \boldsymbol{X}(t) \rangle$ は方程式

$$\mathscr{L}\langle \boldsymbol{X}(t) \rangle = \boldsymbol{f}(t) \tag{5.3.2}$$

に従うから，これを系のアドミッタンスまたは周波数応答で表わすことはつねにできる．したがってこのときには $\boldsymbol{R}(t)$ のスペクトル密度をアドミッタンスまたは周波数応答で書き表わすことができるはずである．これがこの場合の揺動散逸定理にほかならない．

逆に，$\boldsymbol{R}(t)$ が，与えられた外力を $t<0$ で系に加えたときの $t>0$ における期待値 $\langle \boldsymbol{X}(t) \rangle$ を $\langle \boldsymbol{X}(t) \rangle_{\boldsymbol{x}_0}$ のかわりに (5.2.8) に入れた式で与えられることを要請すれば，揺動散逸定理の形がきまり，それから揺動力がどんなスペクトル密度をもたなければならないかが決まるはずである．

そこでまず，そのような外力として，ステップ型の力

$$\boldsymbol{f}(t) = \begin{cases} \varDelta \boldsymbol{f} & (t<0) \\ 0 & (t>0) \end{cases} \tag{5.3.3}$$

を仮定してみよう．これに対する期待値の応答は

$$\langle \boldsymbol{X}(t) \rangle = \lim_{\varepsilon \to 0} \frac{1}{2\pi} \int \boldsymbol{S}(\omega) \varDelta \boldsymbol{f} \frac{i}{\omega + i\varepsilon} e^{i\omega t} d\omega \tag{5.3.4}$$

である．一定の力 $\boldsymbol{f}(t) = \varDelta \boldsymbol{f}$ に対する応答 $\boldsymbol{X}(0)$ は

$$\boldsymbol{X}(0) = \boldsymbol{S}(0) \varDelta \boldsymbol{f} \tag{5.3.5}$$

だから，(5.3.4) は

$$\langle \boldsymbol{X}(t) \rangle = \lim_{\varepsilon \to 0} \frac{1}{2\pi} \int \boldsymbol{S}(\omega) \boldsymbol{S}^{-1}(0) \frac{i}{\omega + i\varepsilon} e^{i\omega t} d\omega \boldsymbol{X}(0) \tag{5.3.6}$$

と書くことができる．

応答 $\langle \boldsymbol{X}(t) \rangle$ は $t<0$ で一定値 $\boldsymbol{X}(0)$ をもつが，この分を引き去って $t<0$ で 0 になるようにした応答を $\langle \boldsymbol{X}(t) \rangle_0$ と書くと，

$$\langle \boldsymbol{X}(t) \rangle_0 = \lim_{\varepsilon \to 0} \frac{1}{2\pi} \int \boldsymbol{S}(\omega) \boldsymbol{S}^{-1}(0) \frac{i}{\omega + i\varepsilon} e^{i\omega t} d\omega \boldsymbol{X}(0)$$

$$-\lim_{\varepsilon\to 0}\frac{1}{2\pi}\int\frac{i}{\omega+i\varepsilon}\boldsymbol{X}(0)e^{i\omega t}d\omega \tag{5.3.7}$$

したがって，仮定によって，相関関数行列は

$$\begin{aligned}\boldsymbol{R}^{\mathrm{T}}(t) &= \langle\langle \boldsymbol{X}(t)\rangle_0 \boldsymbol{X}^{\mathrm{T}}(0)\rangle \\ &= \lim_{\varepsilon\to 0}\frac{1}{2\pi}\int \boldsymbol{S}(\omega)\boldsymbol{S}^{-1}(0)\frac{i}{\omega+i\varepsilon}\boldsymbol{R}e^{i\omega t}d\omega-\lim_{\varepsilon\to 0}\frac{1}{2\pi}\int\frac{i}{\omega+i\varepsilon}\boldsymbol{R}e^{i\omega t}d\omega \\ &= \lim_{\varepsilon\to 0}\frac{1}{2\pi}\int\frac{i}{\omega+i\varepsilon}[\boldsymbol{S}(\omega)\boldsymbol{S}^{-1}(0)-\boldsymbol{I}]\boldsymbol{R}e^{i\omega t}d\omega \end{aligned}\tag{5.3.8}$$

したがって

$$\boldsymbol{G}_{+}(\omega) = \frac{i}{2\pi\omega}[\boldsymbol{S}(\omega)\boldsymbol{S}^{-1}(0)-\boldsymbol{I}]\boldsymbol{R} \tag{5.3.9}$$

となる．ゆえに

$$\boldsymbol{G}(\omega) = \frac{1}{2\pi\omega^2}[\boldsymbol{Y}(\omega)\boldsymbol{S}^{-1}(0)\boldsymbol{R}+\boldsymbol{R}\boldsymbol{S}^{\dagger-1}(0)\boldsymbol{Y}^{\dagger}(\omega)] \tag{5.3.10}$$

これが今の場合の第1揺動散逸定理である．これを**ステップ型第1揺動散逸定理**とよぶことにしよう．

(5.3.10) は (5.2.16) と一致しているが，このことは，Markov 過程においては上の仮定，すなわち外力 (5.3.3) に対する応答の $t>0$ における時間変化と相関関数の $t>0$ における時間変化とが一致するという仮定が成り立つことを意味する．いいかえれば，Markov 過程に対する揺動散逸定理はステップ型の揺動散逸定理であると考えることができるのである．

(5.3.10) が成り立つときには，揺動力のスペクトル密度は，前と同様にして，

$$\begin{aligned}\boldsymbol{G}_{Y}(\omega) &= \omega^2\boldsymbol{Y}^{-1}(\omega)\boldsymbol{G}(\omega)\boldsymbol{Y}^{-1\dagger}(\omega) \\ &= \frac{1}{2\pi}[\boldsymbol{S}^{-1}(0)\boldsymbol{R}\boldsymbol{Z}^{\dagger}(\omega)+\boldsymbol{Z}(\omega)\boldsymbol{R}\boldsymbol{S}^{\dagger-1}(0)]\end{aligned} \tag{5.3.11}$$

で与えられる．これが**ステップ型第2揺動散逸定理**である．

とくに $\boldsymbol{S}(\omega)$ が

$$\boldsymbol{S}(\omega) = (i\omega-\boldsymbol{A}(\omega))^{-1} \tag{5.3.12}$$

という形を持つときは，

$$\boldsymbol{S}^{-1}(0) = -\boldsymbol{A}(0) \tag{5.3.13}$$

であって，(5.3.11) は

$$\boldsymbol{G}_Y(\omega)=\frac{1}{2\pi}\left[-\boldsymbol{A}(0)\boldsymbol{R}-\boldsymbol{R}\boldsymbol{A}^\dagger(0)-\frac{1}{i\omega}\boldsymbol{A}(0)\boldsymbol{R}\boldsymbol{A}^\dagger(\omega)+\frac{1}{i\omega}\boldsymbol{A}(\omega)\boldsymbol{R}\boldsymbol{A}^\dagger(0)\right] \tag{5.3.14}$$

と書くことができる．

次に，外力としてパルス型の力

$$\boldsymbol{f}(t)=\Delta\boldsymbol{f}\delta(t) \tag{5.3.15}$$

を仮定してみる．これに対する期待値の応答は

$$\langle\boldsymbol{X}(t)\rangle=\frac{1}{2\pi}\int\boldsymbol{S}(\omega)e^{i\omega t}d\omega\Delta\boldsymbol{f} \tag{5.3.16}$$

である．$t=0$ と置くと

$$\boldsymbol{X}(0)=\frac{1}{2\pi}\int\boldsymbol{S}(\omega)d\omega\Delta\boldsymbol{f} \tag{5.3.17}$$

だから，

$$\frac{1}{2\pi}\int\boldsymbol{S}(\omega)d\omega\equiv\boldsymbol{Q}^{-1} \tag{5.3.18}$$

と置くと，

$$\Delta\boldsymbol{f}=\boldsymbol{Q}\boldsymbol{X}(0) \tag{5.3.19}$$

である．

(5.3.16) と (5.3.19) を用い，前と同様に $\boldsymbol{R}^{\mathrm{T}}(t)=\langle\langle\boldsymbol{X}(t)\rangle\boldsymbol{X}^{\mathrm{T}}(0)\rangle$ を仮定すると，相関関数行列が

$$\langle\boldsymbol{X}(t)\boldsymbol{X}^{\mathrm{T}}(0)\rangle=\frac{1}{2\pi}\int\boldsymbol{S}(\omega)\boldsymbol{Q}\boldsymbol{R}e^{i\omega t}d\omega \tag{5.3.20}$$

と得られる．これから

$$\boldsymbol{G}_+(\omega)=\frac{1}{2\pi}\boldsymbol{S}(\omega)\boldsymbol{Q}\boldsymbol{R},\qquad \boldsymbol{G}_-(\omega)=\frac{1}{2\pi}\boldsymbol{R}\boldsymbol{Q}^\dagger\boldsymbol{S}^\dagger(\omega) \tag{5.3.21}$$

したがって

$$\begin{aligned}\boldsymbol{G}(\omega)&=\frac{1}{2\pi}[\boldsymbol{S}(\omega)\boldsymbol{Q}\boldsymbol{R}+\boldsymbol{R}\boldsymbol{Q}^\dagger\boldsymbol{S}^\dagger(\omega)]\\&=\frac{1}{2\pi i\omega}[\boldsymbol{Y}(\omega)\boldsymbol{Q}\boldsymbol{R}-\boldsymbol{R}\boldsymbol{Q}^\dagger\boldsymbol{Y}^\dagger(\omega)]\end{aligned} \tag{5.3.22}$$

という揺動散逸定理が得られる．これを**パルス型第1揺動散逸定理**とよぶことにしよう．

**パルス型第2揺動散逸定理**はこれから

$$\boldsymbol{G}_Y(\omega) = \frac{\omega}{2\pi i}\left[\boldsymbol{QRZ}^{\dagger}(\omega) - \boldsymbol{Z}(\omega)\boldsymbol{RQ}^{\dagger}\right] \tag{5.3.23}$$

と導かれる．

とくに周波数応答が(5.3.12)という形をもつときには，(5.3.22)および(5.3.23)は，それぞれ

$$\boldsymbol{G}(\omega) = \frac{1}{2\pi}\left[(i\omega - \boldsymbol{A}(\omega))^{-1}\boldsymbol{QR} + \boldsymbol{RQ}^{\dagger}(-i\omega - \boldsymbol{A}^{\dagger}(\omega))^{-1}\right] \tag{5.3.24}$$

および

$$\begin{aligned}\boldsymbol{G}_Y(\omega) &= \frac{\omega}{2\pi i}\left[\boldsymbol{QR}\left(\boldsymbol{I} + \frac{1}{i\omega}\boldsymbol{A}^{\dagger}(\omega)\right) - \left(-\frac{1}{i\omega}\boldsymbol{A}(\omega) + \boldsymbol{I}\right)\boldsymbol{RQ}^{\dagger}\right] \\ &= -\frac{1}{2\pi}\left[\boldsymbol{QRA}^{\dagger}(\omega) + \boldsymbol{A}(\omega)\boldsymbol{RQ}^{\dagger}\right]\end{aligned} \tag{5.3.25}$$

となる．

ステップ型第1揺動散逸定理(5.3.10)は，$\boldsymbol{S}(\omega) = (i\omega - \boldsymbol{A})^{-1}$ の場合，すなわち Markov 過程の場合には，恒等式

$$\begin{aligned}(i\omega - \boldsymbol{A})^{-1}\boldsymbol{A} &= (i\omega - \boldsymbol{A})^{-1}(i\omega - i\omega + \boldsymbol{A}) \\ &= i\omega(i\omega - \boldsymbol{A})^{-1} - \boldsymbol{I}\end{aligned} \tag{5.3.26}$$

によって

$$\begin{aligned}\boldsymbol{G}(\omega) &= -\frac{i}{2\pi\omega}\left[(i\omega - \boldsymbol{A})^{-1}\boldsymbol{AR} - \boldsymbol{RA}^{\dagger}(-i\omega - \boldsymbol{A}^{\dagger})^{-1}\right] \\ &= \frac{1}{2\pi i\omega}\left[\boldsymbol{Y}(\omega)\boldsymbol{R} - \boldsymbol{RY}^{\dagger}(\omega)\right]\end{aligned} \tag{5.3.27}$$

となる．ところがこの場合には，方程式

$$\frac{d\boldsymbol{X}(t)}{dt} = \boldsymbol{AX}(t) + \Delta\boldsymbol{f}\delta(t) \tag{5.3.28}$$

の両辺を区間 $[-\varepsilon, +\varepsilon]$ の上で積分すると，

$$\boldsymbol{X}(\varepsilon) - \boldsymbol{X}(-\varepsilon) = 2\varepsilon\boldsymbol{AX}(0) + \Delta\boldsymbol{f} \tag{5.3.29}$$

$\varepsilon \to 0$ の極限をとると，

$$\boldsymbol{X}(0) = \Delta\boldsymbol{f} \tag{5.3.30}$$

したがって(5.3.18)によって，

$$\boldsymbol{Q} = \boldsymbol{I} \tag{5.3.31}$$

であり，(5. 3. 27) と (5. 3. 22) とは一致する．すなわち，Markov 過程の場合には，ステップ型の揺動散逸定理とパルス型の揺動散逸定理とは実は互いに一致するのである．

## §5.4　調和振動子に対する揺動散逸定理

§1.7 および §4.5 で考察した調和振動子の Brown 運動，すなわち Langevin 方程式

$$\frac{d^2X}{dt^2}+\beta\frac{dX}{dt}+\omega_0{}^2X=P(t) \tag{5.4.1}$$

で記述される確率過程を，ふたたび考えよう．§4.5 のはじめに注意したように，(5. 4. 1) は

$$\frac{d\boldsymbol{X}}{dt}=\boldsymbol{A}\boldsymbol{X}+\boldsymbol{P}(t) \tag{5.4.2}$$

という形に書くことができる．ただし

$$\boldsymbol{A}=\begin{pmatrix}0 & 1\\ -\omega_0{}^2 & -\beta\end{pmatrix},\qquad \boldsymbol{X}=\begin{pmatrix}X^1\\ X^2\end{pmatrix},\qquad \boldsymbol{P}(t)=\begin{pmatrix}0\\ P(t)\end{pmatrix} \tag{5.4.3}$$

である．$X^1$ は粒子の位置，$X^2$ はその速度という意味をもつから，ここでは $X^1\equiv X$, $X^2\equiv U$ と書くことにしよう．

相関行列

$$\boldsymbol{R}=\begin{pmatrix}\langle X^2\rangle & \langle XU\rangle\\ \langle UX\rangle & \langle U^2\rangle\end{pmatrix} \tag{5.4.4}$$

の行列要素は，§1.7 および §4.5 で計算したとおり，

$$\langle X^2\rangle=D/\beta\omega_0{}^2,\qquad \langle U^2\rangle=D/\beta,\qquad \langle XU\rangle=\langle UX\rangle=0 \tag{5.4.5}$$

である．すなわち

$$\boldsymbol{R}=\begin{pmatrix}D/\beta\omega_0{}^2 & 0\\ 0 & D/\beta\end{pmatrix},\qquad \boldsymbol{R}^{-1}=\begin{pmatrix}\beta\omega_0{}^2/D & 0\\ 0 & \beta/D\end{pmatrix} \tag{5.4.6}$$

現象論的係数行列 $\boldsymbol{L}$ とその逆行列 $\boldsymbol{L}^{-1}$ は，$\boldsymbol{A}=-k\boldsymbol{L}\boldsymbol{R}^{-1}$ から，

$$\boldsymbol{L}=-\frac{1}{k}\begin{pmatrix}0 & D/\beta\\ -D/\beta & -D\end{pmatrix},\qquad \boldsymbol{L}^{-1}=k\begin{pmatrix}\beta^2/D & \beta/D\\ -\beta/D & 0\end{pmatrix} \tag{5.4.7}$$

と得られる．したがって Onsager–Machlup 系の方程式は

$$k\begin{pmatrix}\beta^2/D & \beta/D\\ -\beta/D & 0\end{pmatrix}\frac{d\boldsymbol{X}}{dt}+k\begin{pmatrix}\beta\omega_0{}^2/D & 0\\ 0 & \beta/D\end{pmatrix}\boldsymbol{X}=\frac{\boldsymbol{F}(t)}{T} \tag{5.4.8}$$

となり，アドミッタンスは(5.2.18)によって，

$$\boldsymbol{Y}_{\mathrm{OM}}(\omega)=-\frac{i\omega}{kT}\begin{pmatrix}0 & 1\\ -\omega_0{}^2 & -\beta\end{pmatrix}\begin{pmatrix}i\omega & -1\\ \omega_0{}^2 & i\omega+\beta\end{pmatrix}^{-1}\begin{pmatrix}D/\beta\omega_0{}^2 & 0\\ 0 & D/\beta\end{pmatrix}$$

$$=\frac{i\omega}{kT[i\omega(i\omega+\beta)+\omega_0{}^2]}\begin{pmatrix}-D/\beta & i\omega D/\beta\\ -i\omega D/\beta & -\omega_0{}^2D/\beta-i\omega D\end{pmatrix} \qquad (5.4.9)$$

と計算される．これから，$\boldsymbol{Z}_{\mathrm{OM}}(\omega)$，$\boldsymbol{Y}_{\mathrm{OM}}(\omega)+\boldsymbol{Y}_{\mathrm{OM}}{}^{\dagger}(\omega)$ および $\boldsymbol{Z}_{\mathrm{OM}}(\omega)+\boldsymbol{Z}_{\mathrm{OM}}{}^{\dagger}(\omega)$ が

$$\boldsymbol{Z}_{\mathrm{OM}}(\omega)=-\frac{kT}{i\omega}\frac{\beta^2}{D^2}\begin{pmatrix}-\omega_0{}^2D/\beta-i\omega D & -i\omega D/\beta\\ i\omega D/\beta & -D/\beta\end{pmatrix} \qquad (5.4.10)$$

$$\boldsymbol{Y}_{\mathrm{OM}}(\omega)+\boldsymbol{Y}_{\mathrm{OM}}{}^{\dagger}(\omega)=\begin{pmatrix}\dfrac{2D\omega^2}{kT}\dfrac{1}{(\omega_0{}^2-\omega^2)^2+\omega^2\beta^2} & -\dfrac{2i\omega^3D}{kT}\dfrac{1}{(\omega_0{}^2-\omega^2)^2+\omega^2\beta^2}\\ \dfrac{2i\omega^3D}{kT}\dfrac{1}{(\omega_0{}^2-\omega^2)^2+\omega^2\beta^2} & \dfrac{2\omega^4D}{kT[(\omega_0{}^2-\omega^2)^2+\omega^2\beta^2]}\end{pmatrix}$$

(5.4.11)

$$\boldsymbol{Z}_{\mathrm{OM}}(\omega)+\boldsymbol{Z}_{\mathrm{OM}}{}^{\dagger}(\omega)=\begin{pmatrix}2kT\beta^2/D & 0\\ 0 & 0\end{pmatrix} \qquad (5.4.12)$$

と求まる．

第1揺動散逸定理(5.2.21)と(5.4.11)とから，

$$G^{11}(\omega)=\frac{D}{\pi}\frac{1}{(\omega_0{}^2-\omega^2)^2+\omega^2\beta^2} \qquad (5.4.13)$$

という関係が得られる．

次に，$\boldsymbol{F}(t)=T\boldsymbol{L}^{-1}\boldsymbol{P}(t)$ から，

$$\boldsymbol{F}(t)=kT\begin{pmatrix}\beta^2/D & \beta/D\\ -\beta/D & 0\end{pmatrix}\begin{pmatrix}0\\ P(t)\end{pmatrix}=kT\begin{pmatrix}\beta P(t)/D\\ 0\end{pmatrix} \qquad (5.4.14)$$

となるが，第2揺動散逸定理によると，

$$G_F{}^{11}(\omega)=\frac{k^2T^2}{\pi}\frac{\beta^2}{D} \qquad (5.4.15)$$

したがって

$$\langle F(0)F(t)\rangle=2k^2T^2\beta^2\delta(t)/D \qquad (5.4.16)$$

であるから，当然のことながら

$$\langle P(0)P(t)\rangle=2D\delta(t) \qquad (5.4.17)$$

となる．

さて，(5. 4. 13)で与えられるスペクトル密度 $G^{11}(\omega)$ は，$X(t)$ を1次元のLangevin方程式(5. 4. 1)によって記述される1次元の確率過程とみなしたときの，$X(t)$ のスペクトル密度 $G(\omega)$ になっているはずである．このことを使って，1次元の確率過程と考えた $X(t)$ に対して，どの型の揺動散逸定理が成り立つかをしらべることができる．

方程式(5. 4. 1)のインピーダンス，アドミッタンスおよび周波数応答は，それぞれ

$$Z(\omega) = i\omega + \beta + \frac{{\omega_0}^2}{i\omega} \tag{5. 4. 18}$$

$$Y(\omega) = \frac{i\omega}{{\omega_0}^2 - \omega^2 + i\omega\beta} \tag{5. 4. 19}$$

$$S(\omega) = \frac{1}{{\omega_0}^2 - \omega^2 + i\omega\beta} \tag{5. 4. 20}$$

である．ステップ型の第1揺動散逸定理(5. 3. 10)が成り立つとして，(5. 4. 19)を用いてスペクトル密度 $G(\omega)$ を計算すると

$$G(\omega) = \frac{1}{2\pi}\frac{\langle X^2\rangle}{R(0)}\frac{Y(\omega)+Y^*(\omega)}{\omega^2} = \frac{D}{\pi}\frac{1}{({\omega_0}^2-\omega^2)^2+\omega^2\beta^2} \tag{5. 4. 21}$$

となる．これは(5. 4. 13)と一致する．またステップ型の第2揺動散逸定理(5. 3. 11)と(5. 4. 18)とから

$$G_P(\omega) = \frac{1}{\pi}\frac{\langle X^2\rangle}{R(0)}\beta = \frac{D}{\pi} \tag{5. 4. 22}$$

となるが，これは(5. 4. 17)と一致する．

今の場合衝撃応答が $t>0$ で

$$x(t) = \frac{e^{-\beta t/2}}{\omega_0}\sin\omega_0 t \tag{5. 4. 23}$$

で与えられ，したがって $Q=\infty$ であるから，パルス型揺動散逸定理が成り立たないことは明らかである．(5. 4. 1)に対する揺動散逸定理はステップ型の揺動散逸定理なのである．

§5.1で行なったのと同様な議論を(5. 4. 1)に対して繰り返すと，今の場合 $\langle X(t)\rangle$ と $R(t)$ はいずれも(5. 4. 1)に対応する斉次方程式を満たすことがわかる．この斉次方程式は2階の微分方程式だから，解は $\langle X(0)\rangle$，$\langle \dot{X}(0)\rangle$ または $R(0)$，$\dot{R}(0)$ の2つの初期値に依存する．ステップ型の外力をかけたときには $\langle \dot{X}(0)\rangle$

$=0$ である．ところが今の場合 $\dot{R}(0)=\langle X(0)\dot{X}(0)\rangle=\langle X(0)U(0)\rangle=0$ であるから，$\langle X(t)\rangle$ と $R(t)$ は同じ方程式の，比例係数を除いて同じ初期条件を満たす解であり，したがって互いに比例する．このためにステップ型揺動散逸定理が成り立つのである．

これに対して，外力 $\delta(t)$ をかけたときには，$\langle X(t)\rangle$ に対する初期条件は $\langle X(0)\rangle=0$，$\langle\dot{X}(0)\rangle=1$ であって，$R(t)$ に対する初期条件と全く異なる．したがって $t>0$ で $R(t)$ と $\langle X(t)\rangle$ は全く異なる時間変化を示し，したがってパルス型揺動散逸定理は成り立つことができないのである．

Langevin 方程式(5.4.2)によって記述される2次元の確率過程 $\boldsymbol{X}(t)=(X,U)^{\mathrm{T}}$ は Markov 過程であるが，(5.4.1)によって記述される1次元の確率過程 $X(t)$ は，$t>0$ における期待値 $\langle X(t)\rangle$ が $\langle X(0)\rangle$ だけを与えたのでは決まらないことからわかるように，Markov 過程ではない．だから，$\langle X(t)\rangle$ と $R(t)$ の満たす方程式が同じでも，初期条件がちがえば解はちがってくる．前段に述べたことを逆にいえば，$R(t)$ の初期条件と同じ初期条件を $\langle X(t)\rangle$ が満たすようにするためには，ステップ型の外力に対する応答を考えなければならなかったのである．もし $\dot{R}(0)$ が0でなければ，$\langle\dot{X}(0)\rangle$ がそれに応じた0でない値をとるように，$t<0$ における外力をしつらえてやらなければ $R(t)$ と $\langle X(t)\rangle$ とは一致しなかったはずであり，そのときには，$X(t)$ に対する揺動散逸定理はステップ型でもパルス型でもないものになったはずである．

Markov 過程の場合には，初期条件は1つしか要らないので，$t<0$ でどのような外力をかけても，$\langle X(0)\rangle$ が0にならない限り，$\langle X(t)\rangle$ は $R(t)$ に比例する．そのためにパルス型の揺動散逸定理とステップ型の揺動散逸定理が両方とも成り立ってしまうのである．

§4.5で，3次の微係数を含む Langevin 方程式

$$\frac{d^3X}{dt^3}-\alpha\frac{d^2X}{dt^2}-\beta\frac{dX}{dt}-\omega_0{}^2X=P(t) \tag{5.4.24}$$

で記述される確率過程 $X(t)$ においては，$\ddot{R}(0)=\langle X(0)\ddot{X}(0)\rangle$ が0になり得ないことを見た．ステップ型の外力に対しては $\langle\dot{X}(0)\rangle=\langle\ddot{X}(0)\rangle=0$ であるから，この場合はステップ型の揺動散逸定理は成り立たない．実際，今の場合インピーダンスは

$$Z(\omega) = -\omega^2+\beta+\alpha i\omega+\omega_0{}^2/i\omega \tag{5.4.25}$$

であるから，もしこの型の揺動散逸定理が成り立つとすれば，

$$G_Y(\omega) = \frac{\langle X^2\rangle}{\pi R(0)}(\beta-\omega^2) \tag{5.4.26}$$

となって，揺動力は白色でない上に，その相関関数がデルタ関数の2次微係数を含むという，白色雑音よりさらに数段特異な確率過程でなければならないことになってしまう．

また，§4.5の結果によると，今の場合 $\langle X(0)\dot{X}(0)\rangle=0$ であるが，パルス型の外力に対しては $\langle \dot{X}(0)\rangle\neq 0$ であるから，パルス型の揺動散逸定理もまた成り立たない．実際，もしこの型の揺動散逸定理が成り立つとすれば，今の場合(5.3.23)によって

$$G_Y(\omega) = \frac{Q\langle X^2\rangle}{\pi}(\omega_0{}^2-\alpha\omega^2) \tag{5.4.27}$$

となり，やはり揺動力は白色雑音でなくなる．

## §5.5　記憶のある非 Markov 過程

前節では，非 Markov 過程の例として，2次以上の微係数を含む Langevin 方程式によって記述される確率過程を考え，これらに対しては1つの特定の型の揺動散逸定理が成り立たないことを示した．しかし，これらはいずれも，多次元の Markov 過程の1つの成分，すなわち多次元の過程の1次元空間の上への射影と考えることができる．そう考えたとき，その多次元の Markov 過程に対しては，どの場合にも(5.2.16)の形の揺動散逸定理が成り立つ．これらに対してこの節では，

$$\frac{d\boldsymbol{X}}{dt}-\boldsymbol{\Omega}\boldsymbol{X}-\int_{-\infty}^{\infty}\boldsymbol{\Phi}(t-t')\boldsymbol{X}(t')dt' = \boldsymbol{Y}(t) \tag{5.5.1}$$

という形の Langevin 方程式で記述される確率過程を考えよう．ただし $\boldsymbol{\Omega}$ は定数行列，$\boldsymbol{\Phi}(t)$ は $t<0$ で0になるような行列である．また揺動力 $\boldsymbol{Y}(t)$ は一般には白色雑音ではないとする．

(5.5.1)の積分の項は $\int_{-\infty}^{\infty}\boldsymbol{\Phi}(t')\boldsymbol{X}(t-t')dt'$ とも書け，時刻 $t$ 以後の確率過程の推移に対して，それより以前のすべての時刻 $t-t'$ における $\boldsymbol{X}$ の値が，$\boldsymbol{\Phi}(t')$ と

いう因子を通じて与える影響を意味する．したがって時刻 $t$ 以後の確率過程が明らかに $\boldsymbol{X}(t)$ だけからは決まらないから，過程は Markov ではない．さらに，もし積分の項がなくても，揺動力が白色雑音でないから，過程は必ずしも Markov ではない．すなわち，(5.5.1)は，多次元の Markov 過程に対する Langevin 方程式自体を拡張して非 Markov 過程に対する方程式にしたものである．$\boldsymbol{\Phi}(t)$ は**余効関数**とよばれる．

(5.5.1)の形の方程式に対しても，§5.1 で行なったのと全く同様な議論を行なうことができて，やはり，もし $\boldsymbol{R}_{YX}(-\tau)=0$ ならば，すなわち $\boldsymbol{X}(t)$ と $\boldsymbol{Y}(t)$ が $\tau>0$ で直交するならば，$\langle\boldsymbol{X}(t)\rangle$ と $\boldsymbol{R}(t)$ とが同一の斉次方程式に従うことが結論される．しかし，それだからといって，1つのきまった形の揺動散逸定理が成り立つとは限らない．その理由は前節で考えた場合に対するのと同様である．すなわち，$t>0$ における $\langle\boldsymbol{X}(t)\rangle$ は $\langle\boldsymbol{X}(0)\rangle$ だけからは決まらず，$t<0$ での $\langle\boldsymbol{X}(t)\rangle$ を与えなければならない．$t>0$ で $\langle\boldsymbol{X}(t)\rangle$ に $\boldsymbol{R}(t)$ と同じ変化をさせるために与えなければならない $t<0$ での $\langle\boldsymbol{X}(t)\rangle$ または外力は，$\boldsymbol{\Phi}(t)$ や $\boldsymbol{Y}(t)$ が変わればそれに応じていろいろ変わるにちがいないのである．逆に，ある特定の型の揺動散逸定理が成り立つことを要請すれば，与えられた $\boldsymbol{\Phi}(t)(\boldsymbol{Y}(t))$ に対して $\boldsymbol{Y}(t)(\boldsymbol{\Phi}(t))$ が決まることになる．

例として，パルス型の揺動散逸定理(5.3.22)または(5.3.23)が成り立つことを要請してみよう．$\boldsymbol{\Phi}(\omega)$ を $\boldsymbol{\Phi}(t)$ の Fourier 変換とし，

$$\boldsymbol{A}(\omega) \equiv \boldsymbol{\Omega}+\sqrt{2\pi}\boldsymbol{\Phi}(\omega) \tag{5.5.2}$$

と置くと，周波数応答とインピーダンスは，それぞれ

$$\boldsymbol{S}(\omega) = (i\omega-\boldsymbol{A}(\omega))^{-1} \tag{5.5.3 a}$$

$$\boldsymbol{Z}(\omega) = \boldsymbol{I}-\frac{\boldsymbol{A}(\omega)}{i\omega} \tag{5.5.3 b}$$

である．§5.3 で行なったのと全く同じ議論によって，今の場合 $\boldsymbol{Q}=\boldsymbol{I}$ であることが容易に示されるから，(5.3.23)は

$$\boldsymbol{G}_Y(\omega) = \frac{\omega}{2\pi i}\left[\boldsymbol{R}\left(\boldsymbol{I}+\frac{\boldsymbol{A}^\dagger(\omega)}{i\omega}\right)-\left(-\frac{\boldsymbol{A}(\omega)}{i\omega}+\boldsymbol{I}\right)\boldsymbol{R}\right] = -\frac{1}{2\pi}[\boldsymbol{R}\boldsymbol{A}^\dagger(\omega)+\boldsymbol{A}(\omega)\boldsymbol{R}] \tag{5.5.4}$$

となる．

(5.5.4)で $\omega=0$ と置いたものと，(5.3.14)で $\omega=0$ と置いたものとは一致する．$\boldsymbol{A}(\omega)=\boldsymbol{A}(0)=\boldsymbol{A}$ で，$\boldsymbol{Y}(t)$ が白色雑音であるときには，これらは一般化された Einstein の関係に帰着するから，これらもまた一般化された Einstein の関係とよんでよいであろう．一般化された Einstein の関係は静的な場合に対する揺動散逸定理にほかならず，揺動散逸定理がステップ型であってもパルス型であっても同じ形をもつのである．

とくに

$$\boldsymbol{R\Omega}^{\dagger}+\boldsymbol{\Omega R}=0 \tag{5.5.5}$$

である場合には

$$\boldsymbol{G}_Y(\omega)=-\frac{1}{\sqrt{2\pi}}[\boldsymbol{R\Phi}^{\dagger}(\omega)+\boldsymbol{\Phi}(\omega)\boldsymbol{R}] \tag{5.5.6}$$

さらに $\boldsymbol{R}=\boldsymbol{I}$ となるように変数をとると，

$$\boldsymbol{G}_Y(\omega)=-\frac{1}{\sqrt{2\pi}}[\boldsymbol{\Phi}(\omega)+\boldsymbol{\Phi}^{\dagger}(\omega)] \tag{5.5.7}$$

となる．$\boldsymbol{R}=\boldsymbol{I}$ のとき，(5.5.5)は $\boldsymbol{\Omega}$ が反エルミート対称であることを意味する．$\boldsymbol{\Omega}$ がエルミート部分をもつときは，それを $\boldsymbol{\Phi}(\omega)$ の中に含ませておくことができるから，実は(5.5.5)は $\boldsymbol{R}=\boldsymbol{I}$ となるように変数をとりさえすればつねに成り立つと考えてよいのである．

$\boldsymbol{G}_Y(\omega)$ を(5.2.11)のように2つの部分に分けて

$$\boldsymbol{G}_Y(\omega)=\boldsymbol{G}_{Y+}(\omega)+\boldsymbol{G}_{Y-}(\omega) \tag{5.5.8}$$

とすると，定義(5.2.10)によって，$\boldsymbol{G}_{Y+}(\omega)$ と $\boldsymbol{G}_{Y-}(\omega)$ はそれぞれ $\boldsymbol{R}_Y{}^{\mathrm{T}}(t)$ の $t>0$ および $t<0$ の部分の Fourier 変換である．一方，定義によって，

$$\boldsymbol{\Phi}(\omega)=\frac{1}{\sqrt{2\pi}}\int_{-\infty}^{\infty}e^{-i\omega t}\boldsymbol{\Phi}(t)dt=\frac{1}{\sqrt{2\pi}}\int_{0}^{\infty}e^{-i\omega t}\boldsymbol{\Phi}(t)dt \tag{5.5.9 a}$$

$$\begin{aligned}\boldsymbol{\Phi}^{\dagger}(\omega)&=\frac{1}{\sqrt{2\pi}}\int_{-\infty}^{\infty}e^{i\omega t}\boldsymbol{\Phi}^{\mathrm{T}}(t)dt=\frac{1}{\sqrt{2\pi}}\int_{-\infty}^{\infty}e^{-i\omega t}\boldsymbol{\Phi}^{\mathrm{T}}(-t)dt\\&=\frac{1}{\sqrt{2\pi}}\int_{-\infty}^{0}e^{-i\omega t}\boldsymbol{\Phi}^{\mathrm{T}}(-t)dt\end{aligned} \tag{5.5.9 b}$$

であるから，(5.5.7)は

$$\left.\begin{aligned}\boldsymbol{R}_Y{}^{\mathrm{T}}(t)&=\boldsymbol{\Phi}(t) &&(t>0)\\ \boldsymbol{R}_Y{}^{\mathrm{T}}(t)&=\boldsymbol{\Phi}^{\mathrm{T}}(-t) &&(t<0)\end{aligned}\right\} \tag{5.5.10}$$

であることを意味する．すなわち，パルス型揺動散逸定理が成り立つことを要請すると，揺動力の相関関数と余効関数とは $t>0$ で一致しなければならないのである．

特別な場合として，

$$\left.\begin{aligned} \boldsymbol{X}(t) &= \begin{pmatrix} \boldsymbol{Z}(t) \\ \boldsymbol{U}(t) \end{pmatrix}, \qquad \boldsymbol{\Omega} = \begin{pmatrix} 0 & \boldsymbol{I} \\ -\boldsymbol{\Omega}_0 & 0 \end{pmatrix} \\ \boldsymbol{\Phi}(t) &= \begin{pmatrix} 0 & 0 \\ 0 & -\boldsymbol{\Gamma}(t) \end{pmatrix}, \qquad \boldsymbol{Y}(t) = \begin{pmatrix} 0 \\ \boldsymbol{F}(t) \end{pmatrix} \end{aligned}\right\} \tag{5.5.11}$$

である場合，すなわち

$$\frac{d}{dt}\begin{pmatrix} \boldsymbol{Z}(t) \\ \boldsymbol{U}(t) \end{pmatrix} - \begin{pmatrix} 0 & \boldsymbol{I} \\ -\boldsymbol{\Omega}_0 & 0 \end{pmatrix}\begin{pmatrix} \boldsymbol{Z}(t) \\ \boldsymbol{U}(t) \end{pmatrix} - \int dt' \begin{pmatrix} 0 & 0 \\ 0 & -\boldsymbol{\Gamma}(t-t') \end{pmatrix}\begin{pmatrix} \boldsymbol{Z}(t') \\ \boldsymbol{U}(t') \end{pmatrix} = \begin{pmatrix} 0 \\ \boldsymbol{F}(t) \end{pmatrix} \tag{5.5.12}$$

という形の Langevin 方程式を考えてみよう．ただし $\boldsymbol{X}(t)$, $\boldsymbol{Y}(t)$ は $2n$ 次元のベクトル，$\boldsymbol{\Omega}, \boldsymbol{\Phi}(t)$ は $2n\times 2n$ 行列，$\boldsymbol{Z}(t)$, $\boldsymbol{U}(t)$, $\boldsymbol{F}(t)$ は $n$ 次元のベクトル，$\boldsymbol{\Omega}_0, \boldsymbol{\Gamma}(t,t')$ は $n\times n$ 行列，$\boldsymbol{I}$ は $n$ 次元の単位行列である．このとき，$\boldsymbol{\Gamma}(t)$ の Fourier 変換を $\boldsymbol{\Gamma}(\omega)$ と書くと，

$$\boldsymbol{A}(\omega) = \begin{pmatrix} 0 & \boldsymbol{I} \\ -\boldsymbol{\Omega}_0 & -\sqrt{2\pi}\boldsymbol{\Gamma}(\omega) \end{pmatrix} \tag{5.5.13}$$

である．

いま $\boldsymbol{R}$ を，$\boldsymbol{B}_1, \boldsymbol{B}_2$ を対称な $n\times n$ 行列として，

$$\boldsymbol{R} = \begin{pmatrix} \boldsymbol{B}_1 & \boldsymbol{B}^{\mathrm{T}} \\ \boldsymbol{B} & \boldsymbol{B}_2 \end{pmatrix} \tag{5.5.14}$$

と書くと，パルス型第 2 揺動散逸定理は

$$\boldsymbol{G}_Y(\omega)$$

$$= \frac{1}{2\pi}\begin{pmatrix} -(\boldsymbol{B}+\boldsymbol{B}^{\mathrm{T}}) & \boldsymbol{B}_1\boldsymbol{\Omega}_0{}^\dagger - \boldsymbol{B}_2 + \sqrt{2\pi}\boldsymbol{B}^\dagger\boldsymbol{\Gamma}^\dagger(\omega) \\ \boldsymbol{\Omega}_0\boldsymbol{B}_1 - \boldsymbol{B}_2 + \sqrt{2\pi}\boldsymbol{\Gamma}(\omega)\boldsymbol{B} & \boldsymbol{B}\boldsymbol{\Omega}_0{}^\dagger + \boldsymbol{\Omega}_0\boldsymbol{B} + \sqrt{2\pi}\{\boldsymbol{B}_2\boldsymbol{\Gamma}^\dagger(\omega) + \boldsymbol{\Gamma}(\omega)\boldsymbol{B}_2\} \end{pmatrix} \tag{5.5.15}$$

となる．これが今の場合の $\boldsymbol{Y}(t)$ の形と矛盾しないためには，

$$\boldsymbol{B} = \boldsymbol{B}^{\mathrm{T}} = 0, \qquad \boldsymbol{B}_2 = \boldsymbol{B}_1\boldsymbol{\Omega}_0{}^\dagger \tag{5.5.16}$$

でなければならない．したがって

$$G_Y(\omega)=\begin{pmatrix}0 & 0\\ 0 & \dfrac{1}{\sqrt{2\pi}}\{B\Gamma^\dagger(\omega)+\Gamma(\omega)B_2\}\end{pmatrix} \tag{5.5.17}$$

となる．

(5.5.16)によって，今の場合(5.5.5)が成り立っており，(5.5.17)は(5.5.6)の形をもつことに注意しておく．

(5.5.12)は一方で $n$ 次元の方程式

$$\frac{d^2X}{dt^2}+\int dt'\Gamma(t-t')\dot{X}(t')+\Omega_0X = F(t) \tag{5.5.18}$$

の形に書くこともできる．この方程式のインピーダンスは

$$Z(\omega) = i\omega+\sqrt{2\pi}\Gamma(\omega)+\frac{\Omega_0}{i\omega} \tag{5.5.19}$$

である．(5.5.18)に対しては $Q=\infty$ であるから，パルス型の揺動散逸定理は成り立つことはできない．しかしステップ型の揺動散逸定理が成り立つとすると，(5.5.5)が成り立つことと，$S(0)^{-1}=\Omega_0$ であることを用いて，

$$G_F(\omega) = \frac{1}{\sqrt{2\pi}}\{B_2\Gamma^\dagger(\omega)+\Gamma(\omega)B_2\} \tag{5.5.20}$$

となる．これは(5.5.17)と一致する．すなわち，もとの $2n$ 次元のベクトル確率過程に対してパルス型揺動散逸定理が成り立つとすると，その $n$ 次元への射影に対してはステップ型の揺動散逸定理が成り立つのである．

## §5.6 対 称 性

定常な確率過程に対しては，相関関数行列 $R(t)$ は(2.5.15)，すなわち

$$R(t) = R^{\mathrm{T}}(-t) \tag{5.6.1}$$

の関係を満たす．$R(t)$ を時間に関して対称な部分 $R^{(\mathrm{s})}(t)=[R(t)+R(-t)]/2=R^{(\mathrm{s})}(-t)$ と反対称な部分 $R^{(\mathrm{a})}(t)=[R(t)-R(-t)]/2=-R^{(\mathrm{a})}(-t)$ とに分けて，(5.6.1)を用いると，

$$\begin{aligned}R^{\mathrm{T}}(t) &= R^{(\mathrm{s})\mathrm{T}}(t)+R^{(\mathrm{a})\mathrm{T}}(t) = R^{(\mathrm{s})}(-t)+R^{(\mathrm{a})}(-t)\\ &= R^{(\mathrm{s})}(t)-R^{(\mathrm{a})}(t)\end{aligned} \tag{5.6.2}$$

だから，

$$R^{(\mathrm{s})\mathrm{T}}(t) = R^{(\mathrm{s})}(t),\qquad R^{(\mathrm{a})\mathrm{T}}(t) = -R^{(\mathrm{a})}(t) \tag{5.6.3}$$

すなわち，定常性のために，相関関数行列の時間について対称な部分は同時に行列としても対称となり，時間について反対称な部分は，同時に行列としても反対称となる．

対称部分と反対称部分を用いると，$\boldsymbol{G}_+(\omega)$ は

$$\begin{aligned}\boldsymbol{G}_+(\omega) &= \frac{1}{2\pi}\int_0^\infty e^{-i\omega t}\boldsymbol{R}(t)dt \\ &= \frac{1}{2\pi}\left[\int_0^\infty \cos\omega t\boldsymbol{R}^{(s)}(t)dt - i\int_0^\infty \sin\omega t\boldsymbol{R}^{(a)}(t)dt\right] \\ &\quad + \frac{1}{2\pi}\left[\int_0^\infty \cos\omega t\boldsymbol{R}^{(a)}(t)dt - i\int_0^\infty \sin\omega t\boldsymbol{R}^{(s)}(t)dt\right] \\ &\equiv \boldsymbol{G}_+{}^{(\mathrm{H})}(\omega) + \boldsymbol{G}_+{}^{(\mathrm{A})}(\omega)\end{aligned} \tag{5.6.4}$$

と書くことができる．(5.6.3)によって，2番目の表式のはじめの[　]の中すなわち $\boldsymbol{G}_+{}^{(\mathrm{H})}(\omega)$ はエルミート，あとの[　]の中すなわち $\boldsymbol{G}_+{}^{(\mathrm{A})}(\omega)$ は反エルミートである．したがって $\boldsymbol{G}_-(\omega)$ は

$$\boldsymbol{G}_-(\omega) = \boldsymbol{G}_+{}^{\dagger}(\omega) = \boldsymbol{G}_+{}^{(\mathrm{H})}(\omega) - \boldsymbol{G}_+{}^{(\mathrm{A})}(\omega) \tag{5.6.5}$$

したがってまた，

$$\boldsymbol{G}(\omega) = \boldsymbol{G}_+(\omega) + \boldsymbol{G}_-(\omega) = 2\boldsymbol{G}_+{}^{(\mathrm{H})}(\omega) = \boldsymbol{G}^{\dagger}(\omega) \tag{5.6.6}$$

いまパルス型揺動散逸定理が成り立つとしよう．$\boldsymbol{Q}=\boldsymbol{I}$ の場合を考える．このとき，(5.3.21)によって，

$$\boldsymbol{G}_+(\omega) = \frac{1}{2\pi}\boldsymbol{S}(\omega)\boldsymbol{R} \tag{5.6.7}$$

である．さらに $\boldsymbol{R}=\boldsymbol{I}$ になるように変数をとると，

$$\boldsymbol{G}_+(\omega) = \frac{1}{2\pi}\boldsymbol{S}(\omega) \tag{5.6.8}$$

したがって

$$\boldsymbol{G}(\omega) = 2\boldsymbol{G}_+{}^{(\mathrm{H})}(\omega) = \frac{1}{\pi}\boldsymbol{S}^{(\mathrm{H})}(\omega) \tag{5.6.9}$$

となり，$\boldsymbol{G}(\omega)$ に効いてくるのは周波数応答 $\boldsymbol{S}(\omega)$ のエルミート部分だけであることになる．$\boldsymbol{S}(\omega)$ の反エルミート部分を変えると，それに応じて $\boldsymbol{R}(\tau)$ も変わるはずであるが，実はこのとき変化するのは $\boldsymbol{G}_+(\omega)$ の反エルミート部分だけなのである．

さて，

$$\mathrm{Re}\, G_+{}^{ij(\mathrm{H})}(\omega)+i\,\mathrm{Im}\, G_+{}^{ij(\mathrm{H})}(\omega) = G_+{}^{ij(\mathrm{H})}(\omega) = G_+{}^{ji(\mathrm{H})*}(\omega)$$
$$= \mathrm{Re}\, G_+{}^{ji(\mathrm{H})}(\omega)-i\,\mathrm{Im}\, G_+{}^{ji(\mathrm{H})}(\omega) \tag{5.6.10}$$

$$\mathrm{Re}\, G_+{}^{ij(\mathrm{A})}(\omega)+i\,\mathrm{Im}\, G_+{}^{ij(\mathrm{A})}(\omega) = G_+{}^{ij(\mathrm{A})}(\omega) = -G_+{}^{ji(\mathrm{A})*}(\omega)$$
$$= -\mathrm{Re}\, G_+{}^{ji(\mathrm{A})}(\omega)+i\,\mathrm{Im}\, G_+{}^{ji(\mathrm{A})}(\omega) \tag{5.6.11}$$

したがって

$$\left.\begin{aligned} \mathrm{Re}\, G_+{}^{ij(\mathrm{H})}(\omega) &= \mathrm{Re}\, G_+{}^{ji(\mathrm{H})}(\omega) \\ \mathrm{Im}\, G_+{}^{ij(\mathrm{H})}(\omega) &= -\mathrm{Im}\, G_+{}^{ji(\mathrm{H})}(\omega) \\ \mathrm{Re}\, G_+{}^{ij(\mathrm{A})}(\omega) &= -\mathrm{Re}\, G_+{}^{ji(\mathrm{A})}(\omega) \\ \mathrm{Im}\, G_+{}^{ij(\mathrm{A})}(\omega) &= \mathrm{Im}\, G_+{}^{ji(\mathrm{A})}(\omega) \end{aligned}\right\} \tag{5.6.12}$$

であるから，(5.6.6)によって，

$$\mathrm{Re}\, G^{ij}(\omega) = \mathrm{Re}\, G^{ji}(\omega) \tag{5.6.13 a}$$

$$\mathrm{Im}\, G^{ij}(\omega) = -\mathrm{Im}\, G^{ji}(\omega) \tag{5.6.13 b}$$

すなわち，$G^{ij}(\omega)$ の虚数部分は反対称，実数部分は対称でなければならない．これは(5.6.4)によって，

$$\mathrm{Re}\, G_+{}^{ij(\mathrm{H})}(\omega) = \frac{1}{2\pi}\int_0^\infty \cos\omega t R^{ij(\mathrm{s})}(t)dt \tag{5.6.14 a}$$

$$\mathrm{Im}\, G_+{}^{ij(\mathrm{H})}(\omega) = -\frac{1}{2\pi}\int_0^\infty \sin\omega t R^{ij(\mathrm{a})}(t)dt \tag{5.6.14 b}$$

であることと調和している．

(5.6.14)は，相関関数行列 $\boldsymbol{R}(t)$ の対称部分が $\boldsymbol{G}(\omega)$ の実数部分と，反対称部分が $\boldsymbol{G}(\omega)$ の虚数部分と結びついていることを示している．

(5.6.9)によって，$\boldsymbol{S}^{(\mathrm{H})}(\omega)$ の実数部分は対称，虚数部分は反対称でなければならない：

$$\mathrm{Re}\, S^i{}_j{}^{(\mathrm{H})}(\omega) = \mathrm{Re}\, S^j{}_i{}^{(\mathrm{H})}(\omega) \tag{5.6.15 a}$$

$$\mathrm{Im}\, S^i{}_j{}^{(\mathrm{H})}(\omega) = -\mathrm{Im}\, S^j{}_i{}^{(\mathrm{H})}(\omega) \tag{5.6.15 b}$$

また $\boldsymbol{R}(t)$ の対称部分が $\boldsymbol{S}^{(\mathrm{H})}(\omega)$ の実数部分，$\boldsymbol{R}(t)$ の反対称部分が $\boldsymbol{S}^{(\mathrm{H})}(\omega)$ の虚数部分と結びつくことになる．したがって，もし $\boldsymbol{R}(t)$ が対称ならば，$\boldsymbol{S}^{(\mathrm{H})}(\omega)$

は実数でなければならない．すなわち $\mathrm{Im}\,\boldsymbol{S}^{(\mathrm{H})}(\omega)=0$．ところが $\mathrm{Im}\,S^i{}_j{}^{(\mathrm{H})}(\omega)=[\mathrm{Im}\,(S^i{}_j(\omega)+S^j{}_i{}^*(\omega))]/2=[\mathrm{Im}\,S^i{}_j(\omega)-\mathrm{Im}\,S^j{}_i(\omega)]/2$ だから，

$$\mathrm{Im}\,S^i{}_j(\omega)=\mathrm{Im}\,S^j{}_i(\omega),\qquad \mathrm{Im}\,S^i{}_j{}^{(\mathrm{H})}(\omega)=0\qquad (\boldsymbol{R}(t):\ \text{対称}) \tag{5.6.16 a}$$

でなければならない．また，$\boldsymbol{R}(t)$ が反対称ならば $\boldsymbol{S}^{(\mathrm{H})}(\omega)$ は純虚数でなければならないから，$\mathrm{Re}\,\boldsymbol{S}^{(\mathrm{H})}(\omega)=0$．ところが $\mathrm{Re}\,S^i{}_j{}^{(\mathrm{H})}(\omega)=[\mathrm{Re}\,(S^i{}_j(\omega)+S^j{}_i{}^*(\omega))]/2=[\mathrm{Re}\,S^i{}_j(\omega)+\mathrm{Re}\,S^j{}_i(\omega)]/2$ だから，

$$\mathrm{Re}\,S^i{}_j(\omega)=-\mathrm{Re}\,S^j{}_i(\omega),\qquad \mathrm{Re}\,S^i{}_j{}^{(\mathrm{H})}(\omega)=0\qquad (\boldsymbol{R}(t):\ \text{反対称}) \tag{5.6.16 b}$$

でなければならない．

$\boldsymbol{S}(\omega)$ の反エルミート部分 $\boldsymbol{S}^{(\mathrm{A})}(\omega)$ に関しては，一般に

$$\left.\begin{aligned}\boldsymbol{S}^{(\mathrm{A})}(\omega)&=-\boldsymbol{S}^{(\mathrm{A})\dagger}(\omega)\\ S^i{}_j{}^{(\mathrm{A})}(\omega)&=-S^j{}_i{}^{(\mathrm{A})*}(\omega)\\ \mathrm{Re}\,S^i{}_j{}^{(\mathrm{A})}(\omega)&=-\mathrm{Re}\,S^j{}_i{}^{(\mathrm{A})}(\omega)\\ \mathrm{Im}\,S^i{}_j{}^{(\mathrm{A})}(\omega)&=\mathrm{Im}\,S^j{}_i{}^{(\mathrm{A})}(\omega)\end{aligned}\right\} \tag{5.6.17}$$

であることは明らかであるが，この他に何がいえるだろうか？

恒等式

$$\boldsymbol{S}^{(\mathrm{H})}(\omega)+\boldsymbol{S}^{(\mathrm{A})}(\omega)=\boldsymbol{S}(\omega) \tag{5.6.18}$$

と (5.6.9) から

$$\boldsymbol{S}(\omega)=\boldsymbol{S}^{(\mathrm{A})}(\omega)+2\pi\boldsymbol{G}_+{}^{(\mathrm{H})}(\omega) \tag{5.6.19}$$

である．したがって，

$$\mathrm{Re}\,S^i{}_j(\omega)=2\pi\,\mathrm{Re}\,G_+{}^{ij(\mathrm{H})}(\omega)+\mathrm{Re}\,S^i{}_j{}^{(\mathrm{A})}(\omega) \tag{5.6.20 a}$$

$$\mathrm{Re}\,S^j{}_i(\omega)=2\pi\,\mathrm{Re}\,G_+{}^{ji(\mathrm{H})}(\omega)+\mathrm{Re}\,S^j{}_i{}^{(\mathrm{A})}(\omega) \tag{5.6.20 b}$$

$$\mathrm{Im}\,S^i{}_j(\omega)=2\pi\,\mathrm{Im}\,G_+{}^{ij(\mathrm{H})}(\omega)+\mathrm{Im}\,S^i{}_j{}^{(\mathrm{A})}(\omega) \tag{5.6.21 a}$$

$$\mathrm{Im}\,S^j{}_i(\omega)=2\pi\,\mathrm{Im}\,G_+{}^{ji(\mathrm{H})}(\omega)+\mathrm{Im}\,S^j{}_i{}^{(\mathrm{A})}(\omega) \tag{5.6.21 b}$$

(5.6.20 a) と (5.6.20 b) の差を作ると，

$$\mathrm{Re}(S^i{}_j(\omega)-S^j{}_i(\omega))=2\,\mathrm{Re}\,S^i{}_j{}^{(\mathrm{A})}(\omega) \tag{5.6.22}$$

また (5.6.21 a) と (5.6.21 b) の和を作ると

$$\mathrm{Im}\,(S^i{}_j(\omega)+S^j{}_i(\omega))=2\,\mathrm{Im}\,S^i{}_j{}^{(\mathrm{A})}(\omega) \tag{5.6.23}$$

ところが，(5.6.15) によって，これらは恒等式に過ぎない．(5.6.9) は揺動散

逸定理そのものであって，揺動散逸定理には $\boldsymbol{S}(\omega)$ のエルミート部分しか現われないのだから，これは当然である.

$\boldsymbol{S}^{(\mathrm{A})}(\omega)$ に関する情報を得るためには，(5.6.8) を使わなければならない．すなわちこれから

$$\left.\begin{aligned} S^i{}_j(\omega) &= 2\pi G_+{}^{ij}(\omega) \\ &= 2\pi[G_+{}^{ij(\mathrm{H})}(\omega)+G_+{}^{ij(\mathrm{A})}(\omega)] \\ S^j{}_i(\omega) &= 2\pi[G_+{}^{ij(\mathrm{H})*}(\omega)-G_+{}^{ij(\mathrm{A})*}(\omega)] \end{aligned}\right\} \qquad (5.6.24)$$

これらの差を作ると

$$S^i{}_j(\omega)-S^j{}_i(\omega) = 2\pi[2i\,\mathrm{Im}\,G_+{}^{ij(\mathrm{H})}(\omega)+2\,\mathrm{Re}\,G_+{}^{ij(\mathrm{A})}(\omega)] \qquad (5.6.25)$$

また和を作ると

$$S^i{}_j(\omega)+S^j{}_i(\omega) = 2\pi[2\,\mathrm{Re}\,G_+{}^{ij(\mathrm{H})}(\omega)+2i\,\mathrm{Im}\,G_+{}^{ij(\mathrm{A})}(\omega)] \qquad (5.6.26)$$

(5.6.4) からただちにわかるように，$\boldsymbol{R}(t)$ が対称のときには，$\mathrm{Im}\,G_+{}^{ij(\mathrm{H})}(\omega)=\mathrm{Re}\,G_+{}^{ij(\mathrm{A})}(\omega)=0$ であるから，(5.6.25) によって，$S^i{}_j(\omega)$ は対称となり，$\boldsymbol{R}(t)$ が反対称のときには $\mathrm{Re}\,G_+{}^{ij(\mathrm{H})}(\omega)=\mathrm{Im}\,G_+{}^{ij(\mathrm{A})}(\omega)=0$ であるから，(5.6.26) によって $S^i{}_j(\omega)$ は反対称である.

上の結論と (5.6.16) とを合わせると，

$$\mathrm{Re}\,S^i{}_j(\omega) = \mathrm{Re}\,S^j{}_i(\omega), \qquad \mathrm{Re}\,S^i{}_j{}^{(\mathrm{A})}(\omega) = 0 \qquad (\boldsymbol{R}(t)\text{: 対称}) \qquad (5.6.27\text{ a})$$

$$\mathrm{Im}\,S^i{}_j(\omega) = -\,\mathrm{Im}\,S^j{}_i(\omega), \qquad \mathrm{Im}\,S^i{}_j{}^{(\mathrm{A})}(\omega) = 0 \qquad (\boldsymbol{R}(t)\text{: 反対称}) \qquad (5.6.27\text{ b})$$

という結果が得られる.

以下ではとくに相関関数行列 $\boldsymbol{R}(t)$ が

$$\boldsymbol{R}(t) = \left(\begin{array}{c|c} \boldsymbol{R}^{(\alpha)}(t) & \boldsymbol{R}^{(\alpha\beta)}(t) \\ \hline -\boldsymbol{R}^{\mathrm{T}(\alpha\beta)}(t) & \boldsymbol{R}^{(\beta)}(t) \end{array}\right) \qquad (5.6.28)$$

という形をもつ場合を考える．ただし $\boldsymbol{R}^{(\alpha)}(t)$ と $\boldsymbol{R}^{(\beta)}(t)$ は対称とする．すると，上に得られた結果から，$\boldsymbol{S}(\omega)$ は

$$\boldsymbol{S}(\omega) = \left(\begin{array}{c|c} \boldsymbol{S}^{(\alpha)}(\omega) & \boldsymbol{S}^{(\alpha\beta)}(\omega) \\ \hline -\boldsymbol{S}^{\mathrm{T}(\alpha\beta)}(\omega) & \boldsymbol{S}^{(\beta)}(\omega) \end{array}\right) \qquad (5.6.29)$$

という形を持たなければならない．ただし $\boldsymbol{S}^{(\alpha)}(\omega)$ と $\boldsymbol{S}^{(\beta)}(\omega)$ は対称である．容

易にわかるように，$\boldsymbol{S}(\omega)$ の勝手な冪も同じ構造をもつから，$\boldsymbol{S}(\omega)$ の解析的な関数もまた同じ構造を持つ．したがってインピーダンス $\boldsymbol{Z}(\omega)$ もやはり同じ構造を持たなければならない．すなわち，

$$\boldsymbol{Z}(\omega)=\left(\begin{array}{c|c} \boldsymbol{Z}^{(\alpha)}(\omega) & \boldsymbol{Z}^{(\alpha\beta)}(\omega) \\ \hline -\boldsymbol{Z}^{\mathrm{T}(\alpha\beta)}(\omega) & \boldsymbol{Z}^{(\beta)}(\omega) \end{array}\right) \tag{5.6.30}$$

ただし $\boldsymbol{Z}^{(\alpha)}(\omega)$ と $\boldsymbol{Z}^{(\beta)}(\omega)$ は対称である．いま $\boldsymbol{Q}=\boldsymbol{I}$, $\boldsymbol{R}=\boldsymbol{I}$ を仮定しているから，(5.6.29) と (5.3.22) によって

$$\boldsymbol{G}(\omega)=\frac{1}{\pi}\left(\begin{array}{c|c} \mathrm{Re}\,\boldsymbol{S}^{(\alpha)}(\omega) & i\,\mathrm{Im}\,\boldsymbol{S}^{(\alpha\beta)}(\omega) \\ \hline -i\,\mathrm{Im}\,\boldsymbol{S}^{\mathrm{T}(\alpha\beta)}(\omega) & \mathrm{Re}\,\boldsymbol{S}^{(\beta)}(\omega) \end{array}\right) \tag{5.6.31}$$

また (5.3.23) と (5.6.30) から，

$$\boldsymbol{G}_Y(\omega)=\frac{i\omega}{\pi}\left(\begin{array}{c|c} i\,\mathrm{Im}\,\boldsymbol{Z}^{(\alpha)}(\omega) & \mathrm{Re}\,\boldsymbol{Z}^{(\alpha\beta)}(\omega) \\ \hline -\mathrm{Re}\,\boldsymbol{Z}^{\mathrm{T}(\alpha\beta)}(\omega) & i\,\mathrm{Im}\,\boldsymbol{Z}^{(\beta)}(\omega) \end{array}\right) \tag{5.6.32}$$

が得られる．

Markov 過程，すなわち $\boldsymbol{S}(\omega)=(i\omega-\boldsymbol{A})^{-1}$ の場合には，$\boldsymbol{Z}(\omega)=\boldsymbol{I}-\boldsymbol{A}/i\omega$ であるから，(5.6.30) に対応して，$\boldsymbol{A}$ は

$$\boldsymbol{A}=\left(\begin{array}{c|c} \boldsymbol{A}^{(\alpha)} & \boldsymbol{A}^{(\alpha\beta)} \\ \hline -\boldsymbol{A}^{\mathrm{T}(\alpha\beta)} & \boldsymbol{A}^{(\beta)} \end{array}\right) \tag{5.6.33}$$

という形を持たなければならない．ただし $\boldsymbol{A}^{(\alpha)}, \boldsymbol{A}^{(\beta)}$ は対称である．いま $\boldsymbol{R}=\boldsymbol{I}$ としているから $\boldsymbol{L}=-\boldsymbol{A}/k$ であり，$\boldsymbol{L}$ もまた

$$\boldsymbol{L}=\left(\begin{array}{c|c} \boldsymbol{L}^{(\alpha)} & \boldsymbol{L}^{(\alpha\beta)} \\ \hline -\boldsymbol{L}^{\mathrm{T}(\alpha\beta)} & \boldsymbol{L}^{(\beta)} \end{array}\right) \tag{5.6.34}$$

という形を持つ．ここでふたたび $\boldsymbol{L}^{(\alpha)}, \boldsymbol{L}^{(\beta)}$ は対称である．(5.6.34) は拡張された意味での Onsager の相反性を表わすものにほかならない．

Markov 過程に対しては，(5.6.32) は

$$\boldsymbol{G}_Y(\omega)=-\frac{1}{\pi}\left(\begin{array}{c|c} \boldsymbol{A}^{(\alpha)} & 0 \\ \hline 0 & \boldsymbol{A}^{(\beta)} \end{array}\right)=\frac{k}{\pi}\left(\begin{array}{c|c} \boldsymbol{L}^{(\alpha)} & 0 \\ \hline 0 & \boldsymbol{L}^{(\beta)} \end{array}\right) \tag{5.6.35}$$

となる．これは

$$-2\boldsymbol{D}=-2\left(\begin{array}{c|c} \boldsymbol{D}^{(\alpha)} & 0 \\ \hline 0 & \boldsymbol{D}^{(\beta)} \end{array}\right)=2\left(\begin{array}{c|c} \boldsymbol{A}^{(\alpha)} & 0 \\ \hline 0 & \boldsymbol{A}^{(\beta)} \end{array}\right)=\boldsymbol{A}+\boldsymbol{A}^{\mathrm{T}} \tag{5.6.36}$$

であることを意味し，一般化された Einstein の関係と合致している．

(5.6.32) から，$\boldsymbol{G}_Y(\omega)$ はエルミートでなければならないことがわかる．したがって，これは基底を変換することによって対角化することができる．同じ変換で揺動力の相関関数行列も対角化されるから，対角化したときに，その要素は正または0でなければならない．すなわち $\boldsymbol{G}_Y(\omega)$ は正半定形でなければならない．

ステップ型の揺動散逸定理が成り立つ場合に対しても，全く同様な議論を行なうことができる．たとえば Langevin方程式(5.5.18)によって記述される系に対して，ステップ型の揺動散逸定理が成り立つとすると，

$$\boldsymbol{G}(\omega) = \frac{1}{2\pi\omega^2}\{\boldsymbol{Y}(\omega)\boldsymbol{B}_2+\boldsymbol{B}_2\boldsymbol{Y}^\dagger(\omega)\} \tag{5.6.37 a}$$

$$\boldsymbol{G}_F(\omega) = \frac{1}{2\pi}\{\boldsymbol{B}_2\boldsymbol{Z}^\dagger(\omega)+\boldsymbol{Z}(\omega)\boldsymbol{B}_2\} \tag{5.6.37 b}$$

である．$\boldsymbol{B}_2=\boldsymbol{I}$ となるような変数をとると，これらはそれぞれ

$$\boldsymbol{G}(\omega) = \frac{1}{\pi\omega^2}\boldsymbol{Y}^{(\mathrm{H})}(\omega) \tag{5.6.38 a}$$

$$\boldsymbol{G}_F(\omega) = \frac{1}{\pi}\boldsymbol{Z}^{(\mathrm{H})}(\omega) \tag{5.6.38 b}$$

となって，(5.6.9) から出発して $\boldsymbol{S}(\omega)$ に対して行なったのと全く同じ議論を $\boldsymbol{Y}(\omega)$ に対して行なうことができる．もちろん結論も全く同様である．

(5.6.38 b) からは，$\boldsymbol{Z}^{(\mathrm{H})}(\omega)$ が正半定形でなければならないことがわかる．(5.5.18) は $n$ 端子の電気回路網の上の電荷に対して成り立つ Langevin 方程式と考えられるが，回路網理論で知られているように，$\boldsymbol{Z}^{(\mathrm{H})}(\omega)$ が正半定形ならば回路網は受動的である．これは，ステップ型揺動散逸定理が成り立つ系は安定でなければならないことを示している．

## §5.7　詳細釣合の条件

定常な Markov 拡散過程 $\boldsymbol{X}(t)$ の１つ１つの成分が時間反転に関して偶か奇かどちらかである場合を考えよう．偶成分のみが作るベクトルを $\boldsymbol{U}(t)$，奇変数のみが作るベクトルを $\boldsymbol{V}(t)$ で表わし，

$$X(t) = \begin{pmatrix} \boldsymbol{U}(t) \\ \boldsymbol{V}(t) \end{pmatrix} \tag{5.7.1}$$

としよう．$\boldsymbol{U}(t)$ は $m$ 次元，$\boldsymbol{V}(t)$ は $n-m$ 次元であるとする．時間反転を行なうと，$\boldsymbol{X}(t)$ は

$$\tilde{\boldsymbol{X}}(t) = \begin{pmatrix} \boldsymbol{U}(t) \\ -\boldsymbol{V}(t) \end{pmatrix} \tag{5.7.2}$$

へ移る．

$\boldsymbol{X}(t)$ は定常過程であるから，その遷移確率密度は

$$f(\boldsymbol{x}, t \mid \boldsymbol{x}_0, t_0) = f(\boldsymbol{x} \mid \boldsymbol{x}_0; \tau) \qquad (\tau = t-t_0) \tag{5.7.3}$$

と書ける．いうまでもなく，ベクトル $\boldsymbol{x}, \boldsymbol{x}_0$ は(5.7.1)に対応してそれぞれ $\boldsymbol{x}=(\boldsymbol{u}, \boldsymbol{v})^{\mathrm{T}}$，$\boldsymbol{x}_0=(\boldsymbol{u}_0, \boldsymbol{v}_0)^{\mathrm{T}}$ と書くことができる．Fokker-Planck 方程式は

$$\frac{\partial f}{\partial \tau} = -\sum_i \frac{\partial}{\partial x^i} a^i(\boldsymbol{x}) f + \sum_{ik} \frac{\partial^2}{\partial x^i \partial x^k} D^{ik}(\boldsymbol{x}) f \tag{5.7.4}$$

である．拡散係数行列はつねに対称であると仮定してよい：

$$D^{ik}(\boldsymbol{x}) = D^{ki}(\boldsymbol{x}) \tag{5.7.5}$$

さらに定常分布 $W(\boldsymbol{x})$ が存在することを仮定すると，

$$\lim_{\tau \to \infty} f(\boldsymbol{x} \mid \boldsymbol{x}_0; \tau) = W(\boldsymbol{x}) \tag{5.7.6}$$

で，$W(\boldsymbol{x})$ は方程式

$$-\sum_i \frac{\partial}{\partial x^i} a^i(\boldsymbol{x}) W(\boldsymbol{x}) + \sum_{ik} \frac{\partial^2}{\partial x^i \partial x^k} D^{ik}(\boldsymbol{x}) W(\boldsymbol{x}) = 0 \tag{5.7.7}$$

を満たす．

(5.7.5)に対応する後向き方程式は

$$\frac{\partial f}{\partial \tau} = \sum_i a^i(\boldsymbol{x}_0) \frac{\partial f}{\partial {x_0}^i} + \sum_{ik} D^{ik}(\boldsymbol{x}_0) \frac{\partial^2 f}{\partial {x_0}^i \partial {x_0}^k} \tag{5.7.8}$$

である．前向き方程式と後向き方程式はともに $\tau \geqq 0$ で成り立ち，関数 $f$ はこれらを同時に満たさなければならないことを注意しておく．

そこで，詳細釣合の原理が成り立つこと，すなわち，すべての定常同時確率密度が時間反転 $\tau \to -\tau$，$\boldsymbol{X}(t) \to \tilde{\boldsymbol{X}}(t)$ にさいして不変であることを仮定しよう：

$$W(\boldsymbol{x}, t_0+\tau; \boldsymbol{x}_0, t_0) = W(\tilde{\boldsymbol{x}}_0, t_0+\tau; \tilde{\boldsymbol{x}}, t_0) \tag{5.7.9}$$

あるいは

$$f(\boldsymbol{x} \mid \boldsymbol{x}_0; \tau) W(\boldsymbol{x}_0) = f(\tilde{\boldsymbol{x}}_0 \mid \tilde{\boldsymbol{x}}; \tau) W(\tilde{\boldsymbol{x}}) \tag{5.7.10}$$

(5.7.10)を用いて $f(\boldsymbol{x}|\boldsymbol{x}_0;\tau)$ を $f(\tilde{\boldsymbol{x}}_0|\tilde{\boldsymbol{x}};\tau)$ で表わすと，(5.7.4)は

$$\frac{\partial}{\partial\tau}\left[\frac{W(\tilde{\boldsymbol{x}})}{W(\boldsymbol{x}_0)}f(\tilde{\boldsymbol{x}}_0|\tilde{\boldsymbol{x}};\tau)\right]=-\sum_i\frac{\partial}{\partial x^i}a^i(\boldsymbol{x})\frac{W(\tilde{\boldsymbol{x}})}{W(\tilde{\boldsymbol{x}}_0)}f(\tilde{\boldsymbol{x}}_0|\tilde{\boldsymbol{x}};\tau)$$
$$+\sum_{ik}\frac{\partial^2}{\partial x^i\partial x^k}D^{ik}(\boldsymbol{x})\frac{W(\tilde{\boldsymbol{x}})}{W(\tilde{\boldsymbol{x}}_0)}f(\tilde{\boldsymbol{x}}_0|\tilde{\boldsymbol{x}};\tau)\quad(5.7.11)$$

となる．さらに(5.7.7)を用いると，これは

$$\left\{\frac{\partial}{\partial\tau}+\sum_i\left[a^i(\boldsymbol{x})-\frac{2}{W(\boldsymbol{x})}\sum_k\frac{\partial D^{ik}(\boldsymbol{x})W(\boldsymbol{x})}{\partial x^k}\right.\right.$$
$$\left.\left.-\sum_k D^{ik}(\boldsymbol{x})\frac{\partial}{\partial x^k}\right]\frac{\partial}{\partial x^i}\right\}f(\tilde{\boldsymbol{x}}_0|\tilde{\boldsymbol{x}};\tau)=0\qquad(5.7.12)$$

となる．

一方

$$\boldsymbol{x}_0\to\tilde{\boldsymbol{x}},\qquad \boldsymbol{x}\to\tilde{\boldsymbol{x}}_0\qquad(5.7.13)$$

という入れ替えを行なうと，後向き方程式は

$$\left\{\frac{\partial}{\partial\tau}-\sum_i\left[\tilde{a}^i(\boldsymbol{x})+\sum_k\tilde{D}^{ik}(\boldsymbol{x})\frac{\partial}{\partial x^k}\right]\frac{\partial}{\partial x^i}\right\}f(\tilde{\boldsymbol{x}}_0|\tilde{\boldsymbol{x}};\tau)=0\qquad(5.7.14)$$

となる．ただし

$$\varepsilon_i=\begin{cases}+1 & (i=1,2,\cdots,m)\\ -1 & (i=m+1,m+2,\cdots,n)\end{cases}\qquad(5.7.15)$$

として，

$$\tilde{a}^i(\boldsymbol{x})\equiv\varepsilon_i a^i(\tilde{\boldsymbol{x}})\qquad(5.7.16)$$

$$\tilde{D}^{ik}(\boldsymbol{x})\equiv\varepsilon_i\varepsilon_k D^{ik}(\tilde{\boldsymbol{x}})\qquad(5.7.17)$$

である．

(5.7.12)と(5.7.14)から $f$ の時間微分を消去すると，

$$0=\sum_i\left\{\left(\frac{2}{W}\sum_k\frac{\partial D^{ik}W}{\partial x^k}-a^i-\tilde{a}^i\right)+\sum_k(D^{ik}-\tilde{D}^{ik})\right\}\frac{\partial}{\partial x^k}f(\tilde{\boldsymbol{x}}_0|\tilde{\boldsymbol{x}};\tau)\qquad(5.7.18)$$

これに勝手な関数 $F(\boldsymbol{x})$ を掛け，$\tau=0$ において $\boldsymbol{x}$ について積分すると，$F, F$ の1次微係数および $F$ の2次微係数を含む項の和が0に等しいという形の方程式が得られるが，$F$ は勝手だから，おのおのの項の係数が0でなければならない．

$F$ の係数は(5.7.7)によって自動的に0となる．2次微係数の係数を0と置

くと，

$$D^{ik}(\boldsymbol{x}) = \varepsilon_i \varepsilon_k D^{ik}(\tilde{\boldsymbol{x}}) = \tilde{D}^{ik}(\boldsymbol{x}) \tag{5.7.19}$$

という関係が得られる．すなわち $\boldsymbol{D}$ は

$$\boldsymbol{D} = \left(\begin{array}{c|c} \boldsymbol{D}^{(u} & \boldsymbol{D}^{(uv)} \\ \hline \boldsymbol{D}^{(vu)} & \boldsymbol{D}^{(v)} \end{array}\right) \tag{5.7.20}$$

という形をもつ．ただし $\boldsymbol{D}^{(u)}$, $\boldsymbol{D}^{(uv)}$, $\boldsymbol{D}^{(vu)}$, $\boldsymbol{D}^{(v)}$ はそれぞれ $m\times m$, $m\times(n-m)$, $(n-m)\times m$, $(n-m)\times(n-m)$ 行列で，

$$\boldsymbol{D}^{(u)} = \boldsymbol{D}^{(u)\mathrm{T}}, \qquad \boldsymbol{D}^{(uv)} = \boldsymbol{D}^{(vu)\mathrm{T}}, \qquad \boldsymbol{D}^{(v)} = \boldsymbol{D}^{(v)\mathrm{T}} \tag{5.7.21}$$

$$\left.\begin{aligned} \boldsymbol{D}^{(u)}(\boldsymbol{u},\boldsymbol{v}) &= \boldsymbol{D}^{(u)}(\boldsymbol{u}, -\boldsymbol{v}) \\ \boldsymbol{D}^{(uv)}(\boldsymbol{u},\boldsymbol{v}) &= -\boldsymbol{D}^{(uv)}(\boldsymbol{u}, -\boldsymbol{v}) \\ \boldsymbol{D}^{(v)}(\boldsymbol{u},\boldsymbol{v}) &= \boldsymbol{D}^{(v)}(\boldsymbol{u}, -\boldsymbol{v}) \end{aligned}\right\} \tag{5.7.22}$$

である．

最後に $F$ の1次微係数の係数を0と置くと，

$$\sum_k \frac{2}{W}\frac{2D^{ik}W}{2x^k} - a^i - \tilde{a}^i = 0 \tag{5.7.23}$$

という条件が得られる．$\{a^i\}$ を2つの組に分けて $\{a^{k(u)}, a^{l(v)}\}$ と書くと，(5.7.23)は次の方程式の組と同等である*:

$$a^{k(u)}(\boldsymbol{u},\boldsymbol{v}) + a^{k(u)}(\boldsymbol{u}, -\boldsymbol{v}) = \frac{2}{W(\boldsymbol{u},\boldsymbol{v})}\sum_l\left(\frac{\partial D^{kl(u)}(\boldsymbol{u},\boldsymbol{v})W(\boldsymbol{u},\boldsymbol{v})}{2u^l} + \frac{\partial D^{kl(uv)}(\boldsymbol{u},\boldsymbol{v})W(\boldsymbol{u},\boldsymbol{v})}{\partial v^l}\right) \tag{5.7.24 a}$$

$$a^{k(v)}(\boldsymbol{u},\boldsymbol{v}) - a^{k(v)}(\boldsymbol{u}, -\boldsymbol{v}) = \frac{2}{W(\boldsymbol{u},\boldsymbol{v})}\sum_l\left(\frac{\partial D^{kl(vu)}(\boldsymbol{u},\boldsymbol{v})W(\boldsymbol{u},\boldsymbol{v})}{\partial u^l} + \frac{\partial D^{kl(v)}(\boldsymbol{u},\boldsymbol{v})W(\boldsymbol{u},\boldsymbol{v})}{\partial v^l}\right) \tag{5.7.24 b}$$

そこで，$a^i(\boldsymbol{x})$ が $\boldsymbol{x}$ について線形斉次で $\boldsymbol{D}$ が定数の場合，すなわち§4.3で取り扱った場合を考えよう．$D^{ik}$ は定数であるから，(5.7.22)によって，$\boldsymbol{D}^{(uv)}=0$ でなければならない．すなわち行列 $\boldsymbol{D}$ は

---

* (5.7.24)までの議論は R. Graham and H. Haken: Generalized Thermodynamic Potential for Markoff Systems in Detailed Balance and far from Thermal Equilibrium, *Z. Physik*, **243** (1971), 289による．

$$\boldsymbol{D} = \left(\begin{array}{c|c} \boldsymbol{D}^{(u)} & 0 \\ \hline 0 & \boldsymbol{D}^{(v)} \end{array}\right) \tag{5.7.25}$$

という形をもつ．また $a^i(\boldsymbol{x})$ は

$$\left.\begin{aligned} a^i(\boldsymbol{x}) &= \sum_{k=1}^{m} a_k{}^{i(u)} x^k + \sum_{l=m+1}^{n} a_l{}^{i(uv)} x^l \qquad (i = 1, 2, \cdots, m) \\ a^j(\boldsymbol{x}) &= \sum_{k=1}^{m} a_k{}^{j(vu)} x^k + \sum_{l=m+1}^{n} a_l{}^{j(v)} x^l \qquad (j = m+1, m+2, \cdots, n) \end{aligned}\right\} \tag{5.7.26}$$

と書ける．ここで $a_k{}^{i(u)}$，$a_l{}^{i(uv)}$，$a_k{}^{j(vu)}$，$a_l{}^{j(v)}$ は，それぞれ，(4.3.8) で定義される $\boldsymbol{A}$ を

$$\boldsymbol{A} = \left(\begin{array}{c|c} \boldsymbol{A}^{(u)} & \boldsymbol{A}^{(uv)} \\ \hline \boldsymbol{A}^{(vu)} & \boldsymbol{A}^{(v)} \end{array}\right) \tag{5.7.27}$$

と書いたときの，部分行列 $\boldsymbol{A}^{(u)}$，$\boldsymbol{A}^{(uv)}$，$\boldsymbol{A}^{(vu)}$，$\boldsymbol{A}^{(v)}$ の行列要素である．

(5.7.26) から

$$\left.\begin{aligned} \tilde{a}^i(\boldsymbol{x}) &= a^i(\tilde{\boldsymbol{x}}) = \sum_{k=1}^{m} a_k{}^{i(u)} x^k - \sum_{l=m+1}^{n} a_l{}^{i(uv)} x^l \qquad (i = 1, 2, \cdots, m) \\ \tilde{a}^j(\boldsymbol{x}) &= -a^j(\tilde{\boldsymbol{x}}) = -\sum_{k=1}^{m} a_k{}^{j(vu)} x^k + \sum_{l=m+1}^{n} a_l{}^{j(v)} x^l \qquad (j = m+1, \cdots, n) \end{aligned}\right\} \tag{5.7.28}$$

したがって係数 $\tilde{a}^i$ に対応する行列 $\tilde{\boldsymbol{A}}$ は

$$\tilde{\boldsymbol{A}} = \left(\begin{array}{c|c} \boldsymbol{A}^{(u)} & -\boldsymbol{A}^{(uv)} \\ \hline -\boldsymbol{A}^{(vu)} & \boldsymbol{A}^{(v)} \end{array}\right) \tag{5.7.29}$$

となる．したがって

$$\boldsymbol{A} + \tilde{\boldsymbol{A}} = \left(\begin{array}{c|c} 2\boldsymbol{A}^{(u)} & 0 \\ \hline 0 & 2\boldsymbol{A}^{(v)} \end{array}\right) \tag{5.7.30}$$

である．

今の場合，定常分布が

$$W(\boldsymbol{x}) = C \exp\left(-\frac{1}{2} \boldsymbol{x}^{\mathrm{T}} \boldsymbol{R}^{-1} \boldsymbol{x}\right) \tag{5.7.31}$$

で与えられることがわかっているから，

$$\frac{\partial W}{\partial x^k} = W \frac{\partial}{\partial x^k}\left(-\frac{1}{2} \sum_{lm} r_{lm}{}^{-1} x^l x^m\right) = -W \sum_{l} r_{kl}{}^{-1} x^l \tag{5.7.32}$$

したがって

$$\frac{2}{W}\sum_k D^{ik}\frac{\partial W}{\partial x^k} = -2\sum_{kl} D^{ik} r_{kl}{}^{-1} x^l \tag{5.7.33}$$

であり，(5.7.23)は

$$\boldsymbol{A}+\tilde{\boldsymbol{A}} = -2\boldsymbol{D}\boldsymbol{R}^{-1} \tag{5.7.34}$$

となる．

(5.7.34)と一般化された Einstein の関係

$$\boldsymbol{AR}+\boldsymbol{RA}^{\mathrm{T}} = -2\boldsymbol{D} \tag{5.7.35}$$

とが矛盾しないためには

$$(\boldsymbol{AR})^{\mathrm{T}} = (\widetilde{\boldsymbol{AR}}) \tag{5.7.36}$$

でなければならない．これはまさに Onsager の相反性

$$\boldsymbol{L}^{\mathrm{T}} = \tilde{\boldsymbol{L}} \tag{5.7.37}$$

を意味する．

(5.7.30)と(5.7.34)から，$\boldsymbol{R}$ は

$$\boldsymbol{R} = \left(\begin{array}{c|c} \boldsymbol{R}^{(u)} & 0 \\ \hline 0 & \boldsymbol{R}^{(v)} \end{array}\right) \tag{5.7.38}$$

という形をもたなければならないことがわかる．したがって $\boldsymbol{R}$ を $\boldsymbol{I}$ に変換する変換行列 $\boldsymbol{P}$ もまた

$$\boldsymbol{P} = \left(\begin{array}{c|c} \boldsymbol{P}^{(u)} & 0 \\ \hline 0 & \boldsymbol{P}^{(v)} \end{array}\right) \tag{5.7.39}$$

という形をもつ．したがって，この変換によって偶変数と奇変数が混り合うことはなく，変換したあとでも今までの議論はそのまま成り立つ．だから，$\boldsymbol{R}$ ははじめから $\boldsymbol{I}$ になっていると仮定して差支えない．こうすると(5.7.36)は

$$\boldsymbol{A}^{\mathrm{T}} = \tilde{\boldsymbol{A}} \tag{5.7.40}$$

となる．これと(5.7.29)とから

$$\boldsymbol{A}^{(u)} = \boldsymbol{A}^{(u)\mathrm{T}}, \qquad \boldsymbol{A}^{(v)} = \boldsymbol{A}^{(v)\mathrm{T}} \tag{5.7.41}$$

$$\boldsymbol{A}^{(vu)\mathrm{T}} = -\boldsymbol{A}^{(uv)} \tag{5.7.42}$$

という関係が出る．以下では $\boldsymbol{R}=\boldsymbol{I}$ として議論を進める．

(5.7.41)および(5.7.42)が，詳細釣合に対する十分条件でもあることを次に示そう．定常分布(5.7.31)と Fokker-Planck 方程式の時間を含む解(4.3.25)

とを(5.7.10)に入れると,

$$\exp\Big\{-\frac{1}{2}[\boldsymbol{x}^{\mathrm T}\boldsymbol{R}^{-1}(t)\boldsymbol{x}+\boldsymbol{x}_0{}^{\mathrm T}e^{\boldsymbol{A}^{\mathrm T}t}\boldsymbol{R}^{-1}(t)e^{\boldsymbol{A}t}\boldsymbol{x}_0$$

$$-\boldsymbol{x}^{\mathrm T}\boldsymbol{R}^{-1}(t)e^{\boldsymbol{A}t}\boldsymbol{x}_0-\boldsymbol{x}_0{}^{\mathrm T}e^{\boldsymbol{A}^{\mathrm T}t}\boldsymbol{R}^{-1}(t)\boldsymbol{x}+\boldsymbol{x}_0{}^{\mathrm T}\boldsymbol{R}^{-1}\boldsymbol{x}_0]\Big\}$$

$$=\exp\Big\{-\frac{1}{2}[\tilde{\boldsymbol{x}}_0{}^{\mathrm T}\boldsymbol{R}^{-1}(t)\tilde{\boldsymbol{x}}_0+\tilde{\boldsymbol{x}}^{\mathrm T}e^{\boldsymbol{A}^{\mathrm T}t}\boldsymbol{R}^{-1}(t)e^{\boldsymbol{A}t}\tilde{\boldsymbol{x}}$$

$$-\tilde{\boldsymbol{x}}_0{}^{\mathrm T}\boldsymbol{R}^{-1}(t)e^{\boldsymbol{A}t}\tilde{\boldsymbol{x}}-\tilde{\boldsymbol{x}}^{\mathrm T}e^{\boldsymbol{A}^{\mathrm T}t}\boldsymbol{R}^{-1}(t)\tilde{\boldsymbol{x}}_0+\tilde{\boldsymbol{x}}^{\mathrm T}\boldsymbol{R}^{-1}\tilde{\boldsymbol{x}}]\Big\} \tag{5.7.43}$$

という等式が得られる．$\boldsymbol{R}=\boldsymbol{I}$, $\boldsymbol{A}^{\mathrm T}=\tilde{\boldsymbol{A}}$ ならば，この式がつねに満たされることを示せばよい．このために，(4.3.25)の最後の式を行列の形に書いたもの

$$\boldsymbol{\Lambda}\boldsymbol{S}e^{-\boldsymbol{\Lambda}t}+\boldsymbol{S}e^{-\boldsymbol{\Lambda}t}\boldsymbol{\Lambda}=-\boldsymbol{\Sigma}e^{-\boldsymbol{\Lambda}t}+e^{\boldsymbol{\Lambda}t}\boldsymbol{\Sigma} \tag{5.7.44}$$

から出発する．(4.3.26)をこれに入れると

$$\boldsymbol{\Lambda}\boldsymbol{C}\boldsymbol{R}(t)\boldsymbol{C}^{\mathrm T}e^{-\boldsymbol{\Lambda}t}+\boldsymbol{C}\boldsymbol{R}(t)\boldsymbol{C}^{\mathrm T}e^{-\boldsymbol{\Lambda}t}\boldsymbol{\Lambda}=-2\boldsymbol{\Sigma}e^{-\boldsymbol{\Lambda}t}+2e^{\boldsymbol{\Lambda}t}\boldsymbol{\Sigma} \tag{5.7.45}$$

となる．これに左から $\boldsymbol{C}^{-1}$ を，右から $\boldsymbol{C}^{\mathrm{T}-1}$ を掛けると，(4.3.9)と(4.3.11)を用いて，

$$\boldsymbol{A}\boldsymbol{R}(t)e^{-\boldsymbol{A}^{\mathrm T}t}+\boldsymbol{R}(t)e^{-\boldsymbol{A}^{\mathrm T}t}\boldsymbol{A}^{\mathrm T}=-2\boldsymbol{D}e^{-\boldsymbol{A}^{\mathrm T}t}+2e^{\boldsymbol{A}t}\boldsymbol{D} \tag{5.7.46}$$

すなわち

$$\boldsymbol{A}\boldsymbol{R}(t)+\boldsymbol{R}(t)\boldsymbol{A}^{\mathrm T}=-2\boldsymbol{D}+2e^{\boldsymbol{A}t}\boldsymbol{D}e^{\boldsymbol{A}^{\mathrm T}t} \tag{5.7.47}$$

が得られる．これの形式解は

$$\boldsymbol{R}(t)=\int_0^\infty e^{\boldsymbol{A}\tau}\{2\boldsymbol{D}-2e^{\boldsymbol{A}t}\boldsymbol{D}e^{\boldsymbol{A}^{\mathrm T}t}\}e^{\boldsymbol{A}^{\mathrm T}\tau}d\tau \tag{5.7.48}$$

である．これと(4.4.10)(すなわち(5.7.48)で $t=0$ とおいた式)とを用いると，

$$\begin{aligned}\boldsymbol{R}(t)&=\boldsymbol{R}-2\int_0^\infty e^{\boldsymbol{A}\tau}e^{\boldsymbol{A}t}\boldsymbol{D}e^{\boldsymbol{A}^{\mathrm T}t}e^{\boldsymbol{A}^{\mathrm T}\tau}d\tau\\&=\boldsymbol{R}-e^{\boldsymbol{A}t}\boldsymbol{R}e^{\boldsymbol{A}^{\mathrm T}t}\end{aligned} \tag{5.7.49}$$

$\boldsymbol{R}=\boldsymbol{I}$ とおくとこれから

$$\begin{aligned}\boldsymbol{R}^{-1}(t)&=[\boldsymbol{I}-e^{\boldsymbol{A}t}e^{\boldsymbol{A}^{\mathrm T}t}]^{-1}\\&=\boldsymbol{I}+e^{\boldsymbol{A}t}e^{\boldsymbol{A}^{\mathrm T}t}+e^{\boldsymbol{A}t}e^{\boldsymbol{A}^{\mathrm T}t}e^{\boldsymbol{A}t}e^{\boldsymbol{A}^{\mathrm T}t}+\cdots\end{aligned} \tag{5.7.50}$$

が得られる．

さて，(5.7.29)からわかるように，

$$\widetilde{\boldsymbol{A}\boldsymbol{x}} = \tilde{\boldsymbol{A}}\tilde{\boldsymbol{x}}, \qquad \boldsymbol{A}\tilde{\boldsymbol{x}} = \widetilde{\tilde{\boldsymbol{A}}\boldsymbol{x}} \tag{5.7.51}$$

である．$\boldsymbol{A}$ と $\tilde{\boldsymbol{A}}$ の構造から $\boldsymbol{A}$ の任意の冪に対して $\widetilde{\boldsymbol{A}^n}=\tilde{\boldsymbol{A}}^n$，したがって $\boldsymbol{A}$ の勝手な関数 $f$ に対して $\widetilde{f(\boldsymbol{A})}=f(\tilde{\boldsymbol{A}})$ であるから，

$$\widetilde{f(\boldsymbol{A})\boldsymbol{x}} = \widetilde{f(\boldsymbol{A})}\tilde{\boldsymbol{x}} = f(\tilde{\boldsymbol{A}})\tilde{\boldsymbol{x}}, \qquad \widetilde{\widetilde{f(\boldsymbol{A})}}\tilde{\boldsymbol{x}} = f(\boldsymbol{A})\boldsymbol{x} = \widetilde{f(\tilde{\boldsymbol{A}})\boldsymbol{x}} \tag{5.7.52}$$

である．ここから先，$\tilde{\boldsymbol{A}}=\boldsymbol{A}^{\mathrm{T}}$ という関係を自由に使う．まず(5.7.43)の右辺の指数の中の双1次形式

$$\tilde{\boldsymbol{x}}_0{}^{\mathrm{T}}\boldsymbol{R}^{-1}(t)e^{\boldsymbol{A}t}\tilde{\boldsymbol{x}} = \tilde{\boldsymbol{x}}^{\mathrm{T}}e^{\boldsymbol{A}^{\mathrm{T}}t}\boldsymbol{R}^{-1}(t)\tilde{\boldsymbol{x}}_0 \tag{5.7.53}$$

をとりあげ，これに(5.7.50)を入れたときに現われる項の中の典型的な1つ

$$\tilde{\boldsymbol{x}}_0{}^{\mathrm{T}}e^{\boldsymbol{A}t}e^{\boldsymbol{A}^{\mathrm{T}}t}e^{\boldsymbol{A}t}e^{\boldsymbol{A}^{\mathrm{T}}t}e^{\boldsymbol{A}t}\tilde{\boldsymbol{x}} \tag{5.7.54}$$

を考えよう．(5.7.52)を繰り返して用いると，この表式を次のように書きかえてゆくことができる:

$$\begin{aligned}
\tilde{\boldsymbol{x}}_0{}^{\mathrm{T}}e^{\boldsymbol{A}t}e^{\boldsymbol{A}^{\mathrm{T}}t}e^{\boldsymbol{A}t}e^{\boldsymbol{A}^{\mathrm{T}}t}e^{\boldsymbol{A}t}\tilde{\boldsymbol{x}} &= (e^{\boldsymbol{A}^{\mathrm{T}}t}\tilde{\boldsymbol{x}}_0)^{\mathrm{T}}e^{\boldsymbol{A}^{\mathrm{T}}t}e^{\boldsymbol{A}t}e^{\boldsymbol{A}^{\mathrm{T}}t}\widetilde{e^{\boldsymbol{A}^{\mathrm{T}}t}\boldsymbol{x}} \\
&= (\widetilde{e^{\boldsymbol{A}t}\boldsymbol{x}_0})^{\mathrm{T}}e^{\boldsymbol{A}^{\mathrm{T}}t}e^{\boldsymbol{A}t}e^{\boldsymbol{A}^{\mathrm{T}}t}\widetilde{e^{\boldsymbol{A}^{\mathrm{T}}t}\boldsymbol{x}} \\
&= (e^{\boldsymbol{A}t}\widetilde{e^{\boldsymbol{A}t}\boldsymbol{x}_0})^{\mathrm{T}}e^{\boldsymbol{A}t}(e^{\boldsymbol{A}^{\mathrm{T}}t}\widetilde{e^{\boldsymbol{A}^{\mathrm{T}}t}\boldsymbol{x}}) \\
&= (\widetilde{e^{\boldsymbol{A}^{\mathrm{T}}t}e^{\boldsymbol{A}t}\boldsymbol{x}_0})^{\mathrm{T}}e^{\boldsymbol{A}t}(\widetilde{e^{\boldsymbol{A}t}e^{\boldsymbol{A}^{\mathrm{T}}t}\boldsymbol{x}}) \\
&= (\widetilde{e^{\boldsymbol{A}^{\mathrm{T}}t}e^{\boldsymbol{A}t}\boldsymbol{x}_0})^{\mathrm{T}}(\widetilde{e^{\boldsymbol{A}^{\mathrm{T}}t}e^{\boldsymbol{A}t}e^{\boldsymbol{A}^{\mathrm{T}}t}\boldsymbol{x}}) \\
&= \boldsymbol{x}_0{}^{\mathrm{T}}e^{\boldsymbol{A}^{\mathrm{T}}t}e^{\boldsymbol{A}t}e^{\boldsymbol{A}^{\mathrm{T}}t}e^{\boldsymbol{A}t}e^{\boldsymbol{A}^{\mathrm{T}}t}\boldsymbol{x}
\end{aligned} \tag{5.7.55}$$

他の項に対しても同様な結果が得られるから，

$$\begin{aligned}
\widetilde{\boldsymbol{R}^{-1}(t)} &\equiv \boldsymbol{I}+e^{\boldsymbol{A}^{\mathrm{T}}t}e^{\boldsymbol{A}t}+e^{\boldsymbol{A}^{\mathrm{T}}t}e^{\boldsymbol{A}t}e^{\boldsymbol{A}^{\mathrm{T}}t}e^{\boldsymbol{A}t}+\cdots \\
&= [\boldsymbol{I}-e^{\boldsymbol{A}^{\mathrm{T}}t}e^{\boldsymbol{A}t}]^{-1}
\end{aligned} \tag{5.7.56}$$

を定義すると，

$$\tilde{\boldsymbol{x}}_0{}^{\mathrm{T}}\boldsymbol{R}^{-1}(t)e^{\boldsymbol{A}t}\tilde{\boldsymbol{x}} = \boldsymbol{x}_0{}^{\mathrm{T}}\widetilde{\boldsymbol{R}^{-1}(t)}e^{\boldsymbol{A}^{\mathrm{T}}t}\boldsymbol{x} \tag{5.7.57}$$

という等式が得られる．一方

$$\begin{aligned}
\widetilde{\boldsymbol{R}^{-1}(t)}e^{\boldsymbol{A}^{\mathrm{T}}t} &= [\boldsymbol{I}+e^{\boldsymbol{A}^{\mathrm{T}}t}e^{\boldsymbol{A}t}+\cdots]e^{\boldsymbol{A}^{\mathrm{T}}t} \\
&= e^{\boldsymbol{A}^{\mathrm{T}}t}[\boldsymbol{I}+e^{\boldsymbol{A}t}e^{\boldsymbol{A}^{\mathrm{T}}t}+\cdots] \\
&= e^{\boldsymbol{A}^{\mathrm{T}}t}\boldsymbol{R}^{-1}(t)
\end{aligned} \tag{5.7.58}$$

であるから，結局

$$\tilde{\boldsymbol{x}}_0{}^{\mathrm{T}}\boldsymbol{R}^{-1}(t)e^{\boldsymbol{A}t}\tilde{\boldsymbol{x}} = \boldsymbol{x}_0{}^{\mathrm{T}}e^{\boldsymbol{A}^{\mathrm{T}}t}\boldsymbol{R}^{-1}(t)\boldsymbol{x} \tag{5.7.59}$$

すなわち双1次形式(5.7.53)は，(5.7.43)の左辺に現われる対応する双1次形式と等しいことがわかる．もう1つの双1次形式 $\tilde{\boldsymbol{x}}^{\mathrm{T}}e^{\boldsymbol{A}^{\mathrm{T}}t}\boldsymbol{R}^{-1}(t)\tilde{\boldsymbol{x}}_0$ についても全く同様にして，同じ結論が得られる．

次に(5.7.43) の右辺の羃指数の中の2次形式の項 $\tilde{\boldsymbol{x}}^{\mathrm{T}}[e^{\boldsymbol{A}^{\mathrm{T}}t}\boldsymbol{R}^{-1}(t)e^{\boldsymbol{A}t}+\boldsymbol{I}]\tilde{\boldsymbol{x}}$ を考える．これの第1項に(5.7.50)を入れたときに現われる典型的な項 $\tilde{\boldsymbol{x}}^{\mathrm{T}}e^{\boldsymbol{A}^{\mathrm{T}}t}e^{\boldsymbol{A}t}e^{\boldsymbol{A}^{\mathrm{T}}t}e^{\boldsymbol{A}t}e^{\boldsymbol{A}^{\mathrm{T}}t}e^{\boldsymbol{A}t}\tilde{\boldsymbol{x}}$ を上と同様にして書きかえてゆくと，$\boldsymbol{x}^{\mathrm{T}}e^{\boldsymbol{A}t}e^{\boldsymbol{A}^{\mathrm{T}}t}e^{\boldsymbol{A}t}e^{\boldsymbol{A}^{\mathrm{T}}t}e^{\boldsymbol{A}t}e^{\boldsymbol{A}^{\mathrm{T}}t}\boldsymbol{x}$ に等しいことがわかる．これから

$$\tilde{\boldsymbol{x}}^{\mathrm{T}}e^{\boldsymbol{A}^{\mathrm{T}}t}\boldsymbol{R}^{-1}(t)e^{\boldsymbol{A}t}\tilde{\boldsymbol{x}} = \boldsymbol{x}^{\mathrm{T}}e^{\boldsymbol{A}t}\widetilde{\boldsymbol{R}^{-1}(t)}e^{\boldsymbol{A}^{\mathrm{T}}t}\boldsymbol{x} \tag{5.7.60}$$

したがって

$$\tilde{\boldsymbol{x}}^{\mathrm{T}}[e^{\boldsymbol{A}^{\mathrm{T}}t}\boldsymbol{R}^{-1}(t)e^{\boldsymbol{A}t}+\boldsymbol{I}]\tilde{\boldsymbol{x}} = \boldsymbol{x}^{\mathrm{T}}[e^{\boldsymbol{A}t}\widetilde{\boldsymbol{R}^{-1}(t)}e^{\boldsymbol{A}^{\mathrm{T}}t}+\boldsymbol{I}]\boldsymbol{x} \tag{5.7.61}$$

ところが

$$\begin{aligned}\boldsymbol{I}+e^{\boldsymbol{A}t}\widetilde{\boldsymbol{R}^{-1}(t)}e^{\boldsymbol{A}^{\mathrm{T}}t} &= \boldsymbol{I}+e^{\boldsymbol{A}t}e^{\boldsymbol{A}^{\mathrm{T}}t}+e^{\boldsymbol{A}t}e^{\boldsymbol{A}^{\mathrm{T}}t}e^{\boldsymbol{A}t}e^{\boldsymbol{A}^{\mathrm{T}}t}+\cdots \\ &= \boldsymbol{R}^{-1}(t)\end{aligned} \tag{5.7.62}$$

であるから，

$$\tilde{\boldsymbol{x}}^{\mathrm{T}}[e^{\boldsymbol{A}^{\mathrm{T}}t}\boldsymbol{R}^{-1}(t)e^{\boldsymbol{A}t}+\boldsymbol{I}]\tilde{\boldsymbol{x}} = \boldsymbol{x}^{\mathrm{T}}\boldsymbol{R}^{-1}(t)\boldsymbol{x} \tag{5.7.63}$$

これはいま考えた2次形式が，(5.7.43)の左辺にある，これと対応する2次形式に等しいことを示している．同様にして，もう1つの2次形式 $\tilde{\boldsymbol{x}}_0\boldsymbol{R}^{-1}(t)\tilde{\boldsymbol{x}}_0$ は，(5.7.43)の左辺の対応する2次形式 $\boldsymbol{x}_0{}^{\mathrm{T}}[e^{\boldsymbol{A}^{\mathrm{T}}t}\boldsymbol{R}^{-1}(t)e^{\boldsymbol{A}t}+\boldsymbol{I}]\boldsymbol{x}_0$ に等しいことがわかる．

これで，$\boldsymbol{R}=\boldsymbol{I}$，$\boldsymbol{A}^{\mathrm{T}}=\tilde{\boldsymbol{A}}$ ならば詳細釣合が成り立つことが示された．定常な Markov 拡散過程においては，詳細釣合が成り立つことと Onsager の相反性が成り立つこととは同等になるのである．

(5.7.41)と(5.7.42)はちょうど(5.6.33)と同じ形をしている．Markov 過程の場合にはパルス型揺動散逸定理が成り立つことがわかっているから，このことは，相関関数行列 $\boldsymbol{R}(t)$ が(5.6.28)の形をもつことと，詳細釣合が成り立つことが同等であることを意味する．

# 第6章　物理系における Langevin 方程式

第1章で，液体の中に浮遊している微粒子の Brown 運動を記述する方程式として，3次元の Ornstein–Uhlenbeck 過程に対する Langevin 方程式を考えた．しかしそこでは，この方程式は経験的に Brown 運動をうまく記述することができる方程式として導入されただけであって，粒子に対する力学の方程式から出発して導かれたわけではなかった．また第3章から第5章までの間にも，Ornstein–Uhlenbeck 過程に対する Langevin 方程式をしばしば考えたが，そこでは今度はこれを Ito 方程式の最も簡単な例としてとりあげて，物理現象と一応離れた数学的な議論を行なったにすぎない．

この章では，力学の方程式から出発して，実際の物理系に対する Langevin 方程式を導くことを試みる．この種の試みは数多くなされているが，その大部分は必ずしもその性格が明らかでない何らかの近似を含んでおり，結局は経験的・現象論的に Langevin 方程式を導入しているのと本質的に変わりはない．ここではそれを避けて，近似なしの厳密な導出を行なう．ただしこれが可能な物理系は極めて限られていて，現在までに知られているのは調和的相互作用をもつ格子の中の不純物粒子のみであるから，ここでもそれに対する議論のみに話を限ることにする．

§6.1ではいろいろな異なる質量をもつ粒子がつくる1次元の格子系を考え，その中の特定の粒子の運動に対して Langevin 方程式を導き，これに対してパルス型揺動散逸定理が成り立つことを示す．§6.2では $n$ 次元の格子に対して同様のことを行なうが，今度は着目する粒子以外の粒子の質量はすべて等しい場合を考えることによって，Langevin 方程式に含まれる記憶関数および揺動力の相関関数を具体的に求める．§6.3では，§6.2で考えた格子について，$n=1$ の場合に，記憶関数がデルタ関数になるのはどういうときか，いいかえれば着目する粒子の運動が Markov 過程になるのはどういう場合かをしらべる．格子の最大固有振動数 $\omega_L$ と着目する粒子の質量 $M$ とを，$\omega_L/M$ が定数になるように無限大にした極限で，粒子の運動は Markov 過程になることがわかる．§6.4では $n=2$ および $n=3$ の場合に対して同じ考察を行ない，$n=3$ のときは上と同じ極限で運動が Markov 化されるが，$n=2$ のときは Markov 化が不可能であることを示す．この節の最後ではさらに，$\omega_L$ を無限大にするかわりに，時間の単位を引き伸ばすスケール変換を行なっても同じ結果が得られることを示す．以上の議論は古典力学に基づいて行なわれるが，最後に§6.5で量子力学を用いても，通常の相関関数のかわりにカノニカル相関関数を使いさえすれば全く同じ形の Langevin 方程式が得られ，したがってやはりパルス型揺動散逸定理が成り立つことを示す．また，もし通常の相関関数を使いたければ，これとカノニカル相関関数の間には一定の関係があるから，それを用いて後者を前者で表わせば，量子力学的に補正されたパルス型揺動散逸定理が得られる，ということも示す*.

## §6.1　1次元格子系における Langevin 方程式と揺動散逸定理

質量 $M$ をもつ0番目の粒子と，それぞれ質量 $m_1, m_2, \cdots, m_N$ をもつ1番目から $N$ 番目までの粒子とからなる系を考える．粒子は1つの直線上に並んでおり，互いに Hooke の法則に従うバネで結びつけられながら，その直線上を運動するものとする．粒子の平衡位置からのずれを $X_0, X_1, \cdots, X_N$，運動量を $P_0$, $P_1, \cdots, P_N$ とすると，全系のハミルトニアンは

$$H=\frac{P_0^2}{2M}+\sum_{i=1}^{N}\frac{P_i^2}{2m_i}+\sum_{i,j=0}^{N}X_iA_{ij}X_j \tag{6.1.1}$$

である．ただし $A_{ij}$ は実で $A_{ij}=A_{ji}$ である．このハミルトニアンを，わざと

$$\left.\begin{aligned}H&=H_0+H_1\\ H_0&\equiv\frac{P_0^2}{2m^*}+\sum_{i=1}^{N}\frac{P_i^2}{2m_i}+\sum_{i,j=0}^{N}X_iA_{ij}X_j\\ H_1&\equiv\frac{1}{2}\left(\frac{1}{M}-\frac{1}{m^*}\right)P_0^2\end{aligned}\right\} \tag{6.1.2}$$

---

*　§6.1から§6.5のはじめまでの議論は，§6.3の後半を除いて，K. Wada and J. Hori : Langevin Equation for General Harmonic Heat Bath I, *Progr. Theor. Phys.*, **49** (1973), 129, および，K. Wada : Langevin Equation for General Harmonic Heat Bath II, *Progr. Theor. Phys.*, **49** (1973), 1130 による．なおこの章ではベクトルの成分と行列の要素につく添字を，記法を簡単にするためにすべて下に下げる．

という形に書き，$H_0$ で記述される系を**基準系**とよぶことにしよう．$m^*$ は基準系における0番目の粒子の質量で，勝手に選ぶことができる．

Liouville 演算子 $i\mathscr{L}$ もまた，基準系の Liouville 演算子 $i\mathscr{L}_0$ と残りの系に対する Liouville 演算子 $i\mathscr{L}_1$ とに分解することができる:

$$\left.\begin{aligned} i\mathscr{L} &= i\mathscr{L}_0 + i\mathscr{L}_1 \\ i\mathscr{L}_0 &\equiv \frac{P_0}{m^*}\frac{\partial}{\partial X_0} + \sum_{i=1}^{N}\frac{P_i}{m_i}\frac{\partial}{\partial X_i} + \sum_{i=0}^{N} F_i \frac{\partial}{\partial P_i} \\ i\mathscr{L}_1 &\equiv \left(\frac{1}{M} - \frac{1}{m^*}\right) P_0 \frac{\partial}{\partial X_0} = (-Q)\frac{P_0}{M}\frac{\partial}{\partial X_0} \end{aligned}\right\} \tag{6.1.3}$$

ただし

$$Q \equiv (M/m^*) - 1 \tag{6.1.4}$$

で，$F_i$ は

$$F_i \equiv -\frac{\partial H}{\partial X_i} = -\sum_{j=0}^{N} A_{ij} X_j \tag{6.1.5}$$

すなわち $i$ 番目の粒子に働く力である．

ここで，カノニカルな期待値を

$$\langle\langle \cdots \rangle\rangle \equiv \frac{\displaystyle\int e^{-\beta H}(\cdots)\, dX^N dP^N dX_0 dP_0}{\displaystyle\int e^{-\beta H} dX^N dP^N dX_0 dP_0}, \qquad \beta \equiv \frac{1}{k}T \tag{6.1.6}$$

と書き，これによって

$$\mathcal{P}(\cdots) \equiv P_0 \langle\langle (-Q) P_0 \cdots \rangle\rangle / \langle\langle P_0^2 \rangle\rangle \tag{6.1.7}$$

という演算子を定義しよう．定義から，

$$\begin{aligned} \mathcal{P}^2(\cdots) &= P_0 \langle\langle (-Q) P_0 \mathcal{P}(\cdots) \rangle\rangle / \langle\langle P_0^2 \rangle\rangle \\ &= P_0 \frac{\langle\langle (-Q)[P_0^2 \langle\langle (-Q) P_0(\cdots) \rangle\rangle / \langle\langle P_0^2 \rangle\rangle] \rangle\rangle}{\langle\langle P_0^2 \rangle\rangle} = Q^2 P_0 \frac{\langle\langle P_0^2 \langle\langle P_0(\cdots) \rangle\rangle \rangle\rangle}{\langle\langle P_0^2 \rangle\rangle^2} \\ &= -Q\mathcal{P}(\cdots) \end{aligned} \tag{6.1.8}$$

であるから，$\mathcal{P}$ は射影演算子ではないが，$Q=-1$ のときには射影演算子となり，$Q=-1$ として(6.1.7)で定義される射影演算子*を一般化したものと考えられるので，**擬射影演算子**とよぶことにする．

---

* $Q=1$ の場合の $\mathcal{P}$ は Mori によって最初に導入された(H. Mori : Transport, Collective Motion and Brownian Motion, *Progr. Theor. Phys.*, **33** (1965), 423).

次に，$i\mathcal{A}=(1-\mathcal{P})i\mathcal{L}$，$i\mathcal{B}=\mathcal{P}i\mathcal{L}$ として，恒等式

$$e^{i(\mathcal{A}+\mathcal{B})t} = e^{i\mathcal{A}t}+\int_0^t d\tau e^{i(\mathcal{A}+\mathcal{B})(t-\tau)} i\mathcal{B} e^{i\mathcal{A}\tau} \tag{6.1.9}$$

の両辺を $\dot{P}_0(0)=F_0(0)$ に作用させ，

$$\frac{dP_0(t)}{dt} = e^{i\mathcal{L}t}\dot{P}_0(0) = F_0(t) \tag{6.1.10}$$

であることを考えると，

$$\begin{aligned}\frac{dP_0(t)}{dt} &= \exp\{(1-\mathcal{P})i\mathcal{L}t\}F_0(0) \\ &\quad +\int_0^t d\tau \exp\{i\mathcal{L}(t-\tau)\}\mathcal{P}i\mathcal{L}\exp\{(1-\mathcal{P})i\mathcal{L}\}F_0(0) \\ &= F_0{}^{\mathrm{r}}(t)+\int_0^t d\tau \exp\{i\mathcal{L}(t-\tau)\}\mathcal{P}i\mathcal{L}F_0{}^{\mathrm{r}}(\tau)\end{aligned} \tag{6.1.11}$$

という方程式が得られる．ただし

$$F_0{}^{\mathrm{r}}(t) \equiv \exp\{(1-\mathcal{P})i\mathcal{L}t\}F_0(0) \tag{6.1.12}$$

である．

(6.1.12) と (6.1.6) から

$$\begin{aligned}\mathcal{P}i\mathcal{L}F_0{}^{\mathrm{r}}(\tau) &= P_0\langle\langle(-Q)P_0 i\mathcal{L}F_0{}^{\mathrm{r}}(\tau)\rangle\rangle/\langle\langle P_0{}^2\rangle\rangle \\ &= \frac{-QP_0\int e^{-\beta H}P_0 i\mathcal{L}F_0{}^{\mathrm{r}}(\tau)dX^N dP^N dX_0 dP_0}{\langle\langle P_0{}^2\rangle\rangle\int e^{-\beta H}dX^N dP^N dX_0 dP_0}\end{aligned} \tag{6.1.13}$$

であるが，分子の Liouville 演算子 $i\mathcal{L}$ のところにその定義(6.1.3)を入れて部分積分すると，(6.1.3)の $i\mathcal{L}_0$ の中の $\partial/\partial P_0$ だけが効いてきて，

$$\mathcal{P}i\mathcal{L}F_0{}^{\mathrm{r}}(\tau) = QP_0\langle\langle F_0(0)F_0{}^{\mathrm{r}}(\tau)\rangle\rangle/\langle\langle P_0{}^2\rangle\rangle \tag{6.1.14}$$

となる．ところがエネルギー等配分則によって $\langle\langle P_0{}^2\rangle\rangle=MkT$ であるから，結局

$$\mathcal{P}i\mathcal{L}F_0{}^{\mathrm{r}}(\tau) = -\left(\frac{1}{M}-\frac{1}{m^*}\right)\beta P_0\langle\langle F_0(0)F_0{}^{\mathrm{r}}(\tau)\rangle\rangle \tag{6.1.15}$$

という関係が得られる．

(6.1.15) を (6.1.11) に入れると

$$\frac{dP_0(t)}{dt} = F_0{}^{\mathrm{r}}(t)-\int_0^t d\tau P_0(t-\tau)\beta\left(\frac{1}{M}-\frac{1}{m^*}\right)\langle\langle F_0(0)F_0{}^{\mathrm{r}}(\tau)\rangle\rangle \tag{6.1.16}$$

という方程式が得られる．この方程式は，$F_0{}^{\mathrm{r}}(t)$ を揺動力とみたてると，前章で考察した非 Markov 過程に対する Langevin 方程式とよく似た形をしている．

$F_0{}^{\mathrm{r}}(t)$ が，基準系の 0 番目の粒子に働く力に実は等しいこと，すなわち

$$F_0{}^{\mathrm{r}}(t) = F_0{}^0(t) \equiv \exp(i\mathscr{L}_0 t)F_0(0) = e^{i\mathscr{L}_0 t}\left\{-\sum_{l=0}^{N} A_{0l}X_l(0)\right\} = -\sum_{l=0}^{N} A_{0l}X_l(t) \tag{6.1.17}$$

であることを示そう：

恒等式(6.1.9)において $i\mathscr{A}=i\mathscr{L}_0$, $i(\mathscr{A}+\mathscr{B})=(1-\mathscr{P})i\mathscr{L}$ として $F_0(0)$ に作用させると，

$$F_0{}^{\mathrm{r}}(t) = F_0{}^0(t)+\int_0^t d\tau \exp\{(1-\mathscr{P})i\mathscr{L}(t-\tau)\}[(1-\mathscr{P})i\mathscr{L}-i\mathscr{L}_0]F_0{}^0(\tau) \tag{6.1.18}$$

という式が得られる．一方，(6.1.17)の中の $X_l(t)$ は，基準系における粒子の変位の時間的変化を表わし，すべての粒子の変位と運動量に対する初期条件 $\{X_i(0), P_i(0)\}$ の下で，

$$X_l(t) = \sum_{j=0}^{N}\left[D_{lj}{}^{xx}(t)X_j(0)+D_{lj}{}^{xu}(t)\frac{P_j(0)}{m_j}\right] \tag{6.1.19}$$

と与えられる(ただし $m_0\equiv m^*$)が，これから簡単な計算によって，

$$(1-\mathscr{P})i\mathscr{L}X_l(t) = D_{l0}{}^{xx}(t)\frac{P_0(0)}{m^*}+\sum_{j=1}^{N}D_{lj}{}^{xx}(t)\frac{P_j(0)}{m_j}+\sum_{j=0}^{N}D_{lj}{}^{xu}(t)\frac{F_j(0)}{m_j} \tag{6.1.20}$$

であることがわかる．ところがこれはちょうど $i\mathscr{L}_0X_l(t)$ に等しいから，

$$(1-\mathscr{P})i\mathscr{L}X_l(t) = i\mathscr{L}_0X_l(t) \tag{6.1.21}$$

この式に $-A_{0l}$ を掛けて $l$ について 0 から $N$ まで加えると

$$(1-\mathscr{P})i\mathscr{L}F_0{}^0(t) = i\mathscr{L}_0F_0{}^0(t) \tag{6.1.22}$$

したがって(6.1.18)の右辺第 2 項は恒等的に 0 であり，(6.1.17)が成り立つことがわかる．QED.

0 番目の粒子は，他のすべての粒子から力を受けて，ふらふらした運動をするであろう．方程式(6.1.16)の右辺第 2 項には $\langle\langle F_0(0)F_0{}^{\mathrm{r}}(\tau)\rangle\rangle$ という相関関数が入っているから，これはこの運動の中のなめらかな部分を記述する項であり，これに対して第 1 項はそれからのゆらぎをもたらす項であると考えられる．こ

のことと上に得られた $F_0{}^{\mathrm{r}}(t)$ の物理的意味とを考え合わせるならば，$F_0{}^{\mathrm{r}}(t)$ を揺動力とみたてることがそれほど不自然ではないことが了解できよう．そこで，以下 $F_0{}^{\mathrm{r}}(t)$ を揺動力とよぶことにする．

相関関数 $\langle\langle F_0(0)F_0{}^{\mathrm{r}}(t)\rangle\rangle$ は，上の結果(6.1.17)と(6.1.6)および(6.1.19)を用いて，

$$\begin{aligned}
&\langle\langle F_0(0)F_0{}^{\mathrm{r}}(t)\rangle\rangle \\
&=\iint e^{-\beta H}\left(-\frac{\partial H}{\partial X_0}\right) \\
&\qquad\times\left[-\sum_{l=0}^{N}A_{0l}\sum_{j=0}^{N}\left\{D_{lj}{}^{xx}(t)X_j(0)+D_{lj}{}^{xu}(t)\frac{P_j(0)}{m_j}\right\}\right]dX^N dP^N dX_0 dP_0 \\
&\quad\times\left\{\iint e^{-\beta H}dX^N dP^N dX_0 dP_0\right\}^{-1} \\
&=\frac{1}{\beta}\iint\frac{\partial}{\partial X_0}(e^{-\beta H}) \\
&\qquad\times\left[-\sum_{l=0}^{N}A_{0l}\sum_{j=0}^{N}\left\{D_{lj}{}^{xx}(t)X_j(0)+D_{lj}{}^{xu}(t)\frac{P_j(0)}{m_j}\right\}\right]dX^N dP^N dX_0 dP_0 \\
&\quad\times\left\{\iint e^{-\beta H}dX^N dP^N dX_0 dP_0\right\}^{-1} \\
&=\frac{1}{\beta}\sum_{l=0}^{N}A_{0l}D_{l0}{}^{xx}(t)
\end{aligned}\tag{6.1.23}$$

と求まる．これからわかるように，相関関数 $\langle\langle F_0(0)F_0{}^{\mathrm{r}}(t)\rangle\rangle$ は定数係数 $1/\beta=kT$ を除いて，全く基準系の力学だけできまるのである．(6.1.23)を(6.1.16)に入れ，(6.1.17)を使うと，

$$\frac{dP_0(t)}{dt}=F_0{}^0((t)-\left(\frac{1}{M}-\frac{1}{m^*}\right)\int_0^t d\tau P_0(t-\tau)\sum_{l=0}^{N}A_{0l}D_{l0}{}^{xx}(\tau)\tag{6.1.24}$$

という方程式が求まる．

(6.1.24)は統計的な要素を全く含まない，純粋に力学的な方程式であるから，アンサンブルを用いて定義した擬射影演算子を使わなくても導き出すことができるはずである．それには恒等式

$$e^{i\mathcal{L}t}=e^{i\mathcal{L}_0t}+\int_0^t d\tau e^{i\mathcal{L}(t-\tau)}i\mathcal{L}_1e^{i\mathcal{L}_0\tau}\tag{6.1.25}$$

を $F_0(0)$ に作用させればよい．すると，

$$\frac{dP_0(t)}{dt} = F_0{}^0(t) + \int_0^t d\tau e^{i\mathcal{L}(t-\tau)} i\mathcal{L}_1 F_0{}^0(\tau)$$

$$= F_0{}^0(t) + \int_0^t d\tau e^{i\mathcal{L}(t-\tau)} \left(\frac{1}{M} - \frac{1}{m^*}\right) P_0$$

$$\times \frac{\partial}{\partial X_0} \left\{ -\sum_{l=0}^{N} A_{0l} \sum_{j=0}^{N} \left[ D_{lj}{}^{xx}(\tau) X_j(0) + D_{lj}{}^{xu}(\tau) \frac{P_j(0)}{m_j} \right] \right\}$$

$$= F_0{}^0(t) - \left(\frac{1}{M} - \frac{1}{m^*}\right) \int_0^t d\tau P_0(t-\tau) \sum_{l=0}^{N} A_{0l} D_{l0}{}^{xx}(\tau) \qquad (6.1.26)$$

これは(6.1.24)と全く同じである．つまり，方程式(6.1.16)の中の期待値 $\langle\langle F_0(0) F_0{}^{\mathrm{r}}(t) \rangle\rangle$ は見かけ上現われたにすぎないのである．これが見かけだけのものであることは，$\langle\langle\ \ \rangle\rangle$ の代りに，基準系だけについてとった期待値

$$\langle \cdots \rangle = \frac{\iint e^{-\beta H_0} (\cdots) dX^N dP^N dX_0 dP_0}{\iint e^{-\beta H_0} dX^N dP^N dX_0 dP_0} \qquad (6.1.27)$$

を使ってもやはり同じ方程式が得られることからもわかる．すなわち

$$\langle F_0(0) F_0{}^{\mathrm{r}}(t) \rangle = \langle\langle F_0(0) F_0{}^{\mathrm{r}}(t) \rangle\rangle \qquad (6.1.28)$$

しかしながら

$$\frac{\langle F_0(0) F_0{}^{\mathrm{r}}(t) \rangle}{\langle P_0{}^2 \rangle} = \frac{M}{m^*} \frac{\langle\langle F_0(0) F_0{}^{\mathrm{r}}(t) \rangle\rangle}{\langle\langle P_0{}^2 \rangle\rangle} \qquad (6.1.29)$$

であることに注意しておく．

運動量の規格化された相関関数 $\langle\langle P_0(0) P_0(t) \rangle\rangle / \langle\langle P_0{}^2 \rangle\rangle$ もまた基準系の力学だけできまる．これを見るためには(6.1.24)を Laplace 変換するとよい．$P_0(t)$, $F_0{}^0(t)$, $\cdots$ の Laplace 変換を

$$\left.\begin{aligned} P_0[s] &= \int_0^\infty P_0(t) e^{-st} dt \\ F_0{}^0[s] &= \int_0^\infty F_0{}^0(t) e^{-st} dt \\ &\cdots\cdots\cdots\cdots\cdots \end{aligned}\right\} \qquad (6.1.30)$$

と書くと，(6.1.24)の Laplace 変換は

$$s P_0[s] - P_0(0) = F_0{}^0[s] - \left(\frac{1}{M} - \frac{1}{m^*}\right) P_0[s] \sum_l A_{0l} D_{l0}{}^{xx}[s] \qquad (6.1.31)$$

となる．これに $P_0(0)$ をかけて期待値 $\langle\langle\ \ \rangle\rangle$ をとると，

$$\left\{s+\left(\frac{1}{M}-\frac{1}{m^*}\right)\sum_l A_{0l}D_{l0}{}^{xx}[s]\right\}\langle\langle P_0(0)P_0[s]\rangle\rangle=\langle\langle P_0(0)F_0{}^0[s]\rangle\rangle+\langle\langle P_0(0)^2\rangle\rangle \tag{6.1.32}$$

これと，(6.1.17) および (6.1.19) から得られる関係式

$$\langle\langle P_0(0)F_0{}^0[s]\rangle\rangle=-\sum_l A_{0l}D_{l0}{}^{xu}[s]\frac{\langle\langle P_0(0)^2\rangle\rangle}{m^*} \tag{6.1.33}$$

とから，

$$\frac{\langle\langle P_0(0)P_0[s]\rangle\rangle}{\langle\langle P_0(0)^2\rangle\rangle}=\frac{1-\sum_l A_{0l}D_{l0}{}^{xu}[s]/m^*}{s+\left(\frac{1}{M}-\frac{1}{m^*}\right)\sum_l A_{0l}D_{l0}{}^{xx}[s]} \tag{6.1.34}$$

という結果が得られる．これと，$D_{l0}{}^{xx}[s]$ および $D_{l0}{}^{xu}[s]$ は完全に力学的に計算される関数であることとから，運動量の相関関数が基準系の力学だけによってきまることがわかる．

さて，上で見たように，方程式 (6.1.16) は純粋に力学的に導くことができる，全く力学的な方程式にすぎない．だが，これは今の場合の特殊事情であり，今考えている系が線形であるために，元来は統計的な量である相関関数がたまたま純粋に力学的に計算されたのであって，(6.1.16) は Langevin 方程式としての意味を持ち，$F_0{}^r(t)$ は揺動力の意味をもつ，と考えることができよう．もっとも，そう考えてもなお，上の計算においては，粒子の位置と運動量の初期値 $X_l(0)$ および $P_l(0)$ がカノニカルな分布をしているところにしか統計的要素が入っていないから，これらの量は確率過程としては極めて特殊なものにしかすぎない．しかしとにかく，(6.1.16) をそういう確率過程に対する Langevin 方程式であると考えるのは少しも差支ない．

$\langle\langle P_0{}^2\rangle\rangle=MkT$ であることを考慮すると，(5.5.6) によって，(6.1.16) は，$m^*=\infty$ のとき過程 $P_0(t)$ に対してパルス型揺動散逸定理が成り立つことを意味する．

## §6.2　3次元格子系における Langevin 方程式

前節では1次元の格子系の中の0番目の粒子の運動量に対して Langevin 方程式を導き，0番目の粒子の質量が無限大であるような基準系を考えると，こ

の運動量はパルス型揺動散逸定理を満たすことを示した．この節では0番目の粒子を除くすべての粒子が等しい質量 $m$ をもち，最近接中心相互作用および最近接非中心相互作用のみが存在するような $n$ 次元の単純立方調和格子を考え，その中の0番目の粒子の変位と運動量に対する Langevin 方程式を導く．ただし境界条件としては周期境界条件を課し，0番目の粒子は固定した点にバネ定数 $\gamma^*$ のバネで結びつけられているものとする．

このような格子においては粒子の変位の3つの方向の成分は互いに独立に運動することが知られているから，1つの方向の成分だけを考えれば十分である．それに対するハミルトニアン $H$ を，前と同様に2つの部分に分解しよう：

$$\left.\begin{aligned} H &= H_0+H_1 \\ H_0 &= \frac{P_{\boldsymbol{O}}{}^2}{2m^*}-\frac{\gamma^*}{2}X_{\boldsymbol{O}}{}^2+\frac{1}{2m}\sum_{\boldsymbol{R}\neq\boldsymbol{O}}P_{\boldsymbol{R}}{}^2+\sum_{\boldsymbol{R}\boldsymbol{R}'}X_{\boldsymbol{R}}A_{\boldsymbol{R}\boldsymbol{R}'}X_{\boldsymbol{R}'} \\ H_1 &= \frac{1}{2}\left(\frac{1}{M}-\frac{1}{m^*}\right)P_{\boldsymbol{O}}{}^2+\frac{\gamma^*}{2}X_{\boldsymbol{O}}{}^2 \end{aligned}\right\} \tag{6.2.1}$$

ただし $P_{\boldsymbol{O}}$ および $X_{\boldsymbol{O}}$ はそれぞれ格子点 $\boldsymbol{O}$ にある粒子の運動量および変位，$P_{\boldsymbol{R}}$ および $X_{\boldsymbol{R}}$ はそれぞれ格子点 $\boldsymbol{R}$ にある粒子の運動量および変位，$\{A_{\boldsymbol{R}\boldsymbol{R}'}\}$ は上記の最近接相互作用を表わすバネ定数行列である．$m^*$ は前節と同じく，ハミルトニアン $H_0$ をもつ基準系の格子点 $\boldsymbol{O}$ にある粒子の質量で，勝手に選ぶことができる．また $\gamma^*$ はここでは

$$\gamma^* \equiv \frac{1}{M}\frac{\langle\langle P_{\boldsymbol{O}}(0)^2\rangle\rangle}{\langle\langle X_{\boldsymbol{O}}(0)^2\rangle\rangle} \equiv M\omega_0{}^2 \tag{6.2.2}$$

と選ぶことにする．$\omega_0$ はハミルトニアン $H_1$ によって記述される系において，格子点 $\boldsymbol{O}$ にある粒子が振動する角振動数の，$m^*\to\infty$ における値である．

擬射影演算子 $\mathcal{P}$ を

$$\mathcal{P}(\cdots) = -QP_{\boldsymbol{O}}(0)\frac{\langle\langle P_{\boldsymbol{O}}(0)\cdots\rangle\rangle}{\langle\langle P_{\boldsymbol{O}}(0)^2\rangle\rangle}+X_{\boldsymbol{O}}(0)\frac{\langle\langle X_{\boldsymbol{O}}(0)\cdots\rangle\rangle}{\langle\langle X_{\boldsymbol{O}}(0)^2\rangle\rangle} \tag{6.2.3}$$

で定義し，揺動力

$$f_{\boldsymbol{O}}{}^{\mathrm{r}}(t) \equiv e^{(1-\mathcal{P})i\mathcal{L}t}(1-\mathcal{P})i\mathcal{L}P_{\boldsymbol{O}}(0) \tag{6.2.4}$$

を導入しよう．ただし $i\mathcal{L}$ は前節と同じく全ハミルトニアン $H$ に対応する Liouville 演算子である．

ふたたび $i\mathcal{A}=(1-\mathcal{P})i\mathcal{L}$，$i\mathcal{B}=\mathcal{P}i\mathcal{L}$ として，恒等式(6.1.9)を $(1-\mathcal{P})i\mathcal{L}P_{\boldsymbol{O}}(0)$

$=f_O{}^{\mathrm{r}}(0)$ に作用させると，

$$\frac{dP_O(t)}{dt}=-\gamma^* X_O(t)+\int_0^t d\tau Q P_O(t-\tau)\frac{\langle\langle i\mathscr{L}P_O(0)f_O{}^{\mathrm{r}}(\tau)\rangle\rangle}{\langle\langle P_O(0)^2\rangle\rangle}$$
$$-\int_0^t d\tau X_O(t-\tau)\frac{1}{M}\frac{\langle\langle P_O(0)f_O{}^{\mathrm{r}}(\tau)\rangle\rangle}{\langle\langle X_O(0)^2\rangle\rangle}+f_O{}^{\mathrm{r}}(t) \qquad (6.2.5)$$

という方程式が得られる．

ここで揺動力 $f_O{}^{\mathrm{r}}(t)$ が

$$f_O{}^{\mathrm{r}}(t)=e^{(1-\mathscr{P})i\mathscr{L}t}(1-\mathscr{P})i\mathscr{L}P_O(0)=e^{i\mathscr{L}_0 t}i\mathscr{L}_0 P_O(0) \qquad (6.2.6)$$

と書かれることを示そう．ただし $i\mathscr{L}_0$ は基準系の Liouville 演算子

$$i\mathscr{L}_0=\frac{P_O}{m_*}\frac{\partial}{\partial X_O}+\gamma^* X_O\frac{\partial}{\partial P_O}+\sum_{R\neq O}\frac{P_R}{m}\frac{\partial}{\partial X_R}+\sum_R\left(-\frac{\partial H}{\partial X_R}\right)\frac{\partial}{\partial P_R} \qquad (6.2.7)$$

である．擬射影演算子 $\mathscr{P}$ の定義と関係式

$$-\frac{\partial H}{\partial X_O}+\gamma^* X_O=-\frac{\partial H_0}{\partial X_O}=i\mathscr{L}_0 P_O \qquad (6.2.8)$$

および

$$\langle\langle\mathscr{A}(i\mathscr{L}\mathscr{B})\rangle\rangle=-\langle\langle(i\mathscr{L}\mathscr{A})\mathscr{B}\rangle\rangle \qquad (6.2.9)$$

とから，まず

$$(1-\mathscr{P})i\mathscr{L}P_O=i\mathscr{L}P_O-\left[-QP_O\frac{\langle\langle P_O i\mathscr{L}P_O\rangle\rangle}{\langle\langle P_O{}^2\rangle\rangle}+X_O\frac{\langle\langle X_O i\mathscr{L}P_O\rangle\rangle}{\langle\langle X_O{}^2\rangle\rangle}\right]$$
$$=i\mathscr{L}P_O+\frac{X_O}{M}\frac{\langle\langle P_O P_O\rangle\rangle}{\langle\langle X_O{}^2\rangle\rangle}=-\frac{\partial H}{\partial X_O}+\gamma^* X_O$$
$$=i\mathscr{L}_0 P_O \qquad (6.2.10)$$

という関係が得られる．一方，(6.1.19) を用いて，(6.2.6) の右辺は

$$e^{i\mathscr{L}_0 t}f_O{}^{\mathrm{r}}(0)=-\sum_R A_{OR}\sum_{R'}\left\{D_{RR'}{}^{xx}(t)X_{R'}(0)+D_{RR'}{}^{xu}(t)\frac{P_{R'}(0)}{m_{R'}}\right\}$$
$$+\gamma^*\sum_{R'}\left\{D_{OR'}{}^{xx}(t)X_{R'}(0)+D_{OR'}{}^{xu}(t)\frac{P_{R'}(0)}{m_{R'}}\right\} \qquad (6.2.11)$$

と計算されるが，これと

$$(1-\mathscr{P})i\mathscr{L}X_R=P_R\left(\frac{1-\delta_{RO}}{m}+\frac{\delta_{RO}}{m^*}\right)=i\mathscr{L}_0 X_R \qquad (6.2.12)$$

および

$$(1-\mathcal{P})i\mathcal{L}P_{\boldsymbol{R}} = i\mathcal{L}P_{\boldsymbol{R}} - \left[-QP_{\boldsymbol{O}}\frac{\langle\langle P_{\boldsymbol{O}}i\mathcal{L}P_{\boldsymbol{R}}\rangle\rangle}{\langle\langle P_{\boldsymbol{O}}{}^2\rangle\rangle} + X_{\boldsymbol{O}}\frac{\langle\langle X_{\boldsymbol{O}}i\mathcal{L}P_{\boldsymbol{R}}\rangle\rangle}{\langle\langle X_{\boldsymbol{O}}{}^2\rangle\rangle}\right]$$
$$= i\mathcal{L}P_{\boldsymbol{R}} + \gamma^* X_{\boldsymbol{O}}\delta_{\boldsymbol{RO}} = i\mathcal{L}_0 P_{\boldsymbol{R}} \qquad (6.2.13)$$

という関係を用いると，

$$(1-\mathcal{P})i\mathcal{L}e^{i\mathcal{L}_0 t}i\mathcal{L}_0 P_{\boldsymbol{O}}(0) = i\mathcal{L}_0 e^{i\mathcal{L}_0 t}i\mathcal{L}_0 P_{\boldsymbol{O}}(0) \qquad (6.2.14)$$

という等式が得られる．

(6.2.14)によって，恒等式

$$e^{(1-\mathcal{P})i\mathcal{L}t}i\mathcal{L}_0 P_{\boldsymbol{O}}(0) = e^{i\mathcal{L}_0 t}i\mathcal{L}_0 P_{\boldsymbol{O}}(0)$$
$$+\int_0^t d\tau e^{(1-\mathcal{P})i\mathcal{L}(t-\tau)}[(1-\mathcal{P})i\mathcal{L} - i\mathcal{L}_0]e^{i\mathcal{L}_0\tau}i\mathcal{L}_0 P_{\boldsymbol{O}}(0) \qquad (6.2.15)$$

の右辺第2項は消える．そこで(6.2.10)を使うと，(6.2.6)に到達する．

(6.2.6)は，揺動力が，$m^*$ という質量をもち，$\gamma^* X_0(t)$ という力を受けている基準系の $\boldsymbol{O}$ 番目の粒子が受ける力にほかならず，したがって基準系の力学のみから定まることを意味する．実際，(6.2.6)によって，(6.2.11)の右辺がちょうど揺動力を与えるのである．

ここで係数 $D_{\boldsymbol{RR'}}{}^{xx}(t)$ を具体的に求めておく．$n$ 次元の調和振動系の運動方程式は，$\boldsymbol{M}$ を質量の作る対角行列，$\boldsymbol{K}$ を力の定数の作る対称行列，$\boldsymbol{X}(t)$ を変位の作るベクトルとすると，

$$\frac{d^2\boldsymbol{X}(t)}{dt^2} = -\boldsymbol{M}^{-1}\boldsymbol{K}\boldsymbol{X}(t) \equiv -\boldsymbol{A}\boldsymbol{X}(t) \qquad (6.2.16)$$

と書くことができる．(6.2.16)の両辺を Laplace 変換して $\boldsymbol{X}(t)$ の Laplace 変換 $\boldsymbol{X}[s]$ について解くと

$$\boldsymbol{X}[s] = \frac{s}{s^2+(\sqrt{\boldsymbol{A}})^2}\boldsymbol{X}(0) + \frac{1}{\sqrt{\boldsymbol{A}}}\frac{\sqrt{\boldsymbol{A}}}{s^2+(\sqrt{\boldsymbol{A}})^2}\boldsymbol{U}(0) \qquad (6.2.17)$$

となる．ただし $\boldsymbol{U}(0)$ は速度の作るベクトルの初期値である．

(6.2.17)を逆変換すると，解 $\boldsymbol{X}(t)$ が

$$\boldsymbol{X}(t) = \cos(\sqrt{\boldsymbol{A}}t)\boldsymbol{X}(0) + \frac{1}{\sqrt{\boldsymbol{A}}}\sin(\sqrt{\boldsymbol{A}}t)\boldsymbol{U}(0) \qquad (6.2.18)$$

と求まる．$\boldsymbol{A}$ の固有値と固有ベクトルをそれぞれ $\omega_i$ および $\boldsymbol{e}_i$ とし，$\boldsymbol{e}_i$ の格子点 $\boldsymbol{R}$ における成分を $e_i(\boldsymbol{R})$ と書いて，(6.2.17)の右辺に現われた行列 $\boldsymbol{A}$ の2つ

の関数に対してスペクトル表示を用いると，格子点 $\boldsymbol{R}$ にある粒子の変位 $X_{\boldsymbol{R}}(t)$ の Laplace 変換が

$$X_{\boldsymbol{R}}[s] = \sum_{\boldsymbol{R}'}\left[\sum_i \frac{se_i(\boldsymbol{R})e_i(\boldsymbol{R}')}{s^2+\omega_i{}^2} X_{\boldsymbol{R}'}(0) + \sum_i \frac{e_i(\boldsymbol{R})e_i(\boldsymbol{R}')}{s^2+\omega_i{}^2} U_{\boldsymbol{R}'}(0)\right]$$

$$\equiv \sum_{\boldsymbol{R}'} \{D_{\boldsymbol{RR}'}{}^{xx}(s)X_{\boldsymbol{R}'}(0) + D_{\boldsymbol{RR}'}{}^{xu}(s)U_{\boldsymbol{R}'}(0)\} \qquad (6.2.19)$$

と求まる．ただし $U_{\boldsymbol{R}'}(t)$ は格子点 $\boldsymbol{R}$ にある粒子の速度である．これを Laplace 逆変換すると，$X_{\boldsymbol{R}}(t)$ 自身が

$$X_{\boldsymbol{R}}(t) = \sum_{\boldsymbol{R}'}\left[\sum_i e_i(\boldsymbol{R})e_i(\boldsymbol{R}')X_{\boldsymbol{R}'}(0)\cos\omega_i t + \sum_i e_i(\boldsymbol{R})e_i(\boldsymbol{R}')U_{\boldsymbol{R}'}(0)\frac{\sin\omega_i t}{\omega_i}\right]$$

$$\equiv \sum_{\boldsymbol{R}'}\{D_{\boldsymbol{RR}'}{}^{xx}(t)X_{\boldsymbol{R}'}(0) + D_{\boldsymbol{RR}'}{}^{xu}(t)U_{\boldsymbol{R}'}(0)\} \qquad (6.2.20)$$

と求まる．

速度 $U_{\boldsymbol{R}}(t)$ に対しても同様な表式

$$U_{\boldsymbol{R}}(t) = \sum_{\boldsymbol{R}'}\{D_{\boldsymbol{RR}'}{}^{ux}(t)X_{\boldsymbol{R}'}(0) + D_{\boldsymbol{RR}'}{}^{uu}(t)U_{\boldsymbol{R}'}(0)\} \qquad (6.2.21)$$

が得られる．

(6.2.19) と (6.2.20) を見ればすぐわかるように，

$$D_{\boldsymbol{RR}'}{}^{xx}[s] = sD_{\boldsymbol{RR}'}{}^{xu}[s], \qquad \frac{d}{dt}D_{\boldsymbol{RR}'}{}^{xx}(t) = D_{\boldsymbol{RR}'}{}^{xu}(t) \quad (6.2.22)$$

である．さらに，

$$D_{\boldsymbol{RR}'}{}^{xx}(t) = D_{\boldsymbol{RR}'}{}^{uu}(t) \qquad (6.2.23)$$

であることも，(6.2.21) を導くさいに容易にわかる．

$D_{\boldsymbol{RR}'}{}^{xu}[s]$ をいま考えている基準系に対して具体的に計算するのは容易である．運動方程式は

$$m\frac{d^2X_{\boldsymbol{R}}(t)}{dt^2} = \sum_{j=1}^n \gamma_j\{X_{\boldsymbol{R}+\boldsymbol{l}_j}(t) - 2X_{\boldsymbol{R}}(t) + X_{\boldsymbol{R}-\boldsymbol{l}_j}(t)\}$$

$$+\left\{-mQ^*\frac{d^2X_{\boldsymbol{O}}(t)}{dt^2} + \gamma^*X_{\boldsymbol{O}}(t)\right\}\delta_{\boldsymbol{RO}} \qquad (6.2.24)$$

である．ただし $\boldsymbol{l}_j$ は $j$ 番目の方向を向いた単位ベクトル，$\boldsymbol{R}$ は $r_j$ を整数として

$$\boldsymbol{R} = \sum_{j=1}^n r_j\boldsymbol{l}_j \qquad (6.2.25)$$

で与えられる格子点，また

$$Q^* \equiv m^*/m-1 \tag{6.2.26}$$

である．(6.2.24)を(6.2.16)の形に書くと，$\boldsymbol{L}$ を完全単純立方格子の力の定数行列を $m$ で割った行列として，

$$m\frac{d^2\boldsymbol{X}(t)}{dt^2} = -m\boldsymbol{L}\boldsymbol{X}(t)+\begin{pmatrix} -mQ^*\dfrac{d^2X_{\boldsymbol{O}}(t)}{dt^2}+\gamma^*X_{\boldsymbol{O}}(t) \\ 0 \end{pmatrix} \tag{6.2.27}$$

となる．初期条件

$$\frac{d\boldsymbol{X}(0)}{dt} = (1, 0, 0, \cdots)^{\mathrm{T}}, \qquad \boldsymbol{X}(0) = (0, 0, \cdots)^{\mathrm{T}} \tag{6.2.28}$$

の下でのこれの Laplace 変換は

$$(s^2+\boldsymbol{L})\boldsymbol{X}[s] = \begin{pmatrix} (1+Q^*)+\left(\dfrac{\gamma^*}{m}-Q^*s^2\right)X_{\boldsymbol{O}}[s] \\ 0 \end{pmatrix} \tag{6.2.29}$$

である．これから容易に，

$$X_{\boldsymbol{R}}[s] = \zeta[\boldsymbol{R}, s]\left\{(1+Q^*)+\left(\frac{\gamma^*}{m}-Q^*s^2\right)X_{\boldsymbol{O}}[s]\right\} \tag{6.2.30}$$

が得られる．ただし $\zeta[\boldsymbol{R}, s]$ は完全単純立方格子の Green 関数

$$\zeta[\boldsymbol{R}, s] = \frac{1}{(2N+1)^n}\sum_{\boldsymbol{q}}\frac{e^{i\boldsymbol{q}^{\mathrm{T}}\boldsymbol{R}}}{s^2+\sum_{i=1}^{n}(2\gamma_i/m)(1-\cos q_i)} \tag{6.2.31}$$

で，$\gamma_i$ は $j$ 番目の方向に対する最近接相互作用の力の定数である．

(6.2.30)で $\boldsymbol{R}=\boldsymbol{O}$ と置いて得られる式

$$X_{\boldsymbol{O}}[s] = \frac{(1+Q^*)\zeta[\boldsymbol{O}, s]}{1+(Q^*s^2-\gamma^*/m)\zeta[\boldsymbol{O}, s]} \tag{6.2.32}$$

を(6.2.30)に入れて整理すると，

$$X_{\boldsymbol{R}}[s] = \frac{(1+Q^*)\zeta[\boldsymbol{R}, s]}{1+(Q^*s^2-\gamma^*/m)\zeta[\boldsymbol{O}, s]} \tag{6.2.33}$$

となる．この右辺が $D_{\boldsymbol{RO}}{}^{xu}[s]$ にほかならない．$Q^*=0$，$\gamma^*=0$ のときは，この右辺は $\zeta[\boldsymbol{R}, s]$ となる．すなわち完全格子に対しては $D_{\boldsymbol{RO}}{}^{xu}[s]$ は $\zeta[\boldsymbol{R}, s]$ で与えられるのである．

ここで，和

$$I \equiv \sum_{\boldsymbol{R}} A_{\boldsymbol{OR}} \zeta[\boldsymbol{R}, s] \tag{6.2.34}$$

を計算しておく．この和は格子点 $\boldsymbol{O}$ の最近接格子点の上だけにわたって行なえばよいから，力の定数 $\gamma_j$ の定義を使うと，$\{\boldsymbol{P}\}$ を $\boldsymbol{O}$ の最近接格子点の集合として，

$$I = \sum_{\{\boldsymbol{P}\}} \gamma_{\boldsymbol{P}} \{\zeta[\boldsymbol{O}, s] - \zeta[\boldsymbol{P}, s]\} \tag{6.2.35}$$

となる．そこで(6.2.31)を用いると，$I$ が

$$I = \frac{1}{(2N+1)^n} \sum_{\{\boldsymbol{P}\}} \gamma_{\boldsymbol{P}} \sum_{\boldsymbol{q}} \left\{ \frac{1 - e^{i\boldsymbol{q}^{\mathrm{T}}\boldsymbol{P}}}{s^2 + \sum_{\{\boldsymbol{P}\}} \left(\frac{\gamma_{\boldsymbol{P}}}{m}\right)(1 - \cos q_{\boldsymbol{P}})} \right\} = \frac{m}{(2N+1)^n} \sum_{\boldsymbol{q}} \frac{\omega(\boldsymbol{q})^2}{s^2 + \omega(\boldsymbol{q})^2}$$

$$= \frac{m}{(2N+1)^n} \sum_{\boldsymbol{q}} \left[ 1 - \frac{s^2}{s^2 + \omega(\boldsymbol{q})^2} \right] = m(1 - s^2 \zeta[\boldsymbol{O}, s]) \tag{6.2.36}$$

と得られる．ただし

$$\omega(\boldsymbol{q})^2 \equiv \frac{1}{m} \sum_{\{\boldsymbol{P}\}} \gamma_{\boldsymbol{P}} (1 - e^{i\boldsymbol{q}^{\mathrm{T}}\boldsymbol{P}}) \tag{6.2.37}$$

である．

(6.2.22), (6.2.11), (6.2.33) および (6.2.36) を用いると，相関関数 $\langle\langle P_{\boldsymbol{O}}(0) i\mathscr{L} f_{\boldsymbol{O}}{}^{\mathrm{r}}[s] \rangle\rangle$ が次のように計算される：

$$\begin{aligned}\langle\langle P_{\boldsymbol{O}}(0) i\mathscr{L} f_{\boldsymbol{O}}{}^{\mathrm{r}}[s] \rangle\rangle &= \{-\sum_{\boldsymbol{R}} A_{\boldsymbol{OR}} D_{\boldsymbol{RO}}{}^{xx}[s] + \gamma^* D_{\boldsymbol{OO}}{}^{xx}[s]\} \langle\langle P_{\boldsymbol{O}}(0)^2 \rangle\rangle / M \\ &= -\frac{\langle\langle P_{\boldsymbol{O}}(0)^2 \rangle\rangle}{M} \frac{sm(1+Q^*)\{1 - (s^2 + \gamma^*/m)\zeta[\boldsymbol{O}, s]\}}{1 + (Q^* s^2 - \gamma^*/m)\zeta[\boldsymbol{O}, s]}\end{aligned} \tag{6.2.38}$$

ところで，$m^* \to \infty$ では $\mathscr{P}$，したがって $1-\mathscr{P}$ は射影演算子であるから，

$$\begin{aligned}\langle\langle P_{\boldsymbol{O}}(0) i\mathscr{L} f_{\boldsymbol{O}}{}^{\mathrm{r}}[s] \rangle\rangle &= -\langle\langle i\mathscr{L} P_{\boldsymbol{O}}(0) f_{\boldsymbol{O}}{}^{\mathrm{r}}[s] \rangle\rangle \\ &= -\langle\langle i\mathscr{L} P_{\boldsymbol{O}}(0)(1-\mathscr{P}) f_{\boldsymbol{O}}{}^{\mathrm{r}}[s] \rangle\rangle \\ &= -\langle\langle (1-\mathscr{P}) i\mathscr{L} P_{\boldsymbol{O}}(0) f_{\boldsymbol{O}}{}^{\mathrm{r}}[s] \rangle\rangle \\ &= -\langle\langle f_{\boldsymbol{O}}{}^{\mathrm{r}}(0) f_{\boldsymbol{O}}{}^{\mathrm{r}}[s] \rangle\rangle\end{aligned} \tag{6.2.39}$$

である．このことと，$\langle\langle X_{\boldsymbol{O}}(0)^2 \rangle\rangle$ が行列 $(m\boldsymbol{L})^{-1}$ の $(\boldsymbol{O}, \boldsymbol{O})$ 要素に $kT$ を掛けたもの，すなわち $\dfrac{kT}{m}\zeta[\boldsymbol{O}, 0]$ で与えられ，したがって

$$\gamma^* \equiv \frac{1}{M} \frac{\langle\langle P_{\boldsymbol{O}}(0)^2 \rangle\rangle}{\langle\langle X_{\boldsymbol{O}}(0)^2 \rangle\rangle} = \frac{m}{\zeta[\boldsymbol{O}, 0]} \tag{6.2.40}$$

であることを用いると，(6.2.38) の両辺の $Q^* \to \infty$ の極限をとることによって，

$$\varphi[s] \equiv \frac{\langle\langle f_O{}^{\mathrm{r}}(0) f_O{}^{\mathrm{r}}[s] \rangle\rangle}{\langle\langle P_O(0)^2 \rangle\rangle} = \frac{m}{M}\left\{\frac{1}{s\zeta[\boldsymbol{O}, s]} - s - \frac{1}{s}\frac{\gamma^*}{m}\right\}$$

$$= \frac{m}{M}\left\{\frac{1}{s\zeta[\boldsymbol{O}, s]} - s - \frac{1}{s\zeta[\boldsymbol{O}, 0]}\right\} \qquad (6.2.41)$$

という関係が求まる．さらに，$Q^* \to \infty$ では演算子 $1-\mathcal{P}$ が射影演算子になることと $f_O{}^{\mathrm{r}}(t)$ の定義とから

$$\langle\langle P_O(0) f_O{}^{\mathrm{r}}(t) \rangle\rangle = \langle\langle P_O(0), (1-\mathcal{P}) f_O{}^{\mathrm{r}}(t) \rangle\rangle$$

$$= \langle\langle (1-P) P_O(0), f_O{}^{\mathrm{r}}(t) \rangle\rangle = 0 \qquad (6.2.42)$$

となる．

(6.2.39), (6.2.41) および (6.2.42) を用いると，(6.2.5) は

$$\frac{dP_O(t)}{dt} = -M\omega_0{}^2 X_O(t) - \int_0^t d\tau P_O(t-\tau)\varphi(\tau) + f_O{}^{\mathrm{r}}(t) \qquad (6.2.43)$$

または $U_O(t) \equiv P_O(t)/M$, $F_O{}^{\mathrm{r}}(t) \equiv f_O{}^{\mathrm{r}}(t)/M$ として

$$\frac{dU_O(t)}{dt} = -\omega_0{}^2 X_O(t) - \int_0^t d\tau U_O(t-\tau)\varphi(\tau) + F_O{}^{\mathrm{r}}(t) \qquad (6.2.44)$$

となる．これと恒等式

$$\frac{dX_O(t)}{dt} = U_O(t) \qquad (6.2.45)$$

とを連立させると，

$$\frac{d}{dt}\begin{pmatrix} X_O(t) \\ U_O(t) \end{pmatrix} - \begin{pmatrix} 0 & 1 \\ -\omega_0{}^2 & 0 \end{pmatrix}\begin{pmatrix} X_O(t) \\ U_O(t) \end{pmatrix} - \int_0^t dt' \begin{pmatrix} 0 & 0 \\ 0 & -\varphi(t-t') \end{pmatrix}\begin{pmatrix} X_O(t') \\ U_O(t') \end{pmatrix} = \begin{pmatrix} 0 \\ F_O{}^{\mathrm{r}}(t) \end{pmatrix}$$

(6.2.46)

と書くことができる．これは (5.5.12) と全く同じ形をしている．(6.2.41) から，$F_O{}^{\mathrm{r}}(t)$ のスペクトル密度は

$$G_F(\omega) = \frac{1}{\sqrt{2\pi}} \langle\langle U_O(0)^2 \rangle\rangle [\Phi(\omega) + \Phi^*(\omega)] \qquad (6.2.47)$$

であるが，これは (5.5.17) と一致しているから，今の場合もパルス型揺動散逸定理が成り立っていることがわかる．

最後に格子点 $\boldsymbol{O}$ にある粒子の運動量の相関関数を $\varphi[s]$ で表わす式を導いておく．(6.2.43) の両辺を Laplace 変換すると，

$$sP_O[s] - P_O(0) = -M\omega_0{}^2 X_O[s] - P_O[s]\varphi[s] + f_O{}^{\mathrm{r}}[s] \qquad (6.2.48)$$

となる．これに $P_O(0)/\langle\langle P_O(0)^2 \rangle\rangle$ を掛けて期待値をとり，(6.2.42) を用いると，

$$s\frac{\langle\langle P_O(0)P_O[s]\rangle\rangle}{\langle\langle P_O(0)^2\rangle\rangle}-1=-\varphi[s]\frac{\langle\langle P_O(0)P_O[s]\rangle\rangle}{\langle\langle P_O(0)^2\rangle\rangle} \tag{6.2.49}$$

したがって

$$\frac{\langle\langle P_O(0)P_O(t)\rangle\rangle}{\langle\langle P_O(0)^2\rangle\rangle}=\frac{1}{2\pi i}\int_{\mathrm{Br}}e^{st}\frac{ds}{s+\varphi[s]} \tag{6.2.50}$$

これが求める表式である．Br は Bromwich 積分を意味する．

## §6.3　Markov 化の条件(1次元の場合)

前節で示したように，単純立方格子の格子点 $\boldsymbol{O}$ にある質量 $M$ の粒子に対する運動方程式は，$Q^*\to\infty$ の極限で，前章で考えた記憶のある非 Markov 過程に対する Langevin 方程式となる．またこの過程はパルス型揺動散逸定理を満足する．この節では，どんな場合にこの過程が Markov 過程になるか，すなわちどんな場合に余効関数 $\varphi(t)$ がデルタ関数になり，したがって揺動力 $F_O^{\mathrm{r}}(t)$ が白色雑音になるかをしらべてみる．

角振動数 ${\omega_0}^2$ は(6.2.40)によって，

$${\omega_0}^2=\frac{\gamma^*}{M}=\frac{m}{M\zeta[\boldsymbol{O},0]} \tag{6.3.1}$$

で与えられるが，$\zeta[\boldsymbol{O},0]$ は定義によって行列 $\boldsymbol{L}$ の固有値の逆数，すなわち単純立方格子の固有角振動数の2乗の逆数の和に等しい．したがって，固有角振動数 $\omega$ の分布密度を $\nu(\omega)$ とすると，$\zeta[\boldsymbol{O},0]$ は

$$\zeta[\boldsymbol{O},0]=\int_0^\infty\frac{\nu(\omega)}{\omega^2}d\omega \tag{6.3.2}$$

で与えられる．

(6.2.41)によって，$\varphi(t)$ を計算するためには $\zeta[\boldsymbol{O},s]$ をまず求めなければならない．格子の大きさを無限大にすると，$\boldsymbol{R}=\boldsymbol{O}$ に対する(6.2.31)は

$$\zeta[\boldsymbol{O},s]=\left(\frac{1}{2\pi}\right)^n\int_{-\pi}^{\pi}\cdots\int_{-\pi}^{\pi}d\theta_1\cdots d\theta_n\frac{1}{s^2+2\sum_{i=1}^{n}\frac{\gamma_i}{m}(1-\cos\theta_i)} \tag{6.3.3}$$

となる．被積分関数を

$$\int_0^\infty du\exp\left\{-u\left[s^2+2\sum_{i=1}^{n}\frac{\gamma_i}{m}(1-\cos\theta_i)\right]\right\} \tag{6.3.4}$$

で置きかえ，Bessel 関数 $J_0(x)$ の積分表示

$$J_0(x) = \frac{1}{2\pi}\int_{-\pi}^{\pi} d\theta \exp(-ix\cos\theta) \tag{6.3.5}$$

を用いると，(6.3.3)は

$$\zeta[\boldsymbol{O}, s] = \int_0^\infty du \exp(-s^2 u)\prod_{i=1}^{n}\left\{\exp\left(-\frac{2\gamma_i u}{m}\right)J_0\left(\frac{2i\gamma_i u}{m}\right)\right\} \tag{6.3.6}$$

と書ける．

1次元の場合は(6.3.6)は$p=s^2+2\gamma/m$としたときの$J_0(2i\gamma u/m)$の Laplace 変換$\int_0^\infty du \exp(-pu)J_0(2i\gamma u/m)$にほかならない．$J_0(at)$の Laplace 変換は$1/\sqrt{p^2+a^2}$であることが知られているから，

$$\zeta_1[\boldsymbol{O}, s] = \frac{1}{s\sqrt{s^2+4\gamma/m}} \tag{6.3.7}$$

したがって1次元では$\omega_0{}^2=0$であることがわかる．また(6.2.41)によって

$$\varphi(t) = \frac{1}{2\pi i}\int_{\mathrm{Br}} ds e^{st}\frac{m}{M}\left\{\sqrt{s^2+\frac{4\gamma}{m}}-s\right\} \tag{6.3.8}$$

であるが，$J_1(at)/t$の Laplace 変換が$\{\sqrt{p^2+a^2}-p\}/a$であることが知られているので，

$$\varphi(t) = \frac{m}{M}\omega_{\mathrm{L}}\frac{J_1(\omega_{\mathrm{L}}t)}{t} \qquad (t>0) \tag{6.3.9}$$

が得られる．ただし$\omega_{\mathrm{L}}\equiv(4\gamma/m)^{1/2}$である．

さて，$\varphi(t)$がデルタ関数になるためには，$\varphi[s]$が定数になればよい．(6.3.8)から，それは

$$(M/m) = 1+Q \to \infty, \qquad m\omega_{\mathrm{L}}/M = \beta = \text{定数} \tag{6.3.10}$$

という極限で実現されることがわかる．すなわち，格子点$\boldsymbol{O}$にある粒子の質量を無限大にし，同時に格子のバネ定数$\gamma$をそれに比例して無限大にした極限で，粒子の運動は Markov 過程になるのである．

このとき(6.2.41)によって

$$\langle\langle f_{\boldsymbol{O}}{}^{\mathrm{r}}(0) f_{\boldsymbol{O}}{}^{\mathrm{r}}(t)\rangle\rangle = 2MkT\beta\delta(t) \equiv 2D'\delta(t) \tag{6.3.11}$$

すなわち揺動力は白色雑音になる．また Langevin 方程式(6.2.43)は

$$\frac{dP_{\boldsymbol{O}}(t)}{dt} + \beta P_{\boldsymbol{O}}(t) = f_{\boldsymbol{O}}{}^{\mathrm{r}}(t) \tag{6.3.12}$$

となる．すなわち過程$P_{\boldsymbol{O}}(t)$は Ornstein–Uhlenbeck 過程となる．粒子の速度

$V_o(t)$ に対する方程式は

$$\frac{dV_o(t)}{dt}+\beta V_o(t)=F_o{}^{\mathrm{r}}(t)\equiv\frac{f_o{}^{\mathrm{r}}(t)}{M} \tag{6.3.13}$$

となるから，揺動力 $F_o{}^{\mathrm{r}}(t)$ の強さ $D$ は

$$D=\frac{kT\beta}{M} \tag{6.3.14}$$

で与えられることになる．これは第1章で導いた Einstein の関係にほかならない．さらに，(6.2.50) によって，

$$\rho_o(t)\equiv\frac{\langle\langle P_o(0)P_o(t)\rangle\rangle}{\langle\langle P_o(0)^2\rangle\rangle}=\frac{1}{2\pi i}\int_{\mathrm{Br}}e^{st}\frac{ds}{s+\beta}=e^{-\beta t} \tag{6.3.15}$$

すなわち運動量の相関関数は (6.3.12) に対応する斉次方程式を満たし，$1/\beta$ という時定数で指数関数的に減少する．

上に考えた極限で相関関数 $\rho_o(t)$ が指数関数になるという事情を，もう少しくわしく分析してみよう*．極限をとる前の $\rho_o(t)$ に対する表式は，(6.2.50) と (6.3.8) によって，

$$\rho_o(t)=\frac{1}{2\pi i}\int_{\mathrm{Br}}dse^{st}\frac{1}{\left(1-\dfrac{m}{M}\right)s+\dfrac{m}{M}\sqrt{s^2+\omega^2}} \tag{6.3.16}$$

となる．ここで $s=\omega_{\mathrm{L}}p$ と置くと，これはさらに

$$\rho_o(t)=\frac{(1+Q)}{2\pi i}\int_{\mathrm{Br}}dpe^{\omega_{\mathrm{L}}pt}\frac{dp}{\sqrt{1+p^2}+Qp} \tag{6.3.17}$$

となる．

極限をとるちょっと前を考えればよいから，$Q>1$ としてよい．

上で $J_0(t)$ の Laplace 変換が $1/\sqrt{s^2+1}$ であることを使ったが，実はこのことは $\sqrt{s^2+1}$ の位相因子が1であるときにのみ成り立つから，今の場合 $\sqrt{s^2+1}$ の位相因子が $s$ 平面の右半面で1，左半面で $-1$ となるような Riemann 面の上で積分しているのだと考えなければならない．被積分関数の極は $p=\pm1/\sqrt{Q^2-1}$ にあるが，これらは明らかにこの Riemann 面の上にはない．したがって今の場合被積分関数は極をもたない．そうすると，積分路としては，たとえば，図

* S. Takeno and J. Hori: Continuum Approximation for the Motion of a Heavy Particle in One- and Three-Dimensional Lattices, *Progr. Theor. Phys. Suppl.*, No. 23 (1962), 177.

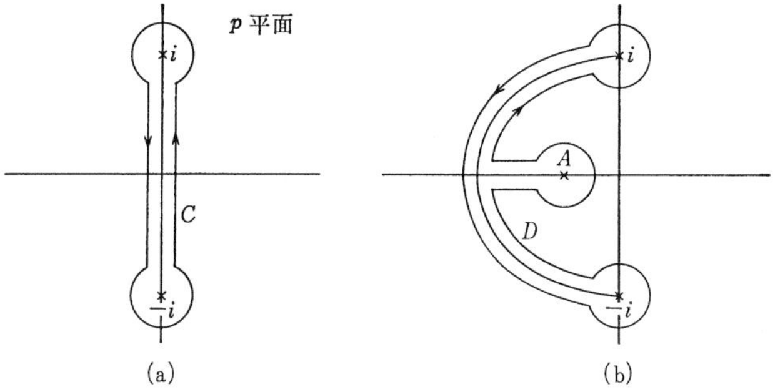


図 6.1

6.1(a)のように，被積分関数の2つの枝点 $\pm i$ を囲んで虚軸のすぐ右側と左側を往復する路 $C$ をとればよい．しかしこの積分路を使って計算したのでは，$Q\to\infty$ の極限における $P_0(t)$ のふるまいとの関連を議論することがむずかしいので，ここでは図6.1(b)のように，枝線を左の方へ彎曲させて，もう1枚の Riemann 面の上にある被積分関数の極 $A$ が現われるようにし，積分路としては $D$ という路をとることにする．$Q$ が十分大きければ極 $A$ は原点の近くにあるから，枝線として半円をとってよい．$D$ の上の積分は，極 $A$ における被積分関数の留数の $2\pi i$ 倍と，枝線の右側と左側に沿った積分の差 $\delta I$ との和に等しい．後者を計算してみよう*．$P=e^{i\theta}$ と置くと，それは

$$\delta I=\frac{Q+1}{2\pi}\int_{3\pi/2}^{\pi/2}d\theta\,\exp\{i\theta+\omega_{\mathrm{L}}te^{i\theta}\}\left[\frac{1}{Qe^{i\theta}+(1+e^{2i\theta})^{1/2}}-\frac{1}{Qe^{i\theta}-(1+e^{2i\theta})^{1/2}}\right]$$

$$=\frac{Q+1}{\pi}\int_{\pi/2}^{3\pi/2}d\theta\,\exp\{i\theta+\omega_{\mathrm{L}}te^{i\theta}\}\,\frac{(1+e^{2i\theta})^{1/2}}{(Q^2-1)e^{2i\theta}-1}\tag{6.3.18}$$

と計算される．これから不等式

$$|\delta I|\leqq\frac{Q+1}{\pi}\int_{\pi/2}^{3\pi/2}d\theta\,\exp\{\omega_{\mathrm{L}}t\cos\theta\}\,\frac{|(1+e^{2i\theta})^{1/2}|_{\max}}{|(Q^2-1)e^{2i\theta}-1|_{\min}}\tag{6.3.19}$$

が得られるが，さらに積分の範囲内で $\exp(\omega_{\mathrm{L}}t\cos\theta)$ の最大値が1であることと，$|(1+e^{2i\theta})^{1/2}|_{\max}=2^{1/2}$，$|(Q^2-1)e^{2i\theta}-1|_{\min}=Q^2-2$ であることを考えると，大きな $Q$ に対して，

* R. J. Rubin: Statistical Dynamics of Simple Cubic Lattices. Model for the Study of Brownian Motion, *J. Math. Phys.*, **1** (1960), 309.

$$|\delta I| \leqq \frac{Q+1}{\pi}\int_{\pi/2}^{3\pi/2} d\theta \frac{2^{1/2}}{Q^2-2} \leqq 2^{1/2}Q^{-1} \tag{6.3.20}$$

という評価が得られる.

極 $A$ における留数は大きい $Q$ に対して $\exp(-t/\sqrt{Q^2-1})/Q$ であるから，結局 $Q$ が大きいときは $\rho_O(t)$ に対して

$$\rho_O(t) \cong \frac{1+Q}{Q} e^{-\omega_L t/Q} + O(Q^{-1}) \tag{6.3.21}$$

という表式が得られることになる.

ちょっとみたところ，これは $Q\to\infty$ の極限で $\rho_O(t)$ が指数関数に近づくことを意味しているように見える．しかし実は $\omega_L$ を有限に止めておくかぎり，$Q\to\infty$ で第1項は定数になってしまうので，意味のある極限は得られない．これは $Q$ が大きいが有限なときには，第1項を $1/Q$ の冪級数に展開したとき，定数項を除く最も主要な項，すなわち $Q^{-1}$ の程度の項が，第2項と打ち消し合うことと対応する．つまり (6.3.21) で指数関数の項が主要な項として取り出されたように見えるのは，見かけ上のことにすぎないのである.

指数関数の項のみが $Q\to\infty$ の極限で本当に生き残るためには，どうしても $Q$ と同様に $\omega_L$ を無限大にしなければならない．このことは (6.3.21) からもわかるが，$\rho_O(t)$ に対するもとの表式 (6.3.16) にもどって考えるともっとよくわかる．すなわち，(6.3.16) の被積分関数の極は

$$s \cong -\frac{\omega_L}{Q} \tag{6.3.22}$$

のところにあるが，$\omega_L/Q$ が定数になるように $\omega_L$ と $Q$ を同時に無限大にすると，極は同じところに止まる．これに対して被積分関数の枝点は $s=\pm i\omega_L$ のところにあるから，この極限で上に考えた半円状の枝線は無限遠に追いやられて消失し，積分への寄与は極だけからくることになるのである.

## §6.4　Markov 化の条件(2次元および3次元の場合)

次に3次元の場合に移ろう．簡単のために，中心力と非中心力が全部等しい場合，すなわち $\gamma_1=\gamma_2=\gamma_3=\gamma$ の場合を考える．Kac および Berlin によって，こ

の場合には $\zeta[\boldsymbol{O}, s]$ は

$$\zeta_3[\boldsymbol{O}, s] = \left(\frac{4\gamma}{m}\right)^{-1}\left\{\zeta_0 - \left(\frac{\gamma}{m}\right)^{1/2}\frac{1}{\pi}s + \cdots\right\} = \frac{1}{\omega_L{}^2}\left\{\zeta_0 - \frac{2s}{\omega_L\pi} + \cdots\right\} \tag{6.4.1}$$

と展開されることが示されている*．ただし $\zeta_0$ は第 1 種の完全楕円積分 $\mathcal{K}(a)$ によって

$$\zeta_0 = \frac{8}{\pi^2}[18+12\sqrt{2}-10\sqrt{3}-7\sqrt{6}]\mathcal{K}^2[(2-\sqrt{3})(\sqrt{3}-\sqrt{2})] \cong 1.019 \tag{6.4.2}$$

と与えられる．したがって $\omega_0$ は

$$\omega_0{}^2 = \frac{m}{M\zeta[\boldsymbol{O}, 0]} = \frac{4\gamma}{M\zeta_0} \tag{6.4.3}$$

となって，今度は 0 ではない．$\varphi[s]$ の展開は

$$\varphi[s] = \frac{m}{M}\left\{\frac{2\omega_L}{\zeta_0{}^2\pi} - s + \cdots\right\} \tag{6.4.4}$$

となる．したがって，1 次元の場合と同じく，$\omega_L/Q$ を一定に保ち，$Q\to\infty$，$\omega_L\to\infty$ とした極限で $\varphi(t)$ はデルタ関数となる．すなわちこの極限で

$$\omega_0{}^2 = \frac{\omega_L{}^2}{Q\zeta_0}, \qquad \varphi(t) = \frac{2\omega_L}{\zeta_0{}^2\pi Q}\delta(t) \equiv \beta\delta(t) \tag{6.4.5}$$

となり，Langevin 方程式は

$$\left.\begin{aligned}\frac{dP_{\boldsymbol{O}}(t)}{dt} &= -M\omega_0{}^2X_{\boldsymbol{O}}(t) - \beta P_{\boldsymbol{O}}(t) + f_{\boldsymbol{O}}{}^{\mathrm{r}}(t)\\ \frac{dX_{\boldsymbol{O}}(t)}{dt} &= \frac{P_{\boldsymbol{O}}(t)}{M}\end{aligned}\right\} \tag{6.4.6}$$

すなわち

$$\frac{d}{dt}\begin{pmatrix}X_{\boldsymbol{O}}(t)\\ U_{\boldsymbol{O}}(t)\end{pmatrix} - \begin{pmatrix}0 & 1\\ -\omega_0{}^2 & 0\end{pmatrix}\begin{pmatrix}X_{\boldsymbol{O}}(t)\\ U_{\boldsymbol{O}}(t)\end{pmatrix} - \begin{pmatrix}0 & 0\\ 0 & -\beta\end{pmatrix}\begin{pmatrix}X_{\boldsymbol{O}}(t)\\ U_{\boldsymbol{O}}(t)\end{pmatrix} = \begin{pmatrix}0\\ F_{\boldsymbol{O}}{}^{\mathrm{r}}(t)\end{pmatrix} \tag{6.4.7}$$

となる．これは(5.4.2)と同じ形をしている．すなわち，格子点 $\boldsymbol{O}$ にある粒子は上の極限で調和振動子の Brown 運動と同じ運動をするのである．(6.2.41)

---

* M. Kac and T. H. Berlin : The Spherical Model of a Ferromagnet, *Phys. Rev.*, **86**(1952), 821.

によって

$$\langle\langle F_{\boldsymbol{O}}{}^{\mathrm{r}}(0)F_{\boldsymbol{O}}{}^{\mathrm{r}}(t)\rangle\rangle=\frac{2kT\beta}{M}\delta(t) \tag{6.4.8}$$

となり，ふたたび Einstein の関係が成り立つ．今の極限では過程は Markov であるから，パルス型とステップ型の揺動散逸定理が同時に成り立つことはいうまでもない．

2次元の場合にも，$\gamma_1=\gamma_2=\gamma$ と置くことにする．このとき，$F[\quad]$ を超幾何関数として，$\zeta[\boldsymbol{O},s]$ は

$$\zeta[\boldsymbol{O},s]=\frac{1}{s^2+\omega_{\mathrm{L}}{}^2}F\left[\frac{1}{2},\frac{1}{2};1;\left(\frac{\omega_{\mathrm{L}}{}^2}{s^2+\omega_{\mathrm{L}}{}^2}\right)^2\right] \tag{6.4.9}$$

で与えられ，

$$\zeta[\boldsymbol{O},s]=\frac{1}{s^2+\omega_{\mathrm{L}}{}^2}\left(\frac{1}{\pi}\ln\frac{\delta\omega_{\mathrm{L}}{}^2}{s^2}+\cdots\right) \tag{6.4.10}$$

と展開できることが知られている*．したがって $\omega_0{}^2$ は1次元の場合と同じく0であり，また $\varphi[s]$ は $s\to0$ で発散する．これは $Q$ と $\omega_{\mathrm{L}}$ をどう操作しても $\varphi[s]$ を定数にすることはできないことを意味している．2次元の場合には過程を Markov 化することが不可能なのである．

今までは単純立方格子のみを考えてきたが，ここで3次元の体心立方格子と面心立方格子の場合には事情がどうなるかをしらべてみよう**．一般論は単純立方格子の場合と全く同じで，ちがうのは Green 関数 $\zeta[\boldsymbol{O},s]$ がそれぞれ体心立方格子および面心立方格子の Green 関数 $\zeta^{\mathrm{bcc}}[\boldsymbol{O},s]$ および $\zeta^{\mathrm{fcc}}[\boldsymbol{O},s]$ で置きかわる点だけである．これらは

$$\zeta^{\mathrm{bcc}}[\boldsymbol{O},s]=\frac{1}{(2\pi)^3}\iiint_0^{2\pi}\frac{d\theta_1d\theta_2d\theta_3}{s^2+(8\gamma/m)(1-\cos\theta_1\cos\theta_2\cos\theta_3)} \tag{6.4.11}$$

---

* R. J. Rubin の前掲論文による．

** 以下に述べる数学的議論については K. Wada の前掲論文のほか，S. Katsura and T. Horiguchi : Lattice Green's Function for the Body-Centered Cubic Lattice, *J. Math. Phys.*, **12** (1971), 230 および T. Morita and T. Horiguchi : Lattice Green's Functions for the Cubic Lattices in Terms of the Complete Elliptic Integral, *J. Math. Phys.*, **12** (1971), 981 参照.

および

$$\zeta^{\mathrm{fcc}}[\boldsymbol{O},s]$$
$$=\frac{1}{(2\pi)^3}\iiint_0^{2\pi}\frac{d\theta_1 d\theta_2 d\theta_3}{s^2+(12\gamma/m)[1-(\cos\theta_1\cos\theta_2+\cos\theta_2\cos\theta_3+\cos\theta_3\cos\theta_1)/3]} \tag{6.4.12}$$

で与えられる.

まず $\zeta^{\mathrm{bcc}}[\boldsymbol{O},s]$ の性質をしらべるために，これに対応する一般化された Watson 積分

$$I^{\mathrm{bcc}}(t)=\frac{1}{(2\pi)^3}\iiint_0^{2\pi}\frac{d\theta_1 d\theta_2 d\theta_3}{t-\cos\theta_1\cos\theta_2\cos\theta_3} \tag{6.4.13}$$

を考える. $t>1$ ではこの積分は第 1 種の完全楕円積分 $\mathcal{K}(k)$ によって,

$$I^{\mathrm{bcc}}(t)=\frac{1}{t}\frac{4}{\pi^2}\mathcal{K}^2(k) \tag{6.4.14}$$

と表わされる. ただし

$$k^2=\frac{1}{2}\left[1-\left(1-\frac{1}{t^2}\right)^{1/2}\right] \tag{6.4.15}$$

である. 完全楕円積分を超幾何関数で表わすと,

$$I^{\mathrm{bcc}}(t)=\frac{1}{t}F\left(\frac{1}{2},\frac{1}{2};1;\frac{1}{2}-\frac{1}{2}\left(1-\frac{1}{t^2}\right)^{1/2}\right)^2 \tag{6.4.16}$$

である. この超幾何関数は 2 次変換を用いて,

$$F\left(\frac{1}{2},\frac{1}{2};1;\frac{1}{2}-\frac{1}{2}\left(1-\frac{1}{t^2}\right)^{1/2}\right)$$
$$=\frac{\pi^{1/2}}{[\Gamma(3/4)]^2}F\left(\frac{1}{4},\frac{1}{4};\frac{1}{2};1-\frac{1}{t^2}\right)$$
$$-\frac{2\pi^{1/2}}{[\Gamma(1/4)]^2}\left(1-\frac{1}{t^2}\right)^{1/2}F\left(\frac{3}{4},\frac{3}{4};\frac{3}{2};1-\frac{1}{t^2}\right) \tag{6.4.17}$$

さらに $F(\ ;\ ;z)$ を $F(\ ;\ ;z/(1-z))$ に変換して

$$=\frac{\pi^{1/2}t^{1/2}}{[\Gamma(3/4)]^2}F\left(\frac{1}{4},\frac{1}{4};\frac{1}{2};t^2-1\right)$$
$$-\frac{2\pi^{1/2}}{[\Gamma(1/4)]^2}t^{1/2}(t^2-1)^{1/2}F\left(\frac{3}{4},\frac{3}{4};\frac{3}{2};t^2-1\right) \tag{6.4.18}$$

と書きかえられる. したがって $\Gamma(3/4)\Gamma(1/4)=\sqrt{2}\pi$ を用いて

$$I^{\mathrm{bcc}}(t)=\pi\left\{\left(\frac{\Gamma(1/4)}{\sqrt{2}\,\pi}\right)^2 F\left(\frac{1}{4},\frac{1}{4};\frac{1}{2};t^2-1\right)\right.$$
$$\left.-\frac{2}{[\Gamma(1/4)]^2}(t^2-1)^{1/2}F\left(\frac{3}{4},\frac{3}{4};\frac{3}{2};t^2-1\right)\right\}^2 \quad (6.4.19)$$

という表式が得られる．

$t=s/2\omega_{\mathrm{L}}{}^2+1$ と置くと，(6.4.19) から

$$I^{\mathrm{bcc}}\left(\frac{s^2}{2\omega_{\mathrm{L}}{}^2}+1\right)=\frac{[\Gamma(1/4)]^4}{4\pi^3}-\frac{2}{\pi}\frac{s}{\omega_{\mathrm{L}}}+O(s^2) \quad (6.4.20)$$

という展開式が，またこれを使って $\zeta^{\mathrm{bcc}}[\boldsymbol{O},s]$ に対する展開式が

$$\zeta^{\mathrm{bcc}}[\boldsymbol{O},s]=\frac{1}{2\omega_{\mathrm{L}}{}^2}\left\{\frac{[\Gamma(1/4)]^4}{4\pi^3}-\frac{2}{\pi}\frac{s}{\omega_{\mathrm{L}}}+O(s^2)\right\} \quad (6.4.21)$$

と得られる．{　} 内の定数項の値は

$$\zeta^{\mathrm{bcc}}\equiv\frac{[\Gamma(1/4)]^4}{4\pi^3}\cong 1.3932039297 \quad (6.4.22)$$

である．

(6.4.21) から

$$(\omega_0{}^{\mathrm{bcc}})^2=\frac{m}{M\zeta^{\mathrm{bcc}}[\boldsymbol{O},0]}=\frac{m}{M}\frac{2\omega_{\mathrm{L}}{}^2}{\zeta^{\mathrm{bcc}}} \quad (6.4.23)$$

であること，および

$$\varphi[s]=\frac{m}{M}\left[\frac{4\omega_{\mathrm{L}}}{(\zeta^{\mathrm{bcc}})^2\pi}-s+O(s^2)\right] \quad (6.4.24)$$

であることがわかる．したがって単純立方格子の場合と同じく，$\omega_{\mathrm{L}}/Q$ を定数に保ったまま $Q\to\infty$，$\omega_{\mathrm{L}}\to\infty$ の極限をとると，格子点 $\boldsymbol{O}$ にある粒子の運動は Markov 過程となる．

次に面心立方格子の Green 関数 $\zeta^{\mathrm{fcc}}[\boldsymbol{O},s]$ に対応する Watson 積分

$$I^{\mathrm{fcc}}(t)=\frac{1}{(2\pi)^3}\iiint_0^{2\pi}\frac{d\theta_1 d\theta_2 d\theta_3}{t-(\cos\theta_1\cos\theta_2+\cos\theta_2\cos\theta_3+\cos\theta_3\cos\theta_1)} \quad (6.4.25)$$

を考える．これは $t>3$ で第1種の完全楕円積分によって

$$I^{\mathrm{fcc}}(t)=\frac{4}{\pi^2(t+1)}\mathcal{K}(k_1{}^-)\mathcal{K}(k_1{}^+) \quad (6.4.26)$$

と表わされる．ただし

$$k_1^{\pm}=\frac{1}{\sqrt{2}}\left[1\pm\frac{4t^{1/2}(t+1)^{1/2}}{(t+1)^2}-\frac{(t-1)(t+1)^{1/2}(t-3)^{1/2}}{(t+1)^2}\right]^{1/2} \tag{6.4.27}$$

である.

$t-3=z$ と置き，第1種の完全楕円積分の定義

$$\mathscr{K}(k)=\frac{\pi}{2}\sum_{n=0}^{\infty}\left[\frac{\Gamma(n+1/2)/\Gamma(1/2)}{n!}\right]^2 k^{2n} \tag{6.4.28}$$

を使うと，

$$\begin{aligned}I^{\mathrm{fcc}}(z+3)=&\frac{4}{\pi^2(z+4)}\frac{\pi}{2}\sum_{n=0}^{\infty}\left[\frac{\Gamma(n+1/2)/\Gamma(1/2)}{n!}\right]\\&\times\left[\frac{1}{2}\left\{1+\frac{4(z+3)^{1/2}(z+4)^{1/2}}{(z+4)^2}-\frac{(z+2)(z+4)^{1/2}z^{1/2}}{(z+4)^2}\right\}\right]^n\\&\times\sum_{m=0}^{\infty}\left[\frac{\Gamma(m+1/2)/\Gamma(1/2)}{m!}\right]^2\\&\times\left[\frac{1}{2}\left\{1-\frac{4(z+3)^{1/2}(z+4)^{1/2}}{(z+4)^2}-\frac{(z+2)(z+4)^{1/2}z^{1/2}}{(z+4)^2}\right\}\right]^m\end{aligned} \tag{6.4.29}$$

となる. $z=0$ に対しては, $k_1^+$ と $k_1^-$ はそれぞれ $k'\equiv\cos(\pi/12)$ および $k\equiv\sin(\pi/12)$ に近づくから,

$$I^{\mathrm{fcc}}(3)=\frac{1}{\pi^2}\mathscr{K}\left(\cos\frac{\pi}{12}\right)\mathscr{K}\left(\sin\frac{\pi}{12}\right)=\frac{\sqrt{3}}{\pi^2}\mathscr{K}\left(\sin\frac{\pi}{12}\right)^2=\frac{3[\Gamma(1/3)]^6}{2^{14/3}\pi^4} \tag{6.4.30}$$

である. (6.4.29)はさらに

$$\begin{aligned}I^{\mathrm{fcc}}(z+3)=&\frac{4}{\pi^2}\frac{1}{4}\left(1-\frac{z}{4}+\cdots\right)\frac{\pi}{2}\sum_{n=0}^{\infty}\left[\frac{\Gamma(n+1/2)/\Gamma(1/2)}{n!}\right]^2\left(k'^2-\frac{z^{1/2}}{8}+O(z)\right)^n\\&\times\frac{\pi}{2}\sum_{m=0}^{\infty}\left[\frac{\Gamma(m+1/2)/\Gamma(1/2)}{m!}\right]^2\left(k^2-\frac{z^{1/2}}{8}+O(z)\right)^m\\=&\frac{1}{\pi^2}\left\{\mathscr{K}(k')-\frac{\pi}{2}\sum_{n=0}^{\infty}\left[\frac{\Gamma(n+1/2)/\Gamma(1/2)}{n!}\right]^2k'^{2n}\frac{nz^{1/2}}{8k'^2}+O(z)\right\}\\&\times\left\{\mathscr{K}(k)-\frac{\pi}{2}\sum_{m=0}^{\infty}\left[\frac{\Gamma(m+1/2)/\Gamma(1/2)}{m!}\right]^2k^{2m}\frac{mz^{1/2}}{8k^2}+O(z)\right\}\\=&\frac{\sqrt{3}\mathscr{K}(k)^2}{\pi^2}-\frac{1}{16\pi^2}\left\{\mathscr{K}(k)\frac{1}{k'}\frac{d\mathscr{K}(k')}{dk'}+\mathscr{K}(k')\frac{1}{k}\frac{d\mathscr{K}(k)}{dk}\right\}z^{1/2}+O(z)\end{aligned} \tag{6.4.31}$$

と書きかえることができるが，ここで $\mathscr{E}(k)$ を第2種の完全楕円積分とし，$k^2+$

$k'^2=1$ のときに成り立つ関係

$$\left.\begin{aligned}\frac{1}{k}\frac{d\mathscr{K}(k)}{dk}&=\frac{\mathscr{E}(k)-k'^2\mathscr{K}(k)}{k^2k'^2}\\ \mathscr{K}(k)\mathscr{E}(k')+\mathscr{K}(k')\mathscr{E}(k)-\mathscr{K}(k)\mathscr{K}(k')&=\frac{\pi}{2}\end{aligned}\right\}\tag{6.4.32}$$

を用いると，結局

$$I^{\text{fcc}}(z+3)=\frac{\sqrt{3}\,\mathscr{K}(k)^2}{\pi^2}-\frac{1}{2\pi}z^{1/2}+O(z)\tag{6.4.33}$$

を得る．

(6.4.33) で $z=s^2/\omega_{\text{L}}{}^2$ と置くと，

$$I^{\text{fcc}}\left(3+\frac{s^2}{\omega_{\text{L}}{}^2}\right)=\frac{\sqrt{3}\,\mathscr{K}(\sin\pi/12)^2}{\pi^2}-\frac{1}{2\pi}\frac{s}{\omega_{\text{L}}}+O(s^2)\tag{6.4.34}$$

となるから，

$$\zeta^{\text{fcc}}[\boldsymbol{O},s]=\frac{1}{3\omega_{\text{L}}{}^2}\left\{\frac{9\{\Gamma(1/3)\}^6}{2^{14/3}\pi^4}-\frac{3}{2\pi}\frac{s}{\omega_{\text{L}}}+O(s^2)\right\}\tag{6.4.35}$$

{　} 内の定数項の値は

$$\zeta^{\text{fcc}}\equiv\frac{9\{\Gamma(1/3)\}^6}{2^{14/3}\pi^4}\cong 1.3446610732\tag{6.4.36}$$

である．したがって

$$(\omega_0{}^{\text{fcc}})^2=\frac{m}{M\zeta^{\text{fcc}}[\boldsymbol{O},0]}=\frac{m}{M}\frac{3\omega_{\text{L}}{}^2}{\zeta^{\text{fcc}}}\tag{6.4.37}$$

であり，また

$$\varphi[s]=\frac{m}{M}\left[\frac{9\omega_{\text{L}}}{2\pi(\zeta^{\text{fcc}})^2}-s+O(s^2)\right]\tag{6.4.38}$$

であって，ここでもまた $\omega_{\text{L}}/Q$ を有限に保ったまま $\omega_{\text{L}}\to\infty$，$Q\to\infty$ という極限をとると，格子点 $\boldsymbol{O}$ にある粒子の運動は Markov 過程になることがわかる．

最後に，1次元格子の場合の Markov 化の条件に関して§6.3の最後で行なった議論をもう一度ふり返ってみよう．$Q\to\infty$ という極限だけをとったのでは駄目で，同時に $\omega_{\text{L}}$ を無限大にしなければならなかったのは，(6.3.21) の右辺第1項の指数が $-\omega_{\text{L}}t/Q$ という形をしており，したがって $Q$ だけを無限大にすると，第1項が定数になってしまうからであった．しかし，第2項は時間 $t$ のいかんにかかわらず $Q^{-1}$ の程度なのだから，$\omega_{\text{L}}$ を無限大にするかわりに，$t/Q$

が有限に止まるように $t$ を無限大にしてもよいわけである．時間を無限大にすることは一見意味がないように見えるが，$Q$ を大きくする，すなわち格子点 $\boldsymbol{O}$ にある粒子の質量を大きくするとともに，それに見合った程度に長い時間だけ先のその粒子のふるまいに着目することだ，と考えるならば，これは十分に物理的な意味をもつ．

$\omega_{\mathrm{L}}$ は格子の最大の固有角振動数であるから，その逆数 $\omega_{\mathrm{L}}^{-1}$ は，格子の状態に著しい変化が起る最小の時間間隔であると考えてよい．いいかえれば，$\omega_{\mathrm{L}}^{-1}$ は格子のミクロな運動が行なわれる時間スケールである．これを**ミクロ時間**とよぶことにしよう．ミクロ時間が小さいほど格子の運動は激しいのである．$\omega_{\mathrm{L}}$ を大きくすることは，ミクロ時間を小さくすることである．そうすると単位時間の中により多くのミクロ時間が含まれるようになる．ミクロ時間を小さくするかわりに，こちらの方は固定しておいて，時間の単位を引き伸ばしても同じ効果が得られることは明らかであろう．つまり，時間の単位を大きくとって，単位時間の中により多くのミクロ時間が入るようにするのである．これが $\omega_{\mathrm{L}}$ を大きくするかわりに $t$ を大きくすることの意味である．$Q$ を大きくするということも，同様に，$Q$ をはかる単位を大きくとることであると解釈することができる．このような単位の変換を一般に**スケール変換**とよぶ．

スケール変換を式の上で行なうには次のようにすればよい．$Q$ のかわりに $QL^2$, $t$ のかわりに $L^2t$ したがって $s$ のかわりに $s/L^2$ と置いて，$L\to\infty$ の極限をとるのである．こうすると，変換したあとの $Q$ または $t$ の有限な値が，変換する前の $Q$ または $t$ の無限に大きい値に対応し，しかも $t/Q$ の値は不変に保たれるのである．実際，(6.3.17)の右辺でこのスケール変換を行なうと，

$$\rho_O(t) = \frac{1}{2\pi i}\int ds e^{st}\frac{1}{s+(\omega_{\mathrm{L}}/Q)} = e^{-(\omega_{\mathrm{L}}/t)t} \tag{6.4.39}$$

となって，$\omega_{\mathrm{L}}\to\infty$, $Q\to\infty$, $\omega_{\mathrm{L}}/Q=$ 一定 という極限をとったときと同じ結果が得られるのである．また $\varphi[s]$ はスケール変換をほどこすと，(6.3.8)によって

$$\varphi[s] = \frac{m}{M}\omega_{\mathrm{L}} = \beta \tag{6.4.40}$$

したがって

$$\varphi(t)=2\beta\delta(t) \tag{6.4.41}$$

となる．スケール変換を行なったあとの Langevin 方程式は当然(6.3.12)となる．

上の結果と $\varphi[s]$ の定義(6.2.41)から，スケール変換を行なったあとの Langevin 方程式は，さらに

$$P_o(t)\to LP_o(t),\qquad X_o(t)\to LX_o(t) \tag{6.4.42}$$

というスケール変換を行なっても変らない．すなわち，いったん質量 $M$ と時間 $t$ の単位を上のように $L^2$ に比例するように引き伸ばしたあとは，空間的な距離の単位を $L$ に比例して引き伸ばしても過程の性質は変らないのである*．

§1.6で，調和振動子の Brown 運動を考察したさい，$\beta^{-1}$ に比べて十分長い時間に対しては粒子の位置の分布密度は拡散方程式を満たすことを見た．実はこれもスケール変換の1つだったのである．実際，$t$ を $L^2t$ で，$\boldsymbol{r}$ を $L\boldsymbol{r}$ でおきかえて $L\to\infty$ という極限をとるというスケール変換を(1.6.5)にほどこすと，(1.6.7)が得られるのである．

## §6.5　量子力学的取扱い

前節までの議論はすべて古典力学にもとづくものであったが，この節では量子力学的な計算を行なってみよう．簡単のために§6.1で取り扱った系を考える．量子力学ではすべての物理量を演算子と考え，勝手な演算子 $A$ に対して，Liouville 演算子を

$$i\mathscr{L}A\equiv\frac{1}{i\hbar}[A,H] \tag{6.5.1}$$

で定義し，また時間を含む演算子 $A(t)$ としては $A$ の Heisenberg 描像を用いればよい．そうするとあとは，**カノニカルな内積**を

$$(AB)\equiv\mathrm{Tr}\left\{\frac{e^{-\beta H}}{\beta}\int_0^\beta d\lambda e^{\lambda H}Ae^{-\lambda H}B\right\}\Big/\mathrm{Tr}\,e^{-\beta H} \tag{6.5.2}$$

で，また擬射影演算子を

* スケール変換については，もっとくわしい議論が，T. Morita and H. Mori : Kinetic and Hydrodynamic Scalings in an Exactly-Soluble Model for the Brownian Motion, *Progr. Theor. Phys.*, **56** (1976), 498 に述べられている．

$$\mathcal{P}(\cdots) \equiv -QP_0\frac{(P_0\cdots)}{(P_0P_0)} \tag{6.5.3}$$

で定義しさえすれば，§6.1と同様にして，(6.1.11)と全く同じ方程式に到達する．

カノニカルな内積と交換子のカノニカルアンサンブルにおける期待値との間の1つの関係を求めておこう．$\rho_e \equiv e^{-\beta H}/\mathrm{Tr}\, e^{-\beta H}$ と書くと，

$$\begin{aligned}\langle\langle[X(0), Y(t)]\rangle\rangle &\equiv \mathrm{Tr}\,\rho_e[X(0), Y(t)] = \mathrm{Tr}[\rho_e X(0)Y(t)-\rho_e Y(t)X(0)]\\ &= \mathrm{Tr}[\rho_e X(0)Y(t)-X(0)\rho_e Y(t)]\\ &= \mathrm{Tr}[\rho_e, X(0)]\,Y(t)\end{aligned} \tag{6.5.4}$$

ところが，

$$\frac{d}{d\beta}\{e^{\beta H}[e^{-\beta H}, X(0)]\} = e^{\beta H}(X(0)H-HX(0))e^{-\beta H} = i\hbar e^{\beta H}\dot{A}e^{-\beta H} \tag{6.5.5}$$

したがって

$$[\rho_e, X(0)] = i\hbar\int_0^\beta d\lambda \rho_e e^{\lambda H}\dot{A}e^{-\lambda H} \tag{6.5.6}$$

であるから，(6.5.4)は

$$\begin{aligned}\langle\langle[X(0), Y(t)]\rangle\rangle &= i\hbar\,\mathrm{Tr}\int_0^\beta d\lambda\rho_e e^{\lambda H}\dot{X}e^{-\lambda H}Y(t)\\ &= i\hbar\beta(\dot{X}(0)Y(t))\end{aligned} \tag{6.5.7}$$

となる．これが求める関係である．

(6.5.7)を用いると，(6.1.11)式の中の $\mathcal{P}i\mathcal{L}F_0{}^{\mathrm{r}}(\tau)$ を計算することができる．すなわち

$$(P_0P_0) = \frac{1}{i\hbar\beta}\langle\langle[MX_0, P_0]\rangle\rangle = \frac{M}{\beta} \tag{6.5.8 a}$$

$$\begin{aligned}(P_0, i\mathcal{L}F_0{}^{\mathrm{r}}(\tau)) &= \frac{1}{i\hbar\beta}\langle\langle[MX_0, i\mathcal{L}F_0{}^{\mathrm{r}}(\tau)]\rangle\rangle\\ &= \frac{1}{i\hbar\beta}\left\langle\left\langle\left[MX_0, \frac{1}{i\hbar}[F_0{}^{\mathrm{r}}(\tau), H]\right]\right\rangle\right\rangle\\ &= -\frac{1}{i\hbar\beta}\langle\langle[\dot{P}_0, F_0{}^{\mathrm{r}}(\tau)]\rangle\rangle = -(\dot{P}_0F_0{}^{\mathrm{r}}(\tau))\\ &= -((i\mathcal{L}P_0)F_0{}^{\mathrm{r}}(\tau)) = -(F_0(0)F_0{}^{\mathrm{r}}(\tau))\end{aligned} \tag{6.5.8 b}$$

という関係を使えばよい．そうすると(6.1.11)は結局

$$\frac{dP_0(t)}{dt} = F_0{}^{\mathrm{r}}(t) - \left(\frac{1}{M} - \frac{1}{m^*}\right)\beta \int_0^t d\tau P_0(t-\tau)(F_0(0)F_0{}^{\mathrm{r}}(\tau)) \qquad (6.5.9)$$

となる．これと(6.1.16)のちがいは，相関関数 $\langle\langle F_0(0)F_0{}^{\mathrm{r}}(\tau)\rangle\rangle$ のかわりに**カノニカル相関関数** $(F_0(0)F_0{}^{\mathrm{r}}(\tau))$ が入っている点だけである．

§6.2で取り扱った系に対しても話は全く同じであって，やはりカノニカル内積を用いて(6.2.3)と全く同様に擬射影演算子を定義しさえすれば，(6.2.46)という Langevin 方程式が得られる．ただし $\varphi(\tau)$ の定義(6.2.41)において，相関関数 $\langle\langle X(0)Y(t)\rangle\rangle$ をカノニカル相関関数 $(X(0)Y(t))$ で置きかえなければならない．

このように，相関関数としてカノニカル相関関数を用いさえすれば，量子力学的な Langevin 方程式と古典力学的な Langevin 方程式は一致してしまうから，揺動散逸定理もまた一致するはずである．しかしカノニカル相関関数は，古典的な相関関数に対応して

$$\langle X(0)Y(t)\rangle \equiv \mathrm{Tr}\{e^{-\beta H}(X(0)Y(t)+Y(t)X(0))/2\}/\mathrm{Tr}\, e^{-\beta H} \qquad (6.5.10)$$

で定義するのが自然である通常の相関関数とは全く異なるものである．したがって通常の相関関数によって揺動散逸定理を書こうとすると，それは古典的な揺動散逸定理とはちがったものになる．

そのちがいを求めるためには，カノニカル相関関数と通常の相関関数との間の関係を求めさえすればよい．積分

$$\int_0^\infty \langle\langle X(0)Y(t)\rangle\rangle e^{-i\omega t}dt \qquad (6.5.11)$$

を，ハミルトニアン $H$ を対角化する表示で書き下ろして書きかえてゆくと，

$$\int_0^\infty \sum_{ij} e^{-\beta E_i}\langle E_i|X(0)|E_j\rangle\langle E_j|Y(t)|E_i\rangle e^{-i\omega t}dt \Big/ \sum_i e^{-\beta E_i}$$

$$= \int_0^\infty \sum_{ij} e^{-\beta E_i}\langle E_i|X(0)|E_j\rangle e^{(i/\hbar)E_j t}\langle E_j|Y(0)|E_i\rangle e^{-(i/\hbar)E_i t} e^{-i\omega t}dt \Big/ \sum_i e^{-\beta E_i}$$

$$= \int_0^\infty \sum_{ij} e^{-\beta E_j} e^{(i/\hbar)E_i t}\langle E_i|Y(0)|E_j\rangle e^{-(i/\hbar)E_j t}\langle E_j|X(0)|E_i\rangle e^{-i\omega t}dt \Big/ \sum_i e^{-\beta E_i}$$

$$= \int_0^\infty \sum_{ij} e^{-\beta E_i} e^{\beta(E_i-E_j)}\langle E_i|Y(t)|E_j\rangle\langle E_j|X(0)|E_i\rangle e^{-i\omega t}dt \Big/ \sum_i e^{-\beta E_i}$$

$$= e^{\beta\hbar\omega}\int_0^\infty \langle\langle Y(t)X(0)\rangle\rangle e^{-i\omega t}dt \tag{6.5.12}$$

ただし，第2行目を見ればわかるように，$E_i-E_j=\hbar\omega$ という関係を満たす項だけが積分に寄与することを考慮した．したがって

$$\int_0^\infty \langle\langle [X(0),\ Y(t)]\rangle\rangle e^{-i\omega t}dt = (1-e^{-\beta\hbar\omega})\int_0^\infty \langle\langle X(0)Y(t)\rangle\rangle e^{-i\omega t}dt$$
$$= (e^{\beta\hbar\omega}-1)\int_0^\infty \langle\langle Y(t)X(0)\rangle\rangle e^{-i\omega t}dt \tag{6.5.13}$$

これから

$$\int_0^\infty \langle X(0)Y(t)\rangle e^{-i\omega t}dt = \frac{1}{2}\left\{\frac{1}{1-e^{-\beta\hbar\omega}}-\frac{1}{1-e^{\beta\hbar\omega}}\right\}\int_0^\infty \langle\langle [X(0),\ Y(t)]\rangle\rangle e^{-i\omega t}dt$$
$$= \frac{1}{2}\coth\left(\frac{1}{2}\beta\hbar\omega\right)\int_0^\infty \langle\langle [X(0),\ Y(t)]\rangle\rangle e^{-i\omega t}dt \tag{6.5.14}$$

という関係が得られる．(6.5.14)と(6.5.7)によって，

$$\int_0^\infty \langle X(0)Y(t)\rangle e^{-i\omega t}dt = \frac{i\hbar\beta}{2}\coth\left(\frac{1}{2}\beta\hbar\omega\right)\int_0^\infty (\dot{X}(0)Y(t))e^{-i\omega t}dt \tag{6.5.15}$$

である．最後の積分は，(6.5.8 b)と同様な計算によって容易に確かめられるように，$-i\omega\int_0^\infty (X(0)Y(t))e^{-i\omega t}dt$ に等しい．したがって結局

$$\int_0^\infty \langle X(0)Y(t)\rangle e^{-i\omega t}dt = \beta E_\beta(\omega)\int_0^\infty (X(0)Y(t))e^{-i\omega t}dt \tag{6.5.16}$$

という関係が得られる．ただし

$$E_\beta(\omega) = \frac{1}{2}\hbar\omega\coth\left(\frac{1}{2}\beta\hbar\omega\right) \tag{6.5.17}$$

である．(6.5.16)が求める関係である．$\beta E_\beta(\omega)$ は $\hbar\to 0$ の極限で1となる．これは古典力学ではカノニカル相関関数と通常の相関関数が一致することを意味する．

(6.5.7)からわかるように，カノニカル相関関数は通常の相関関数よりも交換子の期待値の方により直接的に結びついている．というよりもむしろ，カノニカル相関関数は交換子の期待値そのものである，といった方がよいくらいである．一方 Heisenberg の運動方程式によって交換子は系の力学的変化と密接

に関係しているから，カノニカル相関関数は相関関数という統計的な性質を特徴づける量というよりもむしろ系の力学的変化に対応する量である，と言った方がよい．こう考えると，(6.5.16)は，系の統計的な特性をあらわす2種類の相関関数の間の関係というより，むしろ系の力学的変化と統計的な特性との間の関係を与える式であるということになる．それならば何もカノニカル相関関数というものをわざわざ考えなくても，(6.5.14)自身がその役割を果しているわけである．さらに，揺動散逸定理は相関関数と系の力学的性質との間の関係を与えるものであったから，(6.5.14)はすでにほとんど揺動散逸定理になっていることが予想される．事実，$\langle\langle[X(0), Y(t)]\rangle\rangle$ は系の衝撃応答と直接的に結びついているのであって，(6.5.14)自身がすでに内容的には揺動散逸定理にほかならないのである．

このことを示すために，

$$H_t = H - AK(t) \equiv H + H_{\mathrm{ext}}(t) \tag{6.5.18}$$

という形のハミルトニアンを持つ系を考えよう*．$K(t)$ は系に外からかけられた外力，$A$ はそれに共役な力学量で，$H$ はもちろん外力のない場合の系のハミルトニアン，すなわち無摂動ハミルトニアンである．

$H, H_t$ および $H_{\mathrm{ext}}$ に対応する Liouville 演算子 $\mathscr{L}$ を，それぞれ

$$\left.\begin{aligned} i\mathscr{L}(\,\cdot\,) &= \frac{1}{i\hbar}[H,\ \cdot\,] \\ i\mathscr{L}_t(\,\cdot\,) &= \frac{1}{i\hbar}[H_t,\ \cdot\,] \\ i\mathscr{L}_{\mathrm{ext}}(\,\cdot\,) &= \frac{1}{i\hbar}[H_{\mathrm{ext}},\ \cdot\,] \end{aligned}\right\} \tag{6.5.19}$$

で定義する．よく知られているように，系の密度演算子は運動方程式

$$\frac{\partial\rho(t)}{\partial t} = i\mathscr{L}_t\rho(t) \tag{6.5.20}$$

に従う．初期条件

$$\rho(-\infty) = \rho_e = Ce^{-\beta H} \tag{6.5.21}$$

の下での(6.5.20)の解が外力について1次の近似で

* R. Kubo : The fluctuation-dissipation theorem, *Report on Progress in Physics*, **29**(1966), 255.

$$\left.\begin{aligned}\rho(t) &= \rho_e + \Delta\rho(t) \\ \Delta\rho(t) &\equiv \int_{-\infty}^{t} dt' e^{i(t-t')\mathcal{L}} i\mathcal{L}_{\text{ext}}(t')\rho_e\end{aligned}\right\} \tag{6.5.22}$$

で与えられることは，定数変化法を用いれば容易にわかる．

外力 $K(t)$ に対する物理量 $B$ の応答の，平衡状態における値からのずれは，

$$\Delta B(t) = \text{Tr}\, B\Delta\rho(t) \tag{6.5.23}$$

で与えられる．(6.5.22) を使うと (6.5.23) は

$$\Delta B(t) = \text{Tr}\int_{-\infty}^{t} dt' B e^{i(t-t')\mathcal{L}} i\mathcal{L}_{\text{ext}}(t')\rho_e \tag{6.5.24}$$

となるが，これは容易に

$$\Delta B(t) = \frac{1}{i\hbar}\int_{-\infty}^{t} dt' K(t')\,\text{Tr}\,\rho_e[A(0), B(t-t')] \tag{6.5.25}$$

と変形できる．ただし

$$B(t) = e^{-i\mathcal{L}t}B = e^{itH/\hbar}Be^{-itH/\hbar} \tag{6.5.26}$$

である．(6.5.25) は

$$\begin{aligned}\phi_{BA}(t) &= \frac{1}{i\hbar}\text{Tr}\,\rho_e[A(0), B(t)] \\ &= \frac{1}{i\hbar}\langle\langle[A(0), B(t)]\rangle\rangle\end{aligned} \tag{6.5.27}$$

が衝撃応答を与えることを意味する．したがって周波数応答は

$$\begin{aligned}S_{BA}(\omega) &= \int_0^{\infty}\phi_{BA}(t)e^{-i\omega t}dt \\ &= \frac{1}{i\hbar}\int_0^{\infty}\langle\langle[A(0), B(t)]\rangle\rangle e^{-i\omega t}dt\end{aligned} \tag{6.5.28}$$

で与えられる．

(6.5.27) を用いると，(6.5.14) は，

$$G_{+BA}(\omega) = \frac{i}{2\pi\omega}E_\beta(\omega)S_{BA}(\omega) \tag{6.5.29}$$

となる．したがって

$$\begin{aligned}G_{BA}(\omega) &= G_{+BA}(\omega) + G_{-BA}(\omega) = G_{+BA}(\omega) + G_{+AB}{}^*(\omega) \\ &= \frac{i}{2\pi\omega}E_\beta(\omega)[S_{BA}(\omega) - S_{AB}{}^*(\omega)]\end{aligned} \tag{6.5.30}$$

これは古典力学的な極限で $\boldsymbol{S}^{-1}(0)\boldsymbol{R}=\boldsymbol{I}\beta^{-1}$ である場合のステップ型揺動散逸定理(5.3.10)とちょうど一致する．すなわち(6.5.18)というハミルトニアンをもつ系に対しては，ステップ型揺動散逸定理を量子力学的に拡張した定理が成り立つのである．

さて，量子力学的な揺動散逸定理に現われる補正因子 $E\beta(\omega)$ は，相関関数 $\langle X(0)Y(t)\rangle$ と交換子の期待値 $\langle\langle[X(0),\ Y(t)]\rangle\rangle$ との間の関係(6.5.14)に現われた因子 $\frac{1}{2}\coth\left(\frac{1}{2}\beta\hbar\omega\right)$ に由来するものと考えてよい．この因子の意味をもう少し考察してみよう．

(6.5.14)は相関関数と交換子の期待値の Fourier 変換が因子 $\frac{1}{2}\coth\left(\frac{1}{2}\beta\hbar\omega\right)$ で結びついていることを示している．Fourier 変換を使うということは，エネルギーの固有状態を基底とする表示を用いることを意味し，2つの Fourier 変換が1つの因子によってのみ異なるということは，この表示では2つの関数を関係づける行列が対角化されることを意味する．もっと一般な場合には，この行列は一般に対角行列ではないであろう．例として，系が孤立系でなくて熱槽と接触していて，ハミルトニアンが散逸部分を含み，したがって平衡状態ではなくて定常状態における相関関数が問題になる場合を考えてみよう*.

Liouville 演算子が

$$i\mathscr{L}(\,\cdot\,)=\frac{1}{i\hbar}[H_0,\ \cdot\,]+\mathscr{L}_{\mathrm{d}} \tag{6.5.31}$$

という形をもつとしよう．$H_0$ は散逸部分を含まないハミルトニアンで，$\mathscr{L}_{\mathrm{d}}$ はハミルトニアンの散逸部分に対応する Liouville 演算子である．$\mathscr{L}$ はエルミートでないから，その固有値 $\lambda_\alpha$ は一般に複素数 $\lambda_\alpha=i\lambda_\alpha'+\lambda_\alpha''$ である．ただし，系が散逸系であるためには，$\lambda_\alpha''<0$ でなければならない．固有値 $\lambda_\alpha$ に対応する固有ベクトルを $|A_\alpha\rangle$ と書く．$\mathscr{L}$ は演算子に作用する演算子だから，$|A_\alpha\rangle$ は演算子である．

ここで，固有値 $\lambda_0$ は0であって，縮退していないことを仮定する．密度演算子 $\rho(t)$ は方程式

$$\frac{\partial\rho(t)}{\partial t}=i\mathscr{L}\rho(t) \tag{6.5.32}$$

* W. Weidlich : Fluctuation-Dissipation Theorem for a Class of Stationary Open Systems, *Z. Physik,* **248** (1971), 234.

を満たすから，固有ベクトル $|A_0\rangle$ は時間によらない定常状態を表わす．

内積を

$$\langle C|A\rangle = \mathrm{Tr}\, C^{\dagger}A \tag{6.5.33}$$

で定義し，この内積に関して $\mathscr{L}$ と共役な演算子 $\mathscr{L}^{\dagger}$ を導入する．$\mathscr{L}^{\dagger}$ の固有ベクトルを $|C_\alpha\rangle$ と書くと，

$$\mathscr{L}^{\dagger}|C_\alpha\rangle = \lambda_\alpha{}^{*}|C_\alpha\rangle \tag{6.5.34}$$

であって，

$$\langle C_\alpha|A_\beta\rangle = \delta_{\alpha\beta} \tag{6.5.35}$$

である．$|C_0\rangle=|A_0\rangle$ であることは容易にわかる．

いま系に外力がかかり，ハミルトニアンに

$$H_{\mathrm{ext}}(t) = -\sum_j Q_j F_j(t) \tag{6.5.36}$$

という項がつけ加わったとする．これに対応する Liouville 演算子は

$$i\mathscr{L}_{\mathrm{ext}}(\,\cdot\,) = \frac{1}{i\hbar}[H_{\mathrm{ext}}(t),\ \cdot\,] \tag{6.5.37}$$

で定義される．(6.5.22) の場合と全く同様にして，定常状態 $|A_0\rangle$ からの密度演算子のずれは，外力について 1 次の近似で，

$$\Delta\rho(t) = \int_{-\infty}^{t} dt' e^{i(t-t')\mathscr{L}} i\mathscr{L}_{\mathrm{ext}}(t')|A_0\rangle \tag{6.5.38}$$

と求まる．これから量 $Q_l$ の期待値のズレが

$$\Delta Q_l(t) = \frac{1}{i\hbar}\sum_j \int_{-\infty}^{t} F_j(t')\, \mathrm{Tr}\, A_0[Q_j, Q_l(t)] \tag{6.5.39}$$

と求まり，したがって衝撃応答が

$$\begin{aligned}\phi_{lj}(t) &= \frac{1}{i\hbar}\mathrm{Tr}\, A_0[Q_j, Q_l(t)] = \frac{1}{i\hbar}\mathrm{Tr}\, Q_l(t)[A_0, Q_j] \\ &= \frac{1}{i\hbar}\langle A_0|[Q_j, Q_l(t)]\rangle\end{aligned} \tag{6.5.40}$$

で与えられることがわかる．ただし

$$|Q_l(t)\rangle = |e^{-i\mathscr{L}^{\dagger}t}Q_l\rangle \tag{6.5.41}$$

である．

一方相関関数は，反交換子を｛ ｝で表わすと，

$$R_{lj}(t)=\frac{1}{2}\mathrm{Tr}\,A_0\{Q_j,Q_l(t)\}=\frac{1}{2}\mathrm{Tr}\,Q_l(t)\{A_0,Q_j\}$$

$$=\frac{1}{2}\langle Q_l^\dagger(t)|\{A_0,Q_j\}\rangle=\frac{1}{2}\langle Q_l^\dagger|e^{i\mathcal{L}t}\{A_0,Q_j\}\rangle \qquad (6.5.42)$$

で定義される．(6.5.40)と(6.5.42)との関係を求めればよいわけである．

演算子 $Q_l, Q_l^\dagger$ が $\mathcal{L}^\dagger$ の固有ベクトル $C_\alpha$ で展開できると仮定して，これらを

$$Q_l=\sum_\alpha q_{l\alpha}C_\alpha \qquad (6.5.43\,\mathrm{a})$$

$$Q_l^\dagger=\sum_\alpha q_{l\alpha}{}^*C_\alpha{}^\dagger \qquad (6.5.43\,\mathrm{b})$$

と表わす．ただし

$$q_{l\beta}{}^*=\langle Q_l|A_\beta\rangle=\mathrm{Tr}\,Q_l{}^\dagger A_\beta \qquad (6.5.44)$$

である．

(6.5.43)を用いると，(6.5.40)は

$$\phi_{lj}(t)=\frac{1}{i\hbar}\mathrm{Tr}\sum_\beta q_{l\beta}C_\beta(t)[A_0,\sum_\alpha q_{j\alpha}C_\alpha]$$

$$=\frac{1}{i\hbar}\sum_{\alpha\beta}q_{l\beta}q_{j\alpha}\,\mathrm{Tr}\,C_\beta(t)[A_0,C_\alpha]$$

$$=\frac{1}{i\hbar}\sum_{\alpha\beta}q_{l\beta}q_{j\alpha}\langle C_\beta{}^\dagger(t)|[A_0,C_\alpha]\rangle$$

$$=\frac{1}{i\hbar}\sum_{\alpha\beta}q_{l\beta}q_{j\alpha}\langle C_\beta{}^\dagger|e^{i\mathcal{L}t}[A_0,C_\alpha]\rangle$$

$$=\sum_{\alpha\beta}q_{l\beta}q_{j\alpha}\phi_{\beta\alpha}(t) \qquad (6.5.45)$$

となる．ただし

$$\phi_{\beta\alpha}(t)\equiv\frac{1}{i\hbar}\langle C_\beta{}^\dagger|e^{i\mathcal{L}t}[A_0,C_\alpha]\rangle$$

$$=\frac{1}{i\hbar}e^{-i\lambda_\beta^*t}\langle C_\beta{}^\dagger|[A_0,C_\alpha]\rangle \qquad (6.5.46)$$

同様にして(6.5.42)は

$$R_{lj}(t)=\sum_{\beta\alpha}q_{l\beta}q_{j\alpha}R_{\beta\alpha}(t) \qquad (6.5.47)$$

となる．ただし

$$R_{\beta\alpha}(t)\equiv\frac{1}{2}\mathrm{Tr}\,A_0\{C_\alpha,C_\beta(t)\}=\frac{1}{2}\langle C_\beta{}^\dagger|e^{i\mathcal{L}t}\{A_0,C_\alpha\}\rangle$$

$$= \frac{1}{2} e^{-i\lambda_\beta^* t} \langle C_\beta^\dagger | \{A_0, C_\alpha\} \rangle \tag{6.5.48}$$

次に $|A_0 C_\alpha\rangle$ と $|C_\alpha A_0\rangle$ が $|A_\beta\rangle$ で展開できると仮定する：

$$\left.\begin{aligned} |A_0 C_\alpha\rangle &= \sum_\beta u_{\beta\alpha} |A_\beta\rangle \\ |C_\alpha A_0\rangle &= \sum_\beta v_{\beta\alpha} |A_\beta\rangle \end{aligned}\right\} \tag{6.5.49}$$

ここで

$$u_{\beta\alpha} = \langle C_\beta | A_0 C_\alpha\rangle, \qquad v_{\beta\alpha} = \langle C_\beta | C_\alpha A_0\rangle \tag{6.5.50}$$

である．$|A_0 C_\alpha\rangle$ と $|C_\alpha A_0\rangle$ をそれぞれ

$$|A_0 C_\alpha\rangle = \mathcal{U} |A_\alpha\rangle \tag{6.5.51 a}$$

および

$$|C_\alpha A_0\rangle = \mathcal{V} |A_\alpha\rangle \tag{6.5.51 b}$$

と書くと，$\phi_{\beta\alpha}(t)$ と $R_{\beta\alpha}(t)$ はそれぞれ

$$\phi_{\beta\alpha}(t) = \frac{1}{i\hbar} e^{-i\lambda_\beta^* t} \langle C_\beta^\dagger | (\mathcal{U} - \mathcal{V}) | A_\alpha\rangle \tag{6.5.52 a}$$

$$R_{\beta\alpha}(t) = \frac{1}{2} e^{-i\lambda_\beta^* t} \langle C_\beta^\dagger | (\mathcal{U} + \mathcal{V}) | A_\alpha\rangle \tag{6.5.52 b}$$

となる．

ここで演算子

$$\mathcal{W} = (\mathcal{U} + \mathcal{V})^{-1} (\mathcal{U} - \mathcal{V}) \tag{6.5.53}$$

を導入し，恒等演算子 $\boldsymbol{I} = \sum_\gamma |A_\gamma\rangle\langle C_\gamma|$ をはさみこむと，

$$\begin{aligned} \phi_{\beta\alpha}(t) &= \frac{1}{i\hbar} \sum_\gamma e^{-i\lambda_\beta^* t} \langle C_\beta^\dagger | \mathcal{U} + \mathcal{V} | A_\gamma\rangle \langle C_\gamma | \mathcal{W} | A_\alpha\rangle \\ &= \frac{2}{i\hbar} \sum_\gamma R_{\beta\gamma}(t) w_{\gamma\alpha} \end{aligned} \tag{6.5.54}$$

という関係が得られる．(6.5.27) を考慮しながら (6.5.14) と (6.5.54) とを比べると，(6.5.54) が (6.5.14) を一般化したものであることがわかる．

(6.5.54) を (6.5.44) に入れると，

$$\phi_{lj}(t) = \frac{2}{i\hbar} \sum_{\alpha\beta\gamma} q_{l\beta} q_{j\alpha} R_{\beta\gamma}(t) w_{\gamma\alpha} \tag{6.5.55}$$

となる．一方，演算子 $Q_l$ と演算子

$$Q_{\bar{j}} \equiv \sum_{\gamma} q_{\bar{j}\gamma} C_{\gamma}, \qquad q_{\bar{j}\gamma} \equiv \sum_{\alpha} w_{\gamma\alpha} q_{j\alpha} \tag{6.5.56}$$

との間の相関関数 $R_{l\bar{j}}(t)$ を作ってみると

$$\begin{aligned} R_{l\bar{j}}(t) &= \frac{1}{2} \mathrm{Tr}\, A_0 \{Q_{\bar{j}}, Q_l(t)\} \\ &= \frac{1}{2} \mathrm{Tr}\, A_0 \{\sum_{\gamma} q_{\bar{j}\gamma} C_{\gamma}, \sum_{\beta} q_{l\beta} C_{\beta}(t)\} \\ &= \frac{1}{2} \mathrm{Tr}\, A_0 \sum_{\alpha\beta\gamma} w_{\gamma\alpha} q_{j\alpha} q_{l\beta} \{C_{\gamma}, C_{\beta}(t)\} \\ &= \sum_{\alpha\beta\gamma} q_{l\beta} q_{j\alpha} w_{\gamma\alpha} R_{\beta\gamma}(t) \end{aligned} \tag{6.5.57}$$

この式の右辺の総和は(6.5.5)の右辺の総和と同じものであるから，

$$\phi_{lj}(t) = \frac{2}{i\hbar} R_{l\bar{j}}(t) \tag{6.5.58}$$

という関係が得られる．相関関数 $R_{l\bar{j}}(t)$ は前に導入したカノニカル相関関数に相当するものである．

(6.5.54)または(6.5.58)から定常状態における量子力学的揺動散逸定理を導くことは容易である．

上の議論は平衡から外れた定常状態に対して揺動散逸定理を拡張する1つの方向として興味があるが，どちらかといえば形式的な議論であり，また種々の仮定を含んでいて，実際の物理系に対してどの程度あてはまるかは明らかでない．とくに，ハミルトニアンの形がきつく制限されていることによって，その一般性は大きく制約されるであろう．熱平衡状態に対する(6.5.18)以下の議論においても実はこれと似た事情があって，ハミルトニアンの形からステップ型揺動散逸定理が必然的に導かれたのであった．

物理量に対する Langevin 方程式を導くさいにも，やはりこれと似た事情がある．実際，§6.1および§6.2では，ハミルトニアンから出発し，擬射影演算子を用いて Langevin 方程式を導いたが，これによって記述される確率過程に対しては，$m^* \to \infty$ の極限で必然的にパルス型揺動散逸定理が成り立つことになったのであった．しかし，Langevin 方程式の場合には，このようにして導いた Langevin 方程式を土台にして，より少数の変数に対する Langevin 方程式を物理的な考察にたよりながら構成するということもできるし，あるいはハミルトニアンから出発せずに，はじめから物理的直観を手がかりにして Langevin 方程式をつくることもできる．このようにして得られた Langevin 方程式は必ずしも第 4 章以下でもっぱら考えてきたような簡単な形をもつとは限らず，またもし簡単な形をもっていたとしても，それによって記述される確率過程がステップ型ないしパルス型揺動散逸定理を満たすとは限らない．揺動散逸定理は物理的に重要な内容を含むものではあるが，これらの場合に対して，ハミルトニアンを用いずに直接導くのは困難である．さらに現象が非線形な場合には，系を $\boldsymbol{S}(\omega)$ や $\boldsymbol{Y}(\omega)$ などの系関数で記述することができないために，この定理そのものが，少なくともこのままの形では意味をもたない．これに対して Langevin 方程式は，平衡状態から大きくはずれたところで起る現象や，非線形な現象を取り扱うときにも有用であり得る．現に，そのような複雑な諸現象に対する理論において Langevin 方程式は多彩な活躍を行なっているのである．

ただ現在のところ，Langevin 方程式によるこれらの現象の取り扱いは，応用数学の立場からみて，十分に堅固な基礎の上に立っているとは思われない．本書で述べたやや数学的，形式的なことがらは，これらの理論をより堅実なものにするための土台として役立つはずである．

# 付　録　時間不変な系の系関数による記述

線形演算子 $\mathscr{L}$ を含む方程式

$$\mathscr{L}y(t) = f(t) \tag{A.1}$$

によって記述される系を考える．ただし $\mathscr{L}$ は，勝手な関数 $g(t)$ に作用してそれを $g(t+h)$ に変える演算子 $\mathscr{E}(h)$，すなわち

$$\mathscr{E}(h)g(t) = g(t+h) \tag{A.2}$$

という性質をもつ演算子 $\mathscr{E}(h)$ と可換であるとする:

$$\mathscr{L}\mathscr{E}(h) = \mathscr{E}(h)\mathscr{L} \tag{A.3}$$

このような性質をもつ演算子を，すぐ次に述べる理由によって，**時間不変な演算子**とよぶ．

変数をずらした関数

$$\begin{aligned} f(t+h) &= \mathscr{E}(h)f(t) \\ y(t+h) &= \mathscr{E}(h)y(t) \end{aligned} \tag{A.4}$$

に対して成り立つ方程式を求めてみよう．(A. 4)の各式の両辺に左から $\mathscr{E}(h)^{-1}$ を作用させると，

$$\begin{aligned} f(t) &= \mathscr{E}(h)^{-1}f(t+h) \\ y(t) &= \mathscr{E}(h)^{-1}y(t+h) \end{aligned} \tag{A.5}$$

これを(A. 1)に入れて，左から $\mathscr{E}(h)$ を作用させると，

$$\mathscr{E}(h)\mathscr{L}\mathscr{E}(h)^{-1}y(t+h) = f(t+h) \tag{A.6}$$

という方程式が得られるが，(A. 3)によってこれはさらに

$$\mathscr{L}y(t+h) = f(t+h) \tag{A.7}$$

となる．

(A. 7)ははじめの方程式(A. 1)と全く同じ方程式である．いいかえれば，変数 $t$ を $h$ だけずらしても，方程式の形は全く変らない．変数 $t$ は時間座標であっても空間座標であってもかまわないが，時間である場合が多いので，このような性質をもつ演算子という意味で，$\mathscr{E}(h)$ と可換な演算子を時間不変な演算子

というのである．また，時間不変な演算子を含む(A. 1)の形の方程式によって記述される系を，**時間不変な系**とよぶ．物理的ないい方をするならば，時間の原点をずらしてもそれを支配する法則が変らない系，すなわち時間がたってもその性質が変らない系である．

例として，微分方程式

$$\mathscr{D}y(t) = a_n\frac{d^ny}{dt^n} + a_{n-1}\frac{d^{n-1}y}{dt^{n-1}} + \cdots + a_1\frac{dy}{dt} + a_0y = f(t) \qquad \text{(A. 8)}$$

を考えてみよう．$\mathscr{D}y(t)$ に $\mathscr{E}(h)$ を作用させてみると

$$\begin{aligned}\mathscr{E}(h)\mathscr{D}y(t) &= \left[a_n\frac{d^ny}{dt^n} + a_{n-1}\frac{d^{n-1}y}{dt^{n-1}} + \cdots + a_1\frac{dy}{dt} + a_0y\right]_{t\to t+h} \\ &= a_n\frac{d^ny(t+h)}{dt^n} + a_{n-1}\frac{d^{n-1}y(t+h)}{dt^{n-1}} + \cdots + a_1\frac{dy(t+h)}{dt} + a_0y(t+h)\end{aligned} \qquad \text{(A. 9)}$$

となるが，右辺は明らかに $\mathscr{D}\mathscr{E}(h)y(t)$ に等しい．したがって

$$\mathscr{D}\mathscr{E}(h) = \mathscr{E}(h)\mathscr{D} \qquad \text{(A. 10)}$$

すなわち $\mathscr{D}$ は $\mathscr{E}(h)$ と可換であって，したがって時間不変な演算子であり，方程式(A. 8)によって記述される系は時間不変な系である．

もう1つの例として，積分方程式

$$\mathscr{M}y(t) = \int_{-\infty}^{\infty} m(t-t')y(t')dt' = f(t) \qquad \text{(A. 11)}$$

を考えてみる．この場合にも

$$\begin{aligned}\mathscr{E}(h)\mathscr{M}y(t) &= \int_{-\infty}^{\infty} m(t+h-t')y(t')dt' \\ &= \int_{-\infty}^{\infty} m(t-t')y(t+h)dt' = \mathscr{M}\mathscr{E}(h)y(t)\end{aligned} \qquad \text{(A. 12)}$$

であるから，$\mathscr{M}$ はやはり時間不変な演算子であり，方程式(A. 11)によって記述される系は時間不変な系である．以下終始時間不変な系を考える．

指数関数 $\exp(i\omega t)$ に演算子 $\mathscr{E}(h)$ を作用させると

$$\mathscr{E}(h)e^{i\omega t} = e^{i\omega(t+h)} = e^{i\omega h}e^{i\omega t} \qquad \text{(A. 13)}$$

となって，$e^{i\omega h}$ という数がかかるだけである．すなわち指数関数 $\exp(i\omega t)$ は演算子 $\mathscr{E}(h)$ の，固有値 $\exp(i\omega h)$ をもつ固有関数になっている．時間不変な演算

子 $\mathscr{L}$ は $\mathscr{E}(h)$ と可換であるから，$\mathscr{L}$ もまた指数関数 $\exp(i\omega t)$ を固有関数としてもつであろう．実際，

$$\mathscr{D}e^{i\omega t} = [a_n(i\omega)^n + a_{n-1}(i\omega)^{n-1} + \cdots + a_1(i\omega) + a_0]e^{i\omega t} \tag{A. 14}$$

$$\mathscr{M}e^{i\omega t} = \int_{-\infty}^{\infty} m(t-t')e^{i\omega t'}dt' = \int_{-\infty}^{\infty} m(t'')e^{i\omega(t-t'')}dt''$$
$$= \left[\int_{-\infty}^{\infty} m(t'')e^{-i\omega t''}dt''\right]e^{i\omega t} \tag{A. 15}$$

であるから，$\mathscr{D}$ も $\mathscr{M}$ も $\exp(i\omega t)$ を固有関数としてもつ*.

固有関数 $\exp(i\omega t)$ に属する $\mathscr{L}$ の固有値を $i\omega Z(\omega)$ と書こう．すなわち

$$\mathscr{L}e^{i\omega t} = i\omega Z(\omega)e^{i\omega t} \tag{A. 16}$$

$\mathscr{L}=\mathscr{D}$ のときは

$$Z(\omega) = \frac{1}{i\omega}[a_n(i\omega)^n + a_{n-1}(i\omega)^{n-1} + \cdots + a_1(i\omega) + a_0] \tag{A. 17}$$

また $\mathscr{L}=\mathscr{M}$ のときは

$$Z(\omega) = \frac{1}{i\omega}\int_{-\infty}^{\infty} m(t)e^{-i\omega t}dt = \frac{\sqrt{2\pi}}{i\omega}M(\omega) \tag{A. 18}$$

である．ただし $M(\omega)$ は $m(t)$ の Fourier 変換である．

関数 $y(t)$ および $f(t)$ の Fourier 変換をそれぞれ $Y(\omega)$ および $F(\omega)$ とすると

$$y(t) = \frac{1}{\sqrt{2\pi}}\int_{-\infty}^{\infty} Y(\omega)e^{i\omega t}d\omega \tag{A. 19}$$

$$f(t) = \frac{1}{\sqrt{2\pi}}\int_{-\infty}^{\infty} F(\omega)e^{i\omega t}d\omega \tag{A. 20}$$

である．(A. 19) と (A. 20) をはじめの方程式 (A. 1) に入れて (A. 16) を使うと，

$$Y(\omega) = \frac{F(\omega)}{i\omega Z(\omega)} \tag{A. 21}$$

が得られる．これの両辺を Fourier 逆変換すると

$$y(t) = \frac{1}{\sqrt{2\pi}}\int_{-\infty}^{\infty} \frac{F(\omega)}{i\omega Z(\omega)}e^{i\omega t}d\omega \tag{A. 22}$$

となる．これが (A. 1) の解を与える．

方程式 (A. 1) の右辺は通常系に加えられる外力(必ずしも力のディメンショ

---

*　問題にしている演算子は無限次元ベクトル空間における演算子であるから，この議論は数学的に厳密なものではないが，厳密な議論は本書の程度を超えるし，また普通の応用にさいしては必要でもないので，ここではそれには触れない．

ンをもつとは限らないが)を意味する．$y(t)$ はその外力に対する系の応答である．(A. 22)は，外力 $f(t)$ が与えられたときに応答 $y(t)$ を求める式になっている．

Fourier 変換は，関数空間における基底の変換にともなう関数の表示変換だと考えることができる．(A. 1)の形式解

$$y(t) = \mathscr{L}^{-1} f(t) \tag{A. 23}$$

と(A. 21)とを比べると，この変換によって，演算子 $\mathscr{L}^{-1}$ が $\{i\omega Z(\omega)\}^{-1}$ を掛けるという簡単な代数的操作に変ることがわかる．いいかえれば，この基底変換によって演算子 $\mathscr{L}^{-1}$ が対角化されたのである．

表示変換がいまの場合 Fourier 変換で与えられるのは，演算子 $\mathscr{L}$ が指数関数 $\exp(i\omega t)$ を固有関数としてもつためであるから，Fourier 変換を用いると(A. 1)が簡単な代数的操作によって解けるようになるのは，もとを正せば $\mathscr{L}$ の時間不変性のおかげなのだ，ということがわかる．

(A. 22)から，

$$f(t) = F(\omega)e^{i\omega t} \tag{A. 24}$$

のとき，すなわち振幅 $F(\omega)$，角振動数 $\omega$ をもつ正弦振動を外力として与えたときには，応答は

$$y(t) = \frac{F(\omega)}{i\omega Z(\omega)} e^{i\omega t} \tag{A. 25}$$

で与えられることがわかる．正弦的な外力に対する応答はやはり同じ振動数の正弦振動になり，ただその振幅が $S(\omega) \equiv \{i\omega Z(\omega)\}^{-1}$ 倍になるのである．$S(\omega)$ は $\mathscr{L}^{-1}$ の固有値にほかならないが，これが単位の振幅の正弦的外力に対する系の応答の振幅を表わす，というわけである．この意味で $S(\omega)$ は系の**周波数応答**とよばれる．

$i\omega Y(\omega)$ は "速度" $dy(t)/dt$ の Fourier 変換であるから，(A. 22)は，外力が正弦的ならば，$Z(\omega)$ は外力の振幅と応答の速度の振幅との比を与えることを示している．電気回路の場合には $f(t)$ は電圧，$dy(t)/dt$ は電流を意味するから，$Z(\omega)$ は起電力の振幅とそれに応じて流れる電流の振幅との比，すなわち回路理論でいうところのインピーダンスを与えることになる．このために $Z(\omega)$ は一般的にも**インピーダンス**とよばれている．$Z(\omega)$ の逆数 $A(\omega) = Z^{-1}(\omega)$ は**アドミ**

ッタンスとよばれるが，これもやはり回路理論における名をそのまま転用したものである．

$f(t)=\delta(t-t')$ の場合，すなわち時刻 $t=t'$ において単位の強さの衝撃力が加わった場合の(A. 1)の解 $\varphi(t,t')$ を**衝撃応答**という．$\delta(t-t')$ の Fourier 変換は $e^{-i\omega t'}/\sqrt{2\pi}$ であるから，(A. 22)によって，

$$\varphi(t,t')=\frac{1}{2\pi}\int_{-\infty}^{\infty}S(\omega)e^{i\omega(t-t')}d\omega \tag{A. 26}$$

すなわち衝撃応答は周波数応答 $S(\omega)$ の Fourier 変換で与えられる．(A. 26)は $\varphi(t,t')$ が実は差 $t-t'$ のみの関数であって，$\varphi(t-t')$ と書いてよいことを示している．これはいま考えている系が時間不変な系であることからも，当然予想される結果である．

Fourier 変換 $F(\omega)$ の定義を(A. 22)に入れて(A. 26)を使うと，

$$\begin{aligned} y(t)&=\frac{1}{2\pi}\int_{-\infty}^{\infty}S(\omega)\int_{-\infty}^{\infty}f(t')e^{-i\omega t'}dt'e^{i\omega t}d\omega \\ &=\int\varphi(t-t')f(t')dt' \end{aligned} \tag{A. 27}$$

となる．すなわち，勝手な外力に対する系の応答を求めるのには，各瞬間 $t'$ に対する衝撃応答に，その瞬間の外力の値 $f(t')$ を掛け，それをすべての時刻 $t'$ にわたって加え合わせればよいのである．これはいわゆる重ね合わせの原理にほかならない．

インピーダンス，アドミッタンス，周波数応答および衝撃応答は，いずれも系の性質を完全に記述する関数であり，また，上に見たように，どの1つが与えられても他のものはそれから求めることができるという意味で，互いに全く同等である．これらの関数をひっくるめて**系関数**とよぶ．

系関数は上に出てきた4つに限られるわけではなく，これらと同等ではっきりした物理的意味をもつものなら何でもよい．もう1つよく使われる系関数として**単位階段応答**がある．これは外力 $f(t)$ が単位階段関数 $\varepsilon(t)$ である場合，すなわち $t<0$ では外力でなく，$t=0$ から突然振幅1の力が加わったときの系の応答 $\phi(t)$ である．すなわち

$$\phi(t)=\mathscr{L}^{-1}\varepsilon(t) \tag{A. 28}$$

重ね合わせの原理(A. 27)を用いると，単位階段応答 $\phi(t)$ は衝撃応答によっ

て

$$\phi(t)=\int_0^\infty \varphi(t-t')dt \tag{A. 29}$$

と表わされることがわかる．また一方，単位階段関数 $\varepsilon(t)$ の Fourier 変換が

$$E(\omega)=\frac{1}{\sqrt{2\pi}}\lim_{\varepsilon\to 0}\frac{1}{i\omega+\varepsilon} \tag{A. 30}$$

であることと，(A. 22) とを用いると，$\phi(t)$ は周波数応答 $S(\omega)$ によって，

$$\phi(t)=\frac{1}{2\pi}\lim_{\varepsilon\to 0}\int_{-\infty}^\infty \frac{e^{i\omega t}}{i\omega+\varepsilon}S(\omega)d\omega \tag{A. 31}$$

と表わされることがわかる．

一般の外力に対する応答を $\phi(t)$ で表わすには，(A. 31) と (A. 22) を用いればよい．すなわち，

$$\begin{aligned}
y(t)&=\frac{1}{\sqrt{2\pi}}\int_{-\infty}^\infty S(\omega)F(\omega)e^{i\omega t}d\omega\\
&=\frac{1}{\sqrt{2\pi}}\lim_{\varepsilon\to 0}\int_{-\infty}^\infty (i\omega+\varepsilon)F(\omega)\frac{S(\omega)}{i\omega+\varepsilon}e^{i\omega t}d\omega\\
&=\frac{1}{2\pi}\lim_{\varepsilon\to 0}\iint_{-\infty}^\infty f'(t')e^{i\omega(t-t')}\frac{S(\omega)}{i\omega+\varepsilon}d\omega dt'\\
&=\int_{-\infty}^\infty f'(t')\phi(t-t')dt'
\end{aligned} \tag{A. 32}$$

これは，各瞬間 $t'$ に対する単位階段応答に，その瞬間における外力の微係数 $f'(t')$ を掛けて，すべての時刻 $t'$ にわたって加え合わせれば応答 $y(t)$ が求まることを意味する．これもまた１つの重ね合わせの原理である．(A. 31) はさらに

$$\varphi(t)=\phi'(t) \tag{A. 33}$$

であること，すなわち単位階段応答の微係数が衝撃応答を与えることを示している．

(1. 8. 10) で与えられる関数 $u(t)$ は，(1. 8. 7) で定義される単位階段関数 $\varepsilon(t)$ と逆向きの単位階段関数 $g(t)$ に対する系の応答で，逆単位階段応答とでもよぶべきものにほかならない．これもまた１つの系関数である．

上では，ただ１種類の外力があり，それに対して応答する量もただ１つしかない場合を考えたのであるが，もっと一般に，$n$ 個の外力に対して $n$ 種類の量が応答する場合を考えることもできる．このような場合には系を支配する方程

式は

$$\mathcal{L}\boldsymbol{y}(t) = \boldsymbol{f}(t) \tag{A. 34}$$

と書くことができる．ただし $\mathcal{L}$ は $n^2$ 個の時間不変な演算子 $\mathscr{L}_j{}^i$ を行列要素とする演算子行列

$$\mathcal{L} = \begin{pmatrix} \mathscr{L}_1{}^1 & \mathscr{L}_2{}^1 & \cdots & \mathscr{L}_n{}^1 \\ \mathscr{L}_1{}^2 & \mathscr{L}_2{}^2 & \cdots & \mathscr{L}_n{}^2 \\ \cdots & \cdots & \cdots & \cdots \\ \mathscr{L}_1{}^n & \mathscr{L}_2{}^n & \cdots & \mathscr{L}_n{}^n \end{pmatrix} \tag{A. 35}$$

で，$\boldsymbol{y}(t)$ および $\boldsymbol{f}(t)$ はそれぞれ成分 $y^i(t)$ および $f^i(t)$ をもつ $n$ 次元の縦ベクトルである．すなわちこのような場合には，$n$ 次元のベクトル的な外力 $\boldsymbol{f}(t)$ に対して，$n$ 次元のベクトル量 $\boldsymbol{y}(t)$ が応答するのだ，と考えることができるのである．

演算子 $\mathcal{L}$ が行列となることに対して，系関数もまたすべて行列となる．たとえば固有関数 $\exp(i\omega t)$ に対する $\mathscr{L}_j{}^i$ の固有値を $i\omega Z_j{}^i(t)$ と書き，$y^i(t)$ および $f^i(t)$ の Fourier 変換をそれぞれ $Y^i(\omega)$ および $F^i(\omega)$ とすると，(A. 34) から

$$\sum_{j=1}^{n} i\omega Z_j{}^i(\omega) Y^j(\omega) = F^i(\omega) \tag{A. 36}$$

したがって

$$Y^i(\omega) = \frac{1}{i\omega}\sum_{j=1}^{n} A_j{}^i(\omega) F^j(\omega) = \sum_{j=1}^{n} S_j{}^i(\omega) F^j(\omega) \tag{A. 37}$$

が得られる．ただし $A_j{}^i(\omega)$ は $Z_j{}^i(\omega)$ を行列要素とする行列 $\boldsymbol{Z}(\omega)$ の逆行列 $\boldsymbol{A}(\omega)$ の行列要素であり，また $S_j{}^i(\omega) \equiv A_j{}^i(\omega)/i\omega$ である．行列 $\boldsymbol{Z}(\omega)$, $\boldsymbol{A}(\omega)$ および $S_j{}^i(\omega)$ を行列要素とする行列 $\boldsymbol{S}(\omega)$ をそれぞれ前と同様にインピーダンス，アドミッタンスおよび周波数応答とよぶ．

重ね合わせの原理 (A. 27) は

$$y^i(t) = \sum_{j=1}^{n} \int_{-\infty}^{\infty} \varphi_j{}^i(t-t') f^j(t') dt' \tag{A. 38}$$

のように一般化される．ただし関数 $\varphi_j{}^i(t-t')$ は $S_j{}^i(\omega)$ の Fourier 変換で与えられる．$\varphi_j{}^i(t-t')$ を行列要素とする行列 $\boldsymbol{\Phi}(t-t')$ がいまの場合の衝撃応答である．他の系関数も同様にして導くことができる．

時間不変な系は，そのこまかい内部構造(たとえば電気回路の内部の配線と

か，巨視的な物体の原子的構造)を問題にせず，外力に対するその応答にもっぱら注目する限りにおいて，系関数によって完全に記述される．このような記述の仕方は，系の内部構造に眼をつぶって，系を中味のわからないいわば暗箱としてとり扱うという意味で，**暗箱理論**(black-box theory)とよばれることがある．暗箱理論は物質の構造から出発してその性質を導きだす本質論ではなく，外に現われた性質を手ぎわよく記述する現象論であるが，うまく使うとこれによって物質の内部構造に関しても深い洞察を得ることができる有用なものである．

# 参　考　書

Gauss 分布の性質や中心極限定理などの統計学の基礎知識については多くの本があるが，ここでは

国沢清典：近代確率論，岩波書店(1951)

の1冊だけを挙げておく．この本には確率過程の初歩についてもよくまとまって記述がなされている．確率過程に関する理工学者向けのすぐれた本としては，この本のほかに，

W. Feller : *An Introduction to Probability Theory and Its Applications*, vol. I, John Wiley & Sons(1957)

をすすめたい．

T. T. Soong : *Random Differential Equations in Science and Engineering*, Academic Press(1973)

には2乗平均連続性，2乗平均微分，2乗平均積分および Ito 方程式などについての初歩的なことがらが理工学者向けに記述されている．本書の叙述も同書によるところが大きい．Ito 方程式のより進んだ数学的な理論に関しては，

A. Friedman : *Stochastic Differential Equations and Applications*, vol. 1, Academic Press(1975)

L. Arnold : *Stochastic Differential Equations——Theory and Applications*, John Wiley & Sons(1974)

H. Kushner : *Introduction to Stochastic Control*, Holt, Rinehart & Winston (1971)

が比較的理工学者に近づきやすい本として挙げられる．

なお，一般化された Einstein の関係と安定性との連関については

J. La Salle and S. Lefschetz : *Stability by Liapunov's Direct Method with Applications*, Academic Press(1961)

に述べられている．

以上のほか，細かい点については，本文の脚注に挙げた文献を参照していただきたい．

# 索　引

## ア 行



## カ 行



## サ 行

## タ 行



## ナ 行



## ハ 行

## マ 行



## ヤ 行



## ラ 行

■岩波オンデマンドブックス■

ランジュバン方程式

1977年 9月20日 第1刷発行
2015年 1月9日 オンデマンド版発行

著 者 堀 淳一（ほり じゅんいち）

発行者 岡本 厚

発行所 株式会社 岩波書店
〒101-8002 東京都千代田区一ツ橋 2-5-5
電話案内 03-5210-4000
http://www.iwanami.co.jp/

印刷／製本・法令印刷


ISBN 978-4-00-730163-6 Printed in Japan